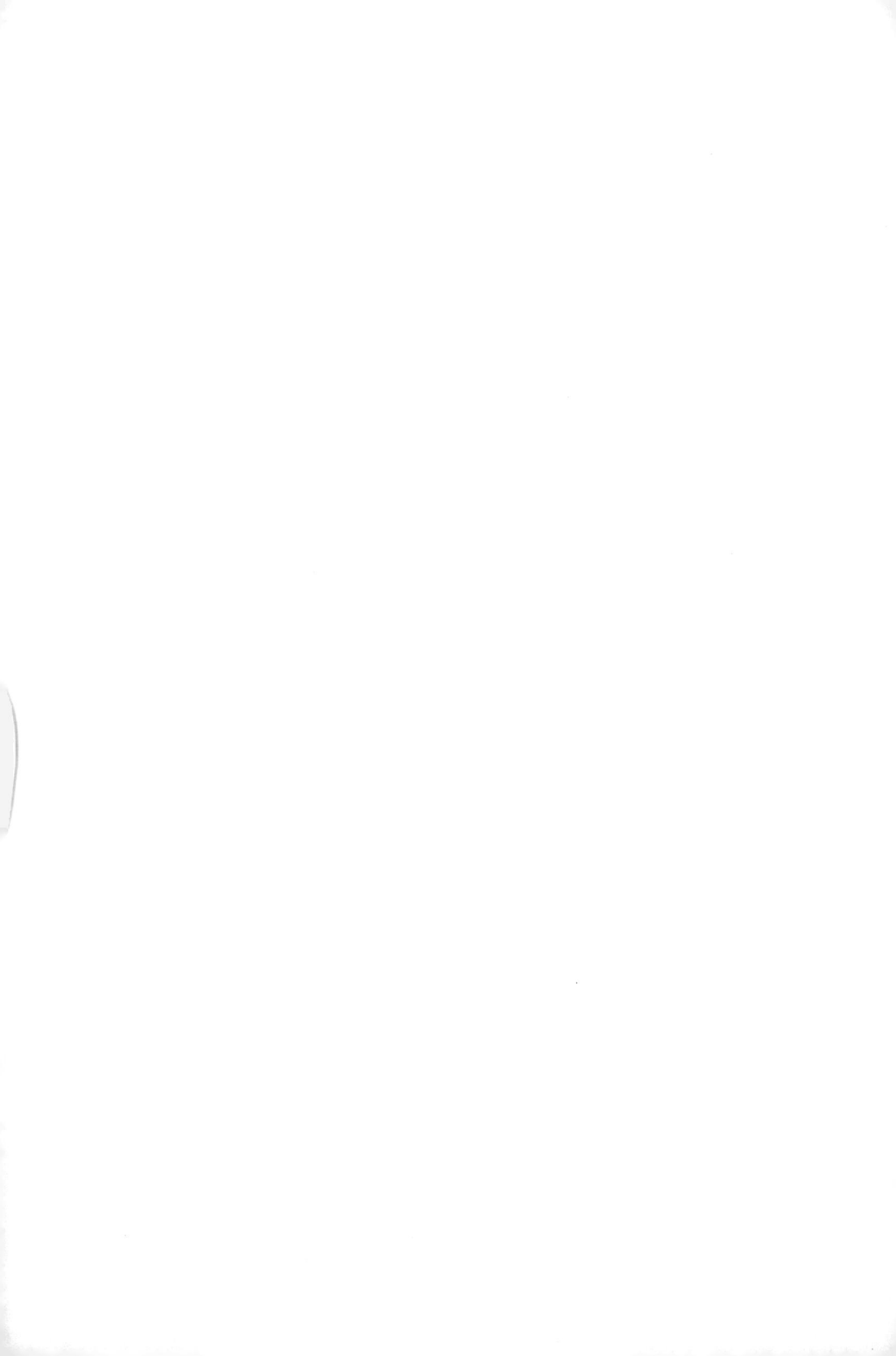

例題で学ぶ
半導体デバイス入門

INTRODUCTION TO SEMICONDUCTOR DEVICES

樋口英世 著

森北出版株式会社

●本書のサポート情報を当社Webサイトに掲載する場合があります．下記のURLにアクセスし，サポートの案内をご覧ください．

https://www.morikita.co.jp/support/

●本書の内容に関するご質問は，森北出版 出版部「(書名を明記)」係宛に書面にて，もしくは下記のe-mailアドレスまでお願いします．なお，電話でのご質問には応じかねますので，あらかじめご了承ください．

editor@morikita.co.jp

●本書により得られた情報の使用から生じるいかなる損害についても，当社および本書の著者は責任を負わないものとします．

■本書に記載している製品名，商標および登録商標は，各権利者に帰属します．

■本書を無断で複写複製（電子化を含む）することは，著作権法上での例外を除き，禁じられています．複写される場合は，そのつど事前に(一社)出版者著作権管理機構（電話03-5244-5088, FAX03-5244-5089, e-mail：info@jcopy.or.jp）の許諾を得てください．また本書を代行業者等の第三者に依頼してスキャンやデジタル化することは，たとえ個人や家庭内での利用であっても一切認められておりません．

まえがき

　現在広く普及している携帯電話，パソコン，テレビ，自動車などの製品は，さまざまな技術に支えられてできているが，それらの技術の中で，エレクトロニクス（電子の動作を利用する技術）の果たす役割はとくに大きい．その根幹をなすもの（ハード）は，半導体デバイス，またはこれらが高密度に集積された LSI（大規模集積回路）などが主体となっている．したがって，将来エレクトロニクスの分野を志す者は，半導体デバイスに関する素養が不可欠である．

　このような背景により，大学や高等専門学校の電気，電子，通信，情報系のほとんどの学科のカリキュラムには，半導体デバイスや LSI に関する科目が含まれている．筆者が属する大阪電気通信大学の通信工学科では，2 年次後期と 3 年次前期で半導体デバイスを，3 年次後期で LSI を履修することになっており，本書は，半導体デバイスの通年用の教科書として執筆したものである．この分野ではすでに多くの良書が出版されているが，最初の 1～2 章で量子力学とそれに基づく半導体のバンド理論の概略を述べているものがほとんどである．正統的にはこれは正しい教え方であろうが，量子力学をまったく，あるいはほとんど学んでいない場合（筆者の学科がこれに該当する）には，この内容を理解できず，最初の数章でつまずく学生が非常に多い．

　そこで本書では，量子力学をあまり前面に出さず，半導体とは何かから始まって，LSI 化に至る流れを定量的かつ実感として理解してもらえる内容の教科書となるよう心がけた．記述にあたってとくに留意したのは，次の点である．

(1) 量子力学的な厳密性をあまり前面に出さず，経験事実を示すことにより半導体のバンド構造（エネルギー帯）がどのように形成されるかを述べた．説明が単なるお話にならないよう，できるだけ定量的な視点を保つようにした．これらはとくに 1, 2 章でいえることである．

(2) 必要最小限と考えられるテーマのみを取り上げ，それらについてはできるだけ詳しく説明した．

(3) 数式の導出と解法については，できるだけ省略なしに説明した．また，随所に例題を設け，得られた結果が具体的にどのような値になるか，数値例により確認した．

(4) 章末の問題には，本文の記述を補足する基本的なものを含めた．

以上の方針により，入門レベルの半導体デバイスと，そのLSI化への流れを，通年用の教科書として適当と思われる分量にまとめたが，当初の意図がどの程度に達成されているか，はなはだ心許ない．また，筆者の浅学のため，思わぬ間違いがあるかも知れない．読者諸賢のご評価，ご叱正を心からお願いする．

　終わりに，本書の出版に際して，いろいろお世話になった森北出版株式会社の石田昇司氏を始めとして，同社の方々に厚くお礼申し上げる．

2010年7月　　　　　　　　　　　　　　　　　　　　　　　　　　　　　著　者

目 次

1章 結晶と自由電子 — 1

- 1.1 物質の抵抗率 …………………………………………… 1
- 1.2 固体の結晶構造と自由電子 …………………………… 2
- 演習問題 …………………………………………………… 11

2章 エネルギー帯とキャリア — 13

- 2.1 束縛された電子のエネルギー ………………………… 13
- 2.2 半導体内の電子エネルギー …………………………… 15
- 2.3 半導体のエネルギー帯とキャリア …………………… 16
- 2.4 正孔のエネルギー ……………………………………… 19
- 2.5 導体, 絶縁体, 半導体のエネルギー帯構造 ………… 20
- 2.6 真性半導体 ……………………………………………… 21
- 2.7 外因性半導体 …………………………………………… 21
- 演習問題 …………………………………………………… 24

3章 半導体のキャリア密度とフェルミ準位 — 26

- 3.1 熱平衡状態とキャリア密度 …………………………… 26
- 3.2 キャリア密度とフェルミ準位 ………………………… 32
- 演習問題 …………………………………………………… 41

4章 半導体中の電気伝導 — 42

- 4.1 ドリフト電流 …………………………………………… 42
- 4.2 ホール効果 ……………………………………………… 48
- 4.3 拡散と再結合・励起 …………………………………… 50
- 4.4 キャリア連続の式 ……………………………………… 56
- 演習問題 …………………………………………………… 58

5章 pn接合とダイオード　60

- 5.1 階段形 pn 接合 …………………………………… 60
- 5.2 空乏層と拡散電位 ………………………………… 61
- 5.3 空乏層の特性 ……………………………………… 64
- 5.4 電流 - 電圧特性 …………………………………… 69
- 5.5 降　伏 ……………………………………………… 76
- 演習問題 ………………………………………………… 79

6章 バイポーラトランジスタ　81

- 6.1 トランジスタの分類 ……………………………… 81
- 6.2 接合型トランジスタの構成 ……………………… 82
- 6.3 増幅動作の概要 …………………………………… 83
- 6.4 ベース接地電流増幅率 …………………………… 87
- 6.5 電流 - 電圧特性 …………………………………… 94
- 6.6 ベース走行時間と周波数特性 …………………… 98
- 6.7 電圧増幅率 ………………………………………… 100
- 6.8 出力回路の消費電力 ……………………………… 108
- 演習問題 ………………………………………………… 110

7章 金属，半導体，絶縁物の接触　111

- 7.1 半導体の表面準位 ………………………………… 111
- 7.2 金属と半導体の接触 ……………………………… 112
- 7.3 ショットキーダイオード ………………………… 119
- 7.4 金属，絶縁物，半導体の接触と理想 MOS 構造 … 120
- 7.5 蓄積，空乏，反転 ………………………………… 121
- 7.6 理想 MOS の反転しきい値電圧 ………………… 122
- 7.7 理想 MOS の容量 ………………………………… 128
- 7.8 理想 MOS でない場合の補正 …………………… 129
- 演習問題 ………………………………………………… 132

8章 電界効果トランジスタ　133

- 8.1 電界効果トランジスタの分類 …………………… 133
- 8.2 接合型 FET の構造と動作原理 ………………… 135

8.3 絶縁膜型 FET の構造と動作原理 …………………… 142
8.4 チャネル走行時間と遮断周波数 …………………… 147
8.5 小信号等価回路 …………………… 149
8.6 電圧増幅率 …………………… 151
演習問題 …………………… 154

9章 集積回路概論　155

9.1 集積回路の分類 …………………… 155
9.2 モノリシック IC の素子構造と製法 …………………… 156
9.3 モノリシック IC の動作概要 …………………… 162
9.4 モノリシック IC の特徴 …………………… 170
演習問題 …………………… 171

演習問題の解答　173

付　録　195

A.1 元素の周期律表（長周期型）と半導体 …………………… 195
A.2 原子の外殻電子配列とパウリの排他律 …………………… 195
A.3 状態密度 …………………… 198
A.4 フェルミ–ディラック分布 …………………… 199
A.5 n, p の計算 …………………… 201
A.6 E_G の温度依存性 …………………… 202
A.7 非平衡時の擬フェルミ準位の形状と $p \cdot n$ の分布形状　203
A.8 双曲線関数 …………………… 204
A.9 電流増幅率の遮断周波数 …………………… 206
A.10 ショットキーダイオードの電流密度の導出 …………………… 207
A.11 飽和電流 I_{Dsat}（式 (8.12)）の近似式 …………………… 209
A.12 物理定数表 …………………… 210

参考文献　211

索　引　212

1章 結晶と自由電子

固体を，電流の流れやすさでおおまかに分類すると，導体，半導体，絶縁体に分けることができる．この電流の流れやすさの違いは，固体中で自由に動ける電子の数，すなわち自由電子密度の大小による．自由電子密度は，固体の結晶構造と関係しており，それらに注目すると，物質の電流の流れやすさの違いは，次のように理解することができる．

導　体：金属結合結晶からなり，**自由電子密度**が大きいため電流が流れやすい．

絶縁体：共有結合結晶からなり，自由電子がほとんど存在しないため，電流が流れにくい．

半導体：共有結合結晶からなるが，自由電子がわずかに存在するため，電流もわずかに流れる．

本章では，結晶構造と自由電子密度の関係を定性的に述べる．電流の流れやすさの違いが，なぜ生じるのかについて理解しよう．

1.1 物質の抵抗率

図 1.1 のように，長さ L，断面積 S の棒状物質に電流を流すとき，**電気抵抗** (electric resistance) R は，L/S に比例する．比例係数を ρ とすると，

$$R = \rho \frac{L}{S} \ [\Omega] \tag{1.1}$$

である．比例係数 ρ を**抵抗率** (resistivity) といい，その単位は $[\Omega \cdot \text{cm}]$ である．抵抗率は電流の流れやすさを表すパラメータであり，その値が小さいほど電流が流れやす

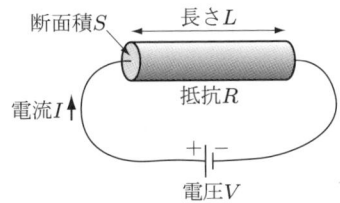

図 1.1　物質（抵抗）を流れる電流

い．抵抗 R の値は物質の形状に依存するが，抵抗率 ρ の値は形状に依存せず，物質固有の定数となる．

種々の物質（固体）の抵抗率を測定すると，その値は**図 1.2**のように，$10^{-6} \sim 10^{20}$ [Ω·cm] あたりまで分布することが知られている．抵抗率が大きい（電流が流れにくい）物質を**絶縁体** (insulator)，抵抗率が小さい（電流が流れやすい）物質を**導体** (conductor)，その中間の物質を**半導体** (semiconductor) という．半導体は，電流の流れやすさが導体と絶縁体の中間であることからつけられた名称である．抵抗率に明確な境界があるわけではなく，およそ 10^7 [Ω·cm] 以上の物質を絶縁体，10^{-2} [Ω·cm] 以下の物質を導体という．絶縁体の代表例はポリエチレン，ガラスなどがある．導体の代表例は銅，銀などであり，本書の主題である半導体の代表例は，シリコン (Si)，ガリウム・ヒ素 (GaAs) などである．

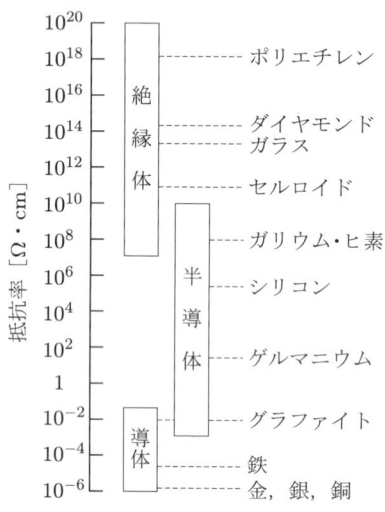

図 1.2　絶縁体，半導体，導体の抵抗率

1.2　固体の結晶構造と自由電子

固体は原子（または分子）が結合してできており，原子の配列が，空間的に規則的かどうかによって，**結晶構造**と**非晶質構造**に分類される．結晶構造はさらに，**単結晶構造**と**多結晶構造**に分かれる．図 1.3 に，これらの構造のイメージ図を示す．単結晶は，原子の配列が固体全体にわたって完全に規則的なものである．多結晶は，部分的には単結晶（結晶粒という）であるが，全体的には結晶粒がいろいろな方向を向いて

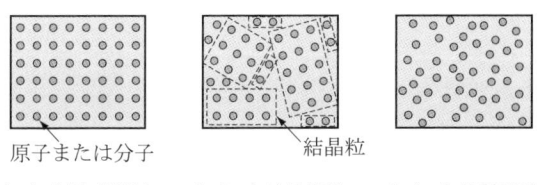

(a) 単結晶構造　(b) 多結晶構造　(c) 非晶質構造

図 1.3　固体の結晶構造

いるものである．理想的な単結晶は実在しないが，原子配列が欠陥などにより部分的に乱れているだけのものは単結晶に含める．非晶質構造は，**アモルファス構造**ともいう．図 1.2 の絶縁体，半導体，導体を，単結晶，多結晶，非晶質構造の観点からおおまかに分類すると，図 1.4 のようになる．本書で扱う絶縁体，半導体，導体は，おもに単結晶または多結晶である．

電流が流れやすいということは，電荷をもっている電子が移動しやすいということであるから，抵抗率が小さい物質中では，自由に動ける電子（**自由電子** (free electron) という）の数が多いものと考えられる．単結晶または多結晶構造と自由電子密度の関係を，定性的にみていこう．

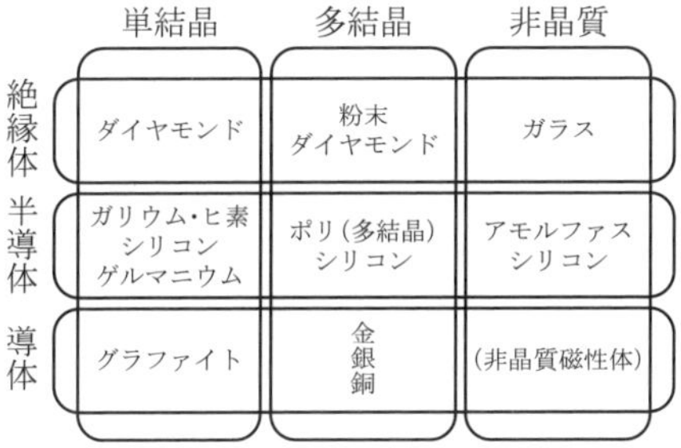

	単結晶	多結晶	非晶質
絶縁体	ダイヤモンド	粉末ダイヤモンド	ガラス
半導体	ガリウム・ヒ素 シリコン ゲルマニウム	ポリ(多結晶) シリコン	アモルファス シリコン
導体	グラファイト	金 銀 銅	(非晶質磁性体)

図 1.4　結晶構造による絶縁体，半導体，導体の分類

1.2.1　導体の結晶構造

金，銀，銅などの代表的導体は，多結晶である．金，銀，銅は 11 族の金属元素であり，**価電子**が 1 個であるため，原子が 1 価の陽イオンになりやすい（付録 A.1 参照）．図 1.5(a) に，銅の原子構造を示す．銅の原子番号は 29 であるため，$+29$ の電荷をもつ原子核を中心として，その周囲を -1 の電荷をもつ電子が 29 個とりまいている．原子には殻とよばれる電子を格納する「座席」があり，エネルギーの低い順に K 殻，L 殻，M 殻，N 殻，…とよぶ．K 殻の座席の数は 2 であり，L，M，N 殻の座席の数

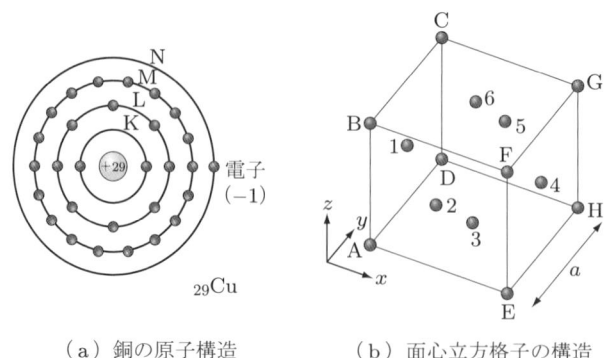

(a) 銅の原子構造　　　(b) 面心立方格子の構造

図 1.5 銅の原子と面心立方格子の構造

は，それぞれ 8, 18, 32 である．これら一つひとつの座席は，それぞれ電子の異なるエネルギー状態を表しており，一つの座席に入ることができる電子の数は一つだけである．すなわち，二つ以上の電子が同じエネルギー状態をとることはできない．これを，**パウリの排他律**(Pauli's exclusion principle) という．低いエネルギー状態にあるほど原子は安定なので，電子はエネルギーの低い殻から順につまっていく．したがって，+29 の電荷をもつ原子核を中心として，K, L, M, N 殻に，それぞれ 2, 8, 18, 1 個の電子が存在し，M 殻より内側の 28 個の電子配列が，化学的に安定なニッケル ($_{28}$Ni) の電子配列と同じになる．このため，銅原子は N 殻の 1 個の価電子が外れて 1 価の陽イオンになりやすい（付録 A.2 参照）．

各イオンは，**面心立方格子** (face centered cubic) の格子点に配列する．銅の場合を例として，面心立方格子の構造を，図 1.5(b) に示す．面心立方格子とは，立方体の八つの頂点と六つの面の中心（面心）に，原子（イオン）が配列する構造であり，これら 14 個の原子の位置を，**格子点**という．立方体の一辺の長さ a を**格子定数**といい，銅の場合，$a = 3.61\,[\text{Å}]$ ($1\,[\text{Å}] = 10^{-8}\,[\text{cm}]$) である．図 (b) では，六つの面心の座標は，

$$1\left(0, \frac{a}{2}, \frac{a}{2}\right),\quad 2\left(\frac{a}{2}, 0, \frac{a}{2}\right),\quad 3\left(\frac{a}{2}, \frac{a}{2}, 0\right),$$
$$4\left(a, \frac{a}{2}, \frac{a}{2}\right),\quad 5\left(\frac{a}{2}, a, \frac{a}{2}\right),\quad 6\left(\frac{a}{2}, \frac{a}{2}, a\right)$$

である．

N 殻から外れて自由電子となった価電子が，この格子内を自由に動き回るため，銅はきわめて電流が流れやすくなる．

面心立方格子は，直径が等しい球を空間に密に並べたときに出現する構造であり，**立方最密構造**ともよばれる（演習問題 1.5〜1.7 参照）．面心立方格子が，空間的にたく

さんくり返されて，結晶または結晶粒となる．陽イオンの数と自由電子の数は等しいので，結晶全体は電気的に中性である．見方を変えれば，自由電子が陽イオンの間のクーロン反発力を中和し，陽イオンが規則正しく配列する仲立ちをしているとも考えられる．このような構造を，**金属結晶**または**金属結合** (metallic bond) という．

例題 1.1 銅の原子密度を求めよ．

解答 面心立方格子の中に，何個の原子が含まれるかを考える．面心立方格子が密に並ぶとき，8個の頂点は，それぞれ隣り合う8個の面心立方格子の頂点と重なる．したがって，頂点の原子は一つの面心立方格子に 1/8 個含まれる．六つの面の中心にある原子は，それぞれ隣り合う2個の面心立方格子に共有されるので，一つの面心立方格子に 1/2 個含まれる．したがって，一つの面心立方格子に含まれる正味の原子数は，

$$\frac{1}{8} \times 8 + \frac{1}{2} \times 6 = 4$$

となる．したがって，原子密度は以下のように求められる．

$$\frac{1}{(3.61 \times 10^{-8})^3} \times 4 \fallingdotseq 8.50 \times 10^{22} \, [\mathrm{cm}^{-3}]$$

1.2.2 絶縁体の結晶構造と炭素の同素体

ダイヤモンドは，単結晶絶縁体である．その結晶は，すべて炭素 ($_6$C) からできている．炭素原子は14族の元素であるため，価電子は4個である．**図 1.6**(a) のように，+6 の電荷をもつ原子核を中心として K, L 殻にそれぞれ 2, 4 個の電子が存在し，K 殻より内側の 2 個の電子が，化学的に安定なヘリウム ($_2$He) の電子配列と同じになる．炭素は高圧下で，図 (b) のように隣り合う原子と価電子を共有し，各原子からみると L 殻に 8 個の電子が存在するのと等価になる．これは，K, L 殻にそれぞれ 2, 8 個の

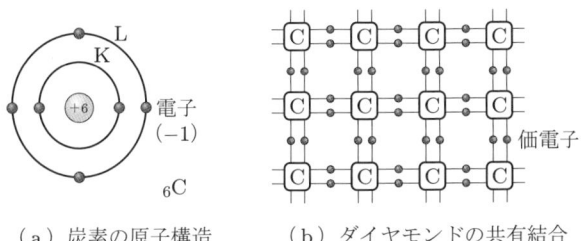

(a) 炭素の原子構造　　(b) ダイヤモンドの共有結合

図 1.6　炭素原子とダイヤモンドの共有結合

電子が存在するネオン ($_{10}$Ne) の電子配列と等価であり，このような結合は化学的に安定である．隣り合う原子と価電子を共有する結合を，**共有結合** (covalent bond) という．共有結合に組み込まれている価電子を取り外し，自由電子にするには，一般にかなりのエネルギーが必要である．ダイヤモンドの場合は，1 電子あたり約 5.5 [eV] 必要である（1 [eV] ≒ 1.6×10^{-19} [J]．[eV] の詳細については 2.1 節参照）．このため，共有結合に組み込まれている価電子は自由電子になりにくく，共有結合結晶は，通常は絶縁体である．

図 1.6(b) では，ダイヤモンドの共有結合のイメージを平面図で示したが，実際の構造は立体的であり，以下にその構造を示す．ダイヤモンドは，図 1.5(b) の面心立方格子を x, y, z 軸に沿って，それぞれ $a/4$ だけずらした面心立方格子と，元の面心立方格子を重ね合わせた構造をしている．**図 1.7**(a) に示すように，$a/4$ だけずらした面心立方格子の格子点の中で，元の面心立方格子の立方体の中に含まれる格子点は，A′, 1′, 2′, 3′ の 4 点のみである．すなわち，

$$A(0,0,0) \to A'\left(\frac{a}{4}, \frac{a}{4}, \frac{a}{4}\right), \quad 1\left(0, \frac{a}{2}, \frac{a}{2}\right) \to 1'\left(\frac{a}{4}, \frac{3a}{4}, \frac{3a}{4}\right),$$

$$2\left(\frac{a}{2}, 0, \frac{a}{2}\right) \to 2'\left(\frac{3a}{4}, \frac{a}{4}, \frac{3a}{4}\right), \quad 3\left(\frac{a}{2}, \frac{a}{2}, 0\right) \to 3'\left(\frac{3a}{4}, \frac{3a}{4}, \frac{a}{4}\right)$$

となる A′, 1′, 2′, 3′ の 4 点のみである．このとき，元の面心立方格子の格子点の中で，A′, 1′, 2′, 3′ に対して**最近接格子点**となる格子点が，それぞれ 4 個出てくる．たとえば，A′ に対する最近接格子点は，

$$A(0,0,0), \quad 1\left(0, \frac{a}{2}, \frac{a}{2}\right), \quad 2\left(\frac{a}{2}, 0, \frac{a}{2}\right), \quad 3\left(\frac{a}{2}, \frac{a}{2}, 0\right)$$

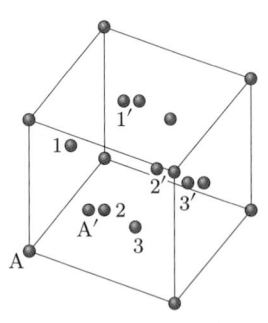
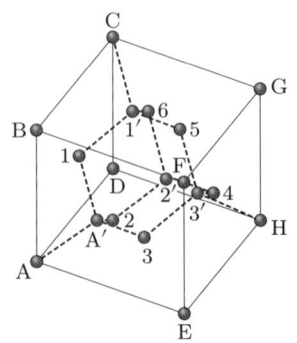

（a）元の立方体に入る格子点　　（b）ダイヤモンド構造

図 1.7　ダイヤモンドの結晶構造

の 4 個である．また，図 (b) のように，A′ と最近接格子点をそれぞれ結んだ線分（破線）をベクトルとみなすと，各ベクトルのなす角度はすべて等しい．すなわち，A′ を起点とする 4 本のベクトルは，海岸の防波堤や大きな河川の土手などでよく見かけるテトラポットと同形状であり，A′ は正四面体 A123 の中心でもある．同様に，格子点 1′, 2′, 3′ も，それぞれの最近接格子点が形成する正四面体の中心となる．図 (b) のような結晶構造で，すべての格子点に同一原子が配列する構造を，**ダイヤモンド構造**という．ダイヤモンド構造では，任意の格子点が 4 個の最近接格子点をもつ．任意の最近接格子点の間を結ぶ線分が，価電子 2 個を含む図 1.6(b) の共有結合枝に対応する．ダイヤモンドでは，格子定数 $a = 3.57\,[\text{Å}]$ である．

例題 1.2 ダイヤモンドの炭素の原子密度を求めよ．

....

解答 例題 1.1 と図 1.7(a) より，格子定数 $a = 3.57\,[\text{Å}]$ の立方体に含まれる正味の原子数は $4 + 4 = 8$ 個であるから，原子密度は以下のように求められる．

$$\frac{1}{(3.57 \times 10^{-8})^3} \times 8 \fallingdotseq 1.76 \times 10^{23}\,[\text{cm}^{-3}]$$

例題 1.3 図 1.7(a) において，格子点 A′ と格子点 A，1，2，3 の距離をそれぞれ求めよ．

....

解答

$$a = 3.57\,[\text{Å}],\ \text{A}'\left(\frac{a}{4},\frac{a}{4},\frac{a}{4}\right),\ \text{A}(0,0,0),\ 1\left(0,\frac{a}{2},\frac{a}{2}\right),\ 2\left(\frac{a}{2},0,\frac{a}{2}\right),\ 3\left(\frac{a}{2},\frac{a}{2},0\right)$$

より，ピタゴラスの定理を用いると，各距離はすべて等しく，以下のようになる．

$$\sqrt{\left(\frac{a}{4}\right)^2 + \left(\frac{a}{4}\right)^2 + \left(\frac{a}{4}\right)^2} = \frac{\sqrt{3}}{4} \times a \fallingdotseq 1.55\,[\text{Å}]$$

例題 1.4 図 1.7(b) の格子点 A′ と格子点 A，1，2，3 のそれぞれを結んだ線分（破線）をベクトルとみなし，各ベクトルのなす角度を求めよ．

....

解答

$$a = 3.57\,[\text{Å}],\ \text{A}'\left(\frac{a}{4},\frac{a}{4},\frac{a}{4}\right),\ \text{A}(0,0,0),\ 1\left(0,\frac{a}{2},\frac{a}{2}\right),\ 2\left(\frac{a}{2},0,\frac{a}{2}\right),\ 3\left(\frac{a}{2},\frac{a}{2},0\right)$$

より，

$$\overrightarrow{\text{A}'\text{A}} = \left(-\frac{a}{4},-\frac{a}{4},-\frac{a}{4}\right),\quad \overrightarrow{\text{A}'1} = \left(-\frac{a}{4},\frac{a}{4},\frac{a}{4}\right)$$

となる．これらのなす角度を θ とすると，ベクトルの内積の定義より，

$$\cos\theta = \frac{\left(-\frac{a}{4}\right)\times\left(-\frac{a}{4}\right)+\left(-\frac{a}{4}\right)\times\left(\frac{a}{4}\right)+\left(-\frac{a}{4}\right)\times\left(\frac{a}{4}\right)}{\left(\frac{\sqrt{3}}{4}\times a\right)^2} = -\frac{1}{3}$$

となる．したがって，$\theta \simeq 109.5\,[°]$ である．他のベクトル間のなす角も，すべて $\theta \simeq 109.5\,[°]$ である．

グラファイトは黒鉛，石墨などともよばれ，常圧で安定に存在する．ダイヤモンドと同じく，その結晶はすべて炭素からできているため，共に炭素の**同素体**である．しかし，結晶の結合の仕方がダイヤモンドとは異なるため，導体となる．図 1.8 に，グラファイトの結晶構造を示す．

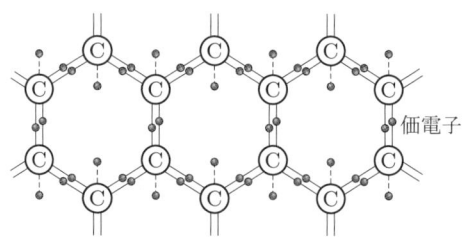

図 1.8　グラファイトの共有結合

この結晶は，炭素原子が正六角形の頂点に配列した 2 次元結晶であり，任意の格子点が 3 個の最近接格子点からなる正三角形の中心に位置する．最近接格子点間の距離は，1.42 [Å] である．グラファイトは，この 2 次元結晶が積層されたものである．炭素の 4 個の価電子のうちの 3 個は，それぞれ 3 個の最近接格子点の炭素との共有結合に寄与するが，残りの 1 個（図中の破線の結合で示した電子）は，全格子点の炭素と共有される．この電子は自由電子のように動けるため，グラファイトは 2 次元結晶面内で強い導電性を示す．

1.2.3　半導体の結晶構造

シリコン（ケイ素）原子は，炭素と同じく 14 族の元素であるため，価電子数は 4 個である．図 1.9(a) のように，+14 の電荷をもつ原子核を中心として，K, L, M 殻にそれぞれ 2, 8, 4 個の電子が存在し，L 殻より内側の 10 個の電子が，化学的に安定な Ne の電子配列と同じになる．シリコン結晶は，ダイヤモンドと同様に，図 (b) のように隣り合う原子と価電子を共有する共有結合となり，各原子からみると M 殻に 8

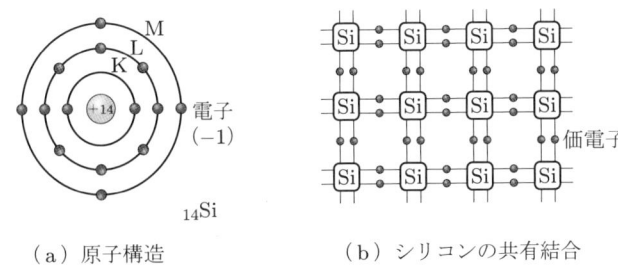

(a) 原子構造　　　　(b) シリコンの共有結合

図 1.9　シリコン

個の電子が存在するのと等価になる．これは，K，L，M 殻にそれぞれ 2, 8, 8 個の電子が存在するアルゴン ($_{18}$Ar) の電子配列と等価であり，安定な共有結合となる．実際の結晶構造はダイヤモンド構造となり，図 1.7(b) のすべての格子点にシリコン原子が配列したものとなる．ただし，格子定数 $a = 5.43$ [Å] である．シリコンの場合，共有結合に組み込まれている価電子を取り外し，自由電子にするには，1 電子あたり約 1.12 [eV] のエネルギーが必要である．この値はダイヤモンドの場合に比べて小さく，室温 (27 [℃]) 程度の熱エネルギーにより，わずかに自由電子が**励起**される（発生する）．このため，シリコン結晶は導体と絶縁体の中間の導電性を示し，半導体とよばれる．シリコンのほかに 14 族のゲルマニウム ($_{32}$Ge) の結晶構造もダイヤモンド構造となり，半導体の導電性を示す．

例題 1.5　シリコンの原子密度を求めよ．

解答　例題 1.2 と同様に，格子定数 $a = 5.43$ [Å] の立方体に含まれる正味の原子数は $4 + 4 = 8$ 個であるから，原子密度は以下のように求められる．

$$\frac{1}{(5.43 \times 10^{-8})^3} \times 8 \fallingdotseq 5.00 \times 10^{22} \, [\text{cm}^{-3}]$$

図 A.1.1 の周期律表の 12〜16 族を，II〜VI 族ともよぶ．同じ族の元素は互いによく似た化学的性質を示す．III 族と V 族，II 族と VI 族の元素は，ダイヤモンドやシリコンと同様に最外殻電子数の和が 8 個となる共有結合結晶を形成し，半導体の導電性を示すため，II〜VI 族の元素を一般に半導体とよぶ．シリコンやゲルマニウムのように，1 種類の元素からなる半導体を**元素半導体**といい，III 族と V 族のように，異なる元素からなる半導体を**化合物半導体**という．

化合物半導体の代表例として，レーザダイオードや高周波デバイスに多用されてい

10　1章　結晶と自由電子

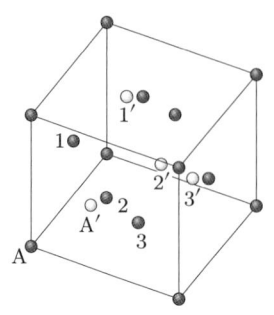
（a）元の立方体に入る格子点（白い球）

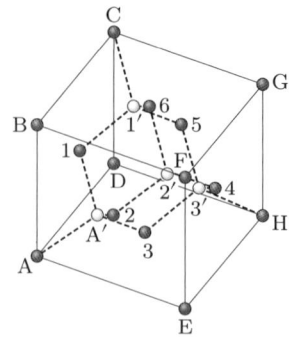
（b）GaAsの構造

図 1.10　ガリウム・ヒ素 (GaAs) の結晶構造

るガリウム・ヒ素 (GaAs) 結晶の構造を，図 1.10 に示す．GaAs 結晶もダイヤモンドと同様に，面心立方格子を x, y, z 軸に沿ってそれぞれ $a/4$ だけずらした面心立方格子と，元の面心立方格子を重ね合わせた構造をしている．ただし，元の面心立方格子の格子点には Ga 原子（または As 原子）が配列し，$a/4$ だけずらした面心立方格子の格子点には As 原子（または Ga 原子）が配列するというように，互いに異なる原子が配列する．したがって，図 (a) に示すように，$a/4$ だけずらした面心立方格子の格子点の中で，元の面心立方格子の立方体の中に含まれる格子点は，白い球で示されている A′, 1′, 2′, 3′ の 4 点のみである．黒い球を Ga 原子とすると，白い球は As 原子に対応する．図 (b) に示すように，白い球の最近接格子点は，破線で結ばれた 4 個の黒い球であり，これらの 4 個の黒い球は正四面体を形成し，その中心が白い球となる．図 (b) の構造が空間的に繰り返される構造では，黒い球の最近接格子点は，図 (b) とは逆に 4 個の白い球となり，これら 4 個の白い球は正四面体を形成し，その中心が黒い球となる．このように，基本構造はダイヤモンドと同様であるが，正四面体の頂点とその中心に異なる原子が配列する構造を，**閃亜鉛鉱構造**という．化合物半導体の結晶は，閃亜鉛鉱構造をとるものが多い．GaAs 結晶では，格子定数 $a = 5.65\,[\text{Å}]$ である．GaAs 結晶の共有結合に組み込まれている価電子を取り外し，自由電子にするには，1 電子あたり約 $1.42\,[\text{eV}]$ のエネルギーが必要である．この値はシリコンの場合に比べてやや大きく，GaAs は絶縁体に近い導電性を示す．

例題 1.6　GaAs の原子密度を求めよ．

解答　例題 1.2 と同様に，格子定数 $a = 5.65\,[\text{Å}]$ の立方体に含まれる正味の原子数は $4 + 4 = 8$ 個であるから，原子密度は以下のように求められる．ただし，この密度の 50% は

Ga 原子，残りの 50%は As 原子である．

$$\frac{1}{(5.65 \times 10^{-8})^3} \times 8 \fallingdotseq 4.44 \times 10^{22} \, [\text{cm}^{-3}]$$

◎◉ 演習問題 ◉◎

1.1 銀 (Ag) の原子密度を求めよ．ただし，銀の結晶構造も銅と同じく面心立方格子であり，格子定数 $a = 4.09$ [Å] である．

1.2 鉄 (Fe) の結晶構造は，**体心立方格子** (body centered cubic) である．これは，立方体の八つの頂点と，立方体の中心に原子が配列する構造である．鉄の原子密度を求めよ．ただし，格子定数 $a = 2.87$ [Å] である．

1.3 図 1.7(b) において格子点 $1'(a/4, 3a/4, 3a/4)$ の最近接格子点は，

$$1\left(0, \frac{a}{2}, \frac{a}{2}\right), \, 5\left(\frac{a}{2}, a, \frac{a}{2}\right), \, 6\left(\frac{a}{2}, \frac{a}{2}, a\right), \, \text{C}\,(0, a, a)$$

の 4 個である．以下の各問に答えよ．
  (1) 格子点 $1'$ と各最近接格子点の距離を求めよ．
  (2) 格子点 $1'$ と各最近接格子点のそれぞれを結んだ線分（破線）をベクトルとみなし，各ベクトルのなす角度を求めよ．

1.4 図 1.7(b) のダイヤモンド構造を，x 軸方向の十分遠く（無限遠点）から見るとき，格子点はどのように配列するか．

1.5 図 1.5(b) の面心立方格子に関し，次の各問に答えよ．ただし，格子定数は a とする．
  (1) 線分 AG（立方体の対角線）と三角形 BED を含む面（面①とする）および三角形 HCF を含む面（面②とする）は，共に直交することを示せ．
  (2) 格子点 A と上記面①の距離，および面①と面②の距離を求めよ．
  (3) 線分 AG と，三角形 BED および三角形 HCF の交点は，それぞれの三角形の重心となることを示せ．
  (4) 面①を新たに xy 平面と想定し，格子点 E を通り格子点 D に向かう線を x 軸，格子点 E と格子点 D の中点（すなわち，格子点 3）を x 軸の原点とする．線分 AG 方向の十分遠く（無限遠点）から面①と面②を見るとき，各格子点と三角形 BED および三角形 HCF の重心は，xy 平面上にどのように配列するか．

1.6 次の各格子の格子点に，半径がすべて等しい剛体球を，その中心が格子点に一致するように配置するとき，格子体積に占める剛体球の体積の割合（**充填率**）を求めよ．ただし，最近接格子点間では，剛体球が互いに接するように半径を設定するものとする．
  (1) **単純立方格子** (simple cubic；立方体の 8 個の頂点を格子点とする格子)
  (2) 体心立方格子
  (3) 面心立方格子

(4) ダイヤモンド格子

1.7 半径 r の剛体球を，平面上に密に並べると，**図 1.11**(a) のように配列する．これらの球上に，半径 r の剛体球（薄い網かけ）を密に並べると，図 (b) のように配列する．薄い網かけの剛体球上に，さらに半径 r の剛体球（濃い網かけ）を密に並べると，図 (c) のように配列する．ただし，濃い網かけの剛体球は，図 (a) の剛体球の真上には配置しないものとする．図 (a) の剛体球が，平面上に無限に配列している層を想定し，それを第 0 層，図 (b) の薄い網かけの剛体球が無限に配列している層を第 1 層，図 (c) の濃い網かけの剛体球が無限に配列している層を第 2 層とするとき，次の各問に答えよ．

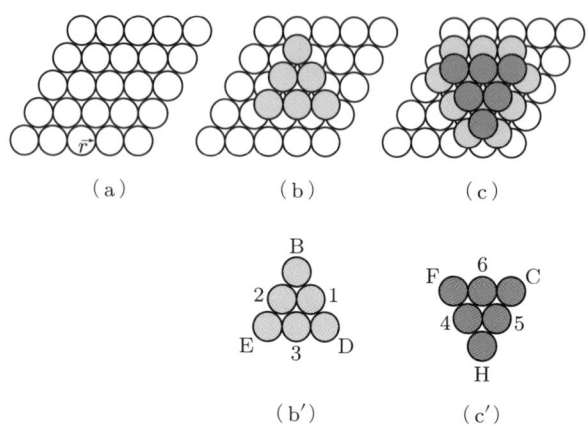

図 1.11 密に並べた剛体球（3 層）

(1) 図 (b) の 6 個の薄い網かけの剛体球のそれぞれに，図 (b′) のような符号を，図 (c) の 6 個の濃い網かけの剛体球のそれぞれに，図 (c′) のような符号をつける．図 (b′) の各球の中心を含む面を xy 平面とし，球 E の中心を通り，球 D の中心に向かう線を x 軸，球 E の中心と球 D の中心の中点を x 軸の原点とする．図 (b′) と図 (c′) の 12 個の球の中心座標を xy 平面に射影すると，どのように配列するか．

(2) 上記 (1) の xy 平面と，第 2 層の各球の中心を含む面の間の距離を求めよ．

(3) 第 0 層・第 1 層・第 2 層・第 0 層・第 1 層・第 2 層・…のように，三つの層を単位として周期的に密に積み重ねるとき，各剛体球の中心の配列は，面心立方格子の格子点の配列と等価になることを示せ．

2章 エネルギー帯とキャリア

1章で述べたように，半導体は，熱エネルギーなどにより自由電子が励起されることで導電性を示す．つまり，半導体の性質は，その中の電子のエネルギー状態と深く関係している．半導体中の電子のエネルギー状態は，低い方から順に，次の三つの領域（エネルギー帯）に分けることができる．

価電子帯：共有結合の結合枝に組み込まれて動けない価電子がつまっている領域．
禁制帯：価電子帯と伝導帯の間にある電子が存在しないエネルギー領域．
伝導帯：価電子帯から励起され，ほぼ自由に動ける**自由電子**（**伝導電子**）が少数存在する領域．

これらエネルギー帯の間を電子が移動することで，伝導電子や，正孔とよばれる電子の抜けた孔が生じ，これらが電流の担い手（キャリア）となって，半導体の電気伝導に寄与する．本章では，半導体のエネルギー帯と，キャリアのふるまいについて学ぼう．

2.1 束縛された電子のエネルギー

ほかからの力が働かない空間内で孤立している水素原子は，最低エネルギー状態にある．これを**基底状態** (ground state) という．量子力学によれば，基底状態にある水素原子内では，**図 2.1** のように，電気素量 $e = 1.6 \times 10^{-19}$ [C] を単位として，$+1e$ の電荷をもつ陽子の周りの K 殻を，$-1e$ の電荷をもつ 1 個の電子が回っており，その軌道半径は約 0.53 [Å] である．陽子と電子を結び付けている力は**クーロン力** (Coulomb force) である．つまり，電子はクーロン力により陽子に束縛されている．

この電子を陽子から引き離すのに必要なエネルギーは，約 13.6 [eV] である．電子が引き離されると，水素原子は +1 価のイオンになるので，次の変化が起きる．

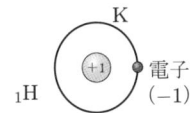

図 2.1　水素原子の構造

$$H + 13.6\,[eV] = H^+ + e^- \tag{2.1}$$

H^+ は水素イオン，e^- は陽子から引き離された電子，13.6 [eV] はイオン化エネルギーである．物理学では，原子核から十分遠くまで引き離されて束縛がなくなった電子のエネルギーを 0 [eV] と定義し，この電子を**自由電子**という．0 [eV] のエネルギーは，**真空準位** (vacuum level) ともよばれる．自由電子は束縛されていないから，力を受けるとその方向に加速されて運動エネルギーが増加する．

1 [eV]（エレクトロンボルト）は，0 [eV] のエネルギーの自由電子が，1 [V] の電圧（電位差）で加速されたときに得る運動エネルギーとして，次のように定義される．

$$1\,[eV] \equiv 1.6 \times 10^{-19}\,[C] \times 1\,[V] = 1.6 \times 10^{-19}\,[J] \tag{2.2}$$

式 (2.2) に示すように，その大きさは 1.6×10^{-19} [J] ときわめて小さい．電子や原子のエネルギーを扱う場合，一般にその値はきわめて小さくなるので，この [eV] という単位がよく用いられる．

式 (2.1) に戻ると，13.6 [eV] の仕事により陽子から引き離された電子のエネルギーが 0 [eV] であるから，元の水素原子内の電子のエネルギー（基底準位）は，-13.6 [eV] である．負のエネルギーは，束縛されている状態を表す．すなわち，「とらわれの身」ということである．図 2.2 のように，電子のエネルギーを縦軸にとり，原点を 0 [eV] とすると，「とらわれの身」にある電子のエネルギーは，原点より 13.6 [eV] 下になる．0 [eV] と -13.6 [eV] のところに引いた横線は，エネルギーの値を示しているだけで，長さ（横軸方向）にはとくに意味はない．「とらわれの身」にあることを視覚的に表す図 2.2 のような図を，**エネルギー準位図** (energy level diagram) という．

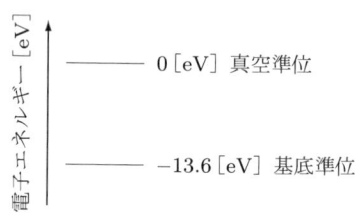

図 2.2 基底状態にある水素原子内の電子のエネルギー

基底状態にある水素原子から電子を取り出すには，13.6 [eV] 以上の仕事が必要である．たとえば，15 [eV] の仕事が加えられれば，取り出された電子は $15 - 13.6 = 1.4$ [eV] の運動エネルギーをもつ．13.6 [eV] 未満の仕事の場合には，一般に，そのエネルギーは水素原子には吸収されず，水素原子は元のままの状態を保つ．すなわち，任意の負のエネルギーをもつ準位は存在せず，基底準位のような特定の準位のみが安定に存

する（付録 A.2，および演習問題 2.3 参照）．

例題 2.1　13.6 [eV] を，[J] で表せ．

解答　式 (2.2) の両辺を 13.6 倍すれば得られる．

$$13.6 \times 1\,[\text{eV}] = 13.6 \times 1.6 \times 10^{-19}\,[\text{J}] \fallingdotseq 2.18 \times 10^{-18}\,[\text{J}]$$

例題 2.2　1 [eV] の運動エネルギーをもつ電子の速度を求めよ．

解答　電子の質量を $m_0 = 9.1 \times 10^{-31}$ [kg]，速度を v [m/s] とすると，次のようになる．

$$\frac{1}{2} m_0 v^2 = 1\,[\text{eV}]$$

$$v = \sqrt{\frac{2\,[\text{eV}]}{m_0}} = \sqrt{\frac{2 \times 1.6 \times 10^{-19}}{9.1 \times 10^{-31}}} \fallingdotseq 5.9 \times 10^5\,[\text{m/s}]$$

2.2 半導体内の電子エネルギー

1.2.3 項では，シリコン結晶の共有結合に組み込まれている価電子を自由電子にするには，1 電子あたり約 1.12 [eV] のエネルギーが必要であることを述べた．前節の論法を適用すると，価電子に関しては，図 2.2 に対応して**図 2.3**(a) のようなエネルギー準位図が描けるようにみえる．しかし，結晶の共有結合に組み込まれている価電子に対しては，これを，図 (b) のように大幅に修正する必要がある．その理由はおもに二

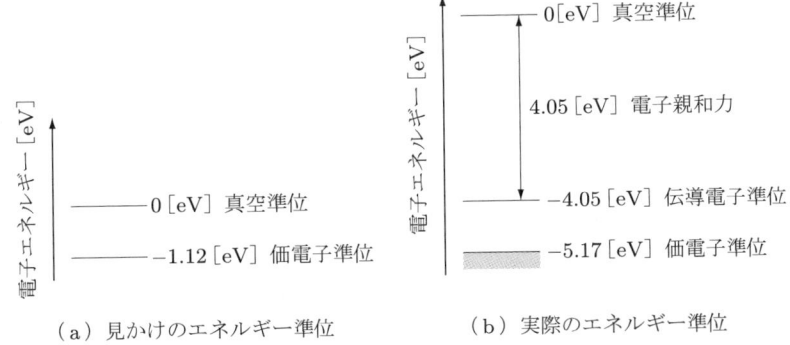

図 2.3　シリコン結晶内の電子のエネルギー準位

つある．第一に，共有結合から外れた電子を自由電子とよぶのは，結晶内部ではほぼ自由に動けるからであり，まったく外力を受けていない真空準位にある「真の」自由電子ではない．共有結合から外れた1個の電子を真空準位まで引き出すには，さらにエネルギーが必要である．シリコン結晶では，共有結合の束縛から外れた1個の電子を，結晶から取り出して真空準位まで運ぶのに必要なエネルギーは約 4.05 [eV] であり，この値（または，この値を電圧に換算したもの，すなわち 4.05 [V]）を，**電子親和力** (electron affinity) とよんでいる．図 (b) のように，共有結合から外れた電子のエネルギー準位を，電気伝導に寄与する電子のエネルギー準位という意味で**伝導電子準位**とよぶと，その値は -4.05 [eV] であり，**価電子準位**は，-5.17 [eV] となる．なお，結晶内部でほぼ自由に動ける電子は「真の」自由電子ではないが，とくに誤解が生じない場合には，「真の」自由電子と区別せず自由電子とよんでいる．

第二に，価電子準位は，水素原子内の電子の基底準位のように一本の線で表される単一エネルギーではなく，エネルギーがわずかに異なる無数の準位からなるので，エネルギーに幅をもっている．図 2.3(b) では，価電子準位の広がり幅の部分を網かけで示している．網かけの上端と伝導電子準位の間隔が，約 1.12 [eV] である．例題 1.5 で示したように，シリコン原子密度は約 5×10^{22} [cm^{-3}] であり，価電子の密度はその4倍である．このように，きわめて多数の原子（原子核）と電子が，クーロン相互作用などによりお互いに力を及ぼしあっているため，価電子準位が互いに分離し，エネルギー準位に広がりが生じる（これは，付録 A.2 で述べる外殻電子のエネルギー準位の縮退分離と類似の現象である）．この広がりは，エネルギー間隔がほとんど区別できない無数の準位の束からなり，パウリの排他律により，無数の準位の一つひとつに価電子が1個収容されている．エネルギーに幅をもった準位の束を，**エネルギー帯** (energy band；単にバンドともいう) といい，価電子がつまったエネルギー帯を，**価電子帯** (valence band)，または，**充満帯** (filled band) という．

2.3　半導体のエネルギー帯とキャリア

エネルギー準位図では，横軸方向はとくに意味はなかったが，図 2.4 は，縦軸にエネルギー準位図と同じ電子エネルギーをとり，横軸は位置 x としたものである．このような図を，**エネルギー帯図** (energy band diagram) という．価電子帯には高密度の価電子がつまっているが，共有結合で束縛されているため動けない．価電子帯の上端のエネルギーを，E_V で表す．価電子が外部からエネルギーを得て伝導電子準位 (E_C) 以上のレベルまで励起されると，その電子は結晶内で自由電子となり，電気伝導に寄与できるので，E_C から真空準位 E_0 までの範囲を，**伝導帯** (conduction band) とい

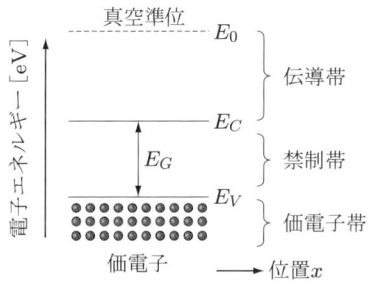

図 2.4 エネルギー帯図の例

う．実際の半導体では，電子エネルギーが真空準位を超える場合はほとんどないので，通常は真空準位は省略される．価電子が外部からエネルギーを供給されても E_C 以上のレベルまで達しない場合は，エネルギーは吸収されず，価電子は価電子帯にとどまる．この事情は，水素原子の基底準位にある電子の場合に類似している．すなわち，E_V と E_C の間のエネルギーをもつ電子は存在しない．E_V と E_C の間のエネルギー範囲を，**禁制帯**，または，**禁止帯** (forbidden band)，$E_C - E_V = E_G$ [eV] を，**禁制帯幅** (forbidden band gap energy) という．シリコンでは，$E_G \fallingdotseq 1.12$ [eV] である．

価電子を伝導帯まで励起するエネルギー源は，通常は熱エネルギーである．絶対温度 T [K] で熱平衡にある粒子は，熱擾乱により，平均的に kT [J] 程度の運動エネルギーをもっている．k はボルツマン定数である．このエネルギー値が E_G 以上になると，価電子は伝導帯まで励起される可能性がある．室温 (27 [℃]) 程度では，kT [J] は約 0.026 [eV] であるから，シリコンの E_G に比べて小さく，励起エネルギーとしては不十分である．ただし，これは平均的な運動エネルギーの値であって，運動エネルギーが大きな成分の中には，シリコンの E_G に匹敵する成分もわずかに含まれている．この成分の割合はわずかでも，価電子の密度はきわめて大きいため，室温程度でも伝導帯にいくらかの自由電子が励起され，電気伝導に寄与することになる．励起される自由電子密度の定量的な説明は，3 章にゆずる．

例題 2.3 室温における熱擾乱の平均運動エネルギー kT [J] を，[eV] で表せ．

解答 通常，27 [℃] を室温とよぶ．室温は絶対温度 $T = 300$ [K] に対応するから，式 (2.2) とボルツマン定数 $k = 1.38 \times 10^{-23}$ [J/K] より，次の結果が得られる．

$$\frac{kT}{1.6 \times 10^{-19} \,[\text{J/eV}]} = \frac{1.38 \times 10^{-23} \,[\text{J/K}] \times 300 \,[\text{K}]}{1.6 \times 10^{-19} \,[\text{J/eV}]} \fallingdotseq 0.026 \,[\text{eV}]$$

価電子帯から伝導帯に1個の自由電子が励起された場合を考える．シリコンの共有結合に組み込まれている1個の価電子が励起されて自由電子になった様子を示す実空間のイメージ図と，それに対応するエネルギー帯図を，**図2.5** に示す．自由電子は電気伝導に寄与するので，**伝導電子** (conduction electron) ともよばれ，以後このよび方を用いる．価電子が抜けたところには，電子の抜け孔が残る．結晶および原子の電荷は全体としてゼロ（電気的中性）であるから，-1 の電荷をもつ伝導電子が抜けた部分には等価的に $+1$ の電荷が発生する．したがって，電子の抜け孔の部分は等価的に $+1$ の電荷をもつと考えなければならない．このように，等価的に $+1$ の電荷をもつ抜け孔の部分を，**正孔**という．「正の電荷をもつ孔」(positive hole) という意味であり，単に**ホール** (hole) ともいう．

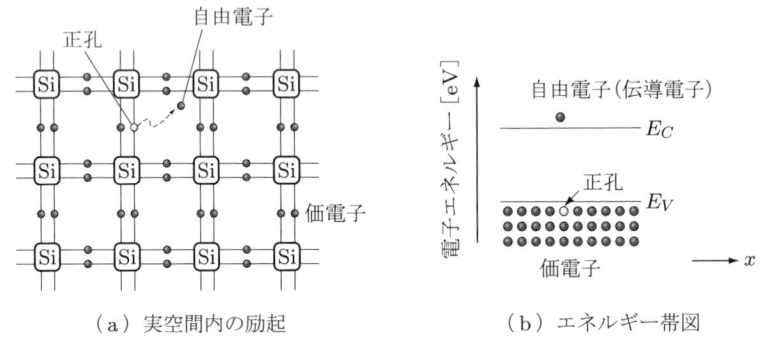

(a) 実空間内の励起　　　　(b) エネルギー帯図

図 2.5　自由電子励起（シリコン結晶）

次に，図2.5 の状態に電界を印加すると，どのようになるかを考える．x 軸の負の方向に電界を印加したときの様子を示す実空間のイメージ図と，それに対応するエネルギー帯図を，**図2.6** に示す．伝導電子は -1 の電荷をもつので，電界に引かれて正方向（右方向）に動く．価電子帯では，正孔の左側の電子が電界に引かれて右方向に動き，正孔の「孔」を埋めるので，正孔はつぎつぎに左方向に動く．このプロセスは，価電子がエネルギーをほとんど授受することなしに起きるので容易に発生する．すなわち，正孔はあたかも「$+1$ の電荷をもつ伝導電子」のように，価電子帯内を電界に押されて左方向に動く．正孔は，価電子が抜けた「孔」であり「実体的な粒子」ではないが，以後，価電子の代わりに正孔を「$+1$ の電荷をもつ実体的な粒子」とみなす．伝導電子は正孔とペアで発生するが，発生した後はそれぞれ独立に運動する．電界に引かれて右方向に動く伝導電子も，電界に押されて左方向に動く正孔も，共に電流に寄与する．このように，負の電荷を担う伝導電子と，正の電荷を担う正孔を，**キャリア** (carrier) という．「電流の担い手」という意味である．伝導電子は負のキャリア，正孔

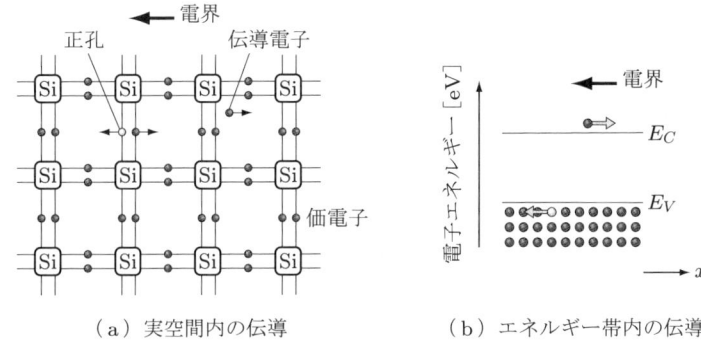

(a) 実空間内の伝導　　　　(b) エネルギー帯内の伝導

図 2.6　両極性伝導（シリコン結晶）

は正のキャリアである．負のキャリアと正のキャリアが共に電気伝導に寄与する現象を，**両極性伝導**という．半導体中の電気伝導は，一般に両極性伝導である．

2.4　正孔のエネルギー

図 2.7(a) のように，価電子帯の上端に 1 個の正孔があるとき，その下の価電子が外部からエネルギーを得て，つぎつぎに正孔の「孔」を埋めていくと，図 (b) のように，正孔はつぎつぎに下方に移動する．これは，正孔が図 (b) の E のエネルギーを得て下方に移動したとみなすこともできる．すなわち，エネルギー帯図においては，正孔のエネルギーは下向きに増加し，電子のエネルギーの向きとは逆になる．

正孔は，水中の気泡のようなものにたとえれば直感的にイメージしやすい．放っておけば（エネルギーを加えなければ）浮き上がるからである．一方，電子はパチンコ玉のようなものである．放っておけば低い方に転がり落ちるからである．

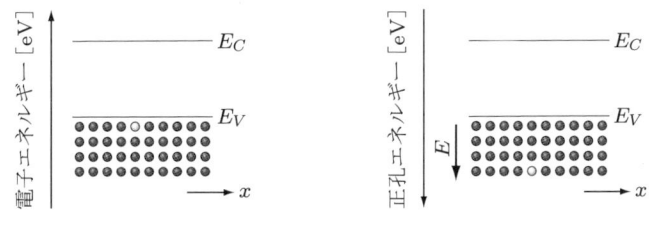

(a) 電子エネルギーの増加方向　　(b) 正孔エネルギーの増加方向

図 2.7　電子と正孔のエネルギーの増加方向

例題 2.4 シリコンにおいて，価電子帯の上端にある 1 個の価電子が 1.5 [eV] のエネルギーを吸収するとどうなるか．

解答 価電子は伝導帯に励起され，（励起直後は）$1.5 - 1.12 = 0.38$ [eV] の運動エネルギーをもつ伝導電子となる．価電子帯の上端には，（励起直後は）運動エネルギーゼロの正孔が 1 個発生する．一般に，伝導帯（価電子帯）には多数の伝導電子（正孔）が存在するので，互いに衝突し，エネルギーは短時間のうちに平衡状態のエネルギー分布に緩和する．速度の向きは与えられた条件だけでは定まらず，不定である（複数個の電子が励起された場合は，それぞれ勝手な方向に動き，全体として電流は流れない）．

2.5 導体，絶縁体，半導体のエネルギー帯構造

1.2 節では，導体，絶縁体，半導体の違いは，伝導電子の密度の違いであることを述べた．ダイヤモンドのような絶縁体では，結晶の共有結合に組み込まれている価電子を伝導電子にするには，1 電子あたり約 5.5 [eV] 以上のエネルギーが必要であり，室温程度では伝導電子がほとんど発生しない．銅や銀などの導体は，金属結合による多結晶であるため，伝導電子がきわめて多くなり，よい導電性を示す．一方，シリコンでは，共有結合の価電子を伝導電子にするには，1 電子あたり約 1.12 [eV] 以上のエネルギーが必要であり，この値はダイヤモンドの場合に比べて小さく，室温程度でもわずかに伝導電子が励起される．このため，シリコン結晶は導体と絶縁体の中間の導電性を示し，半導体とよばれるのである．

2.3 節のエネルギー帯の考え方に基づいて，導体，絶縁体，半導体のエネルギー帯図を描くと，**図 2.8** のようになる．導体では実質的に禁制帯が存在せず，伝導帯に多数の伝導電子が励起されている．絶縁体では，半導体に比べて禁制帯幅が大きく，室温程度では伝導電子がほとんど励起されない．半導体では，禁制帯幅がそれほど大きく

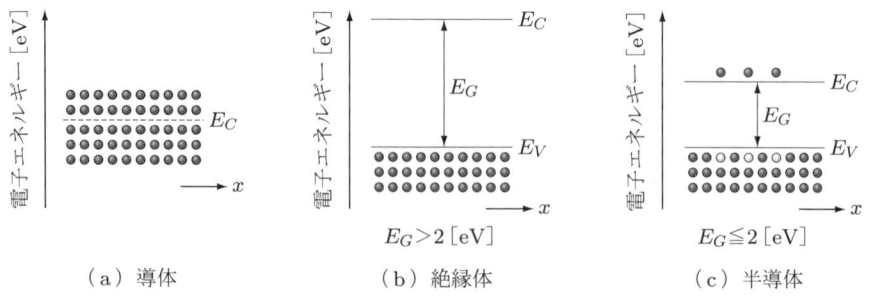

図 2.8 導体，絶縁体，半導体のエネルギー帯図

ないため，室温程度でもわずかに伝導電子が励起される．半導体となる禁制帯幅の目安は，およそ $E_G \leqq 2\,[\text{eV}]$ である．

2.6 真性半導体

1.2.3 項で述べたシリコン，ゲルマニウム，ガリウム・ヒ素のような，元素半導体や化合物半導体を，**真性半導体** (intrinsic semiconductor) という．1 種類の原子が共有結合している結晶，または複数種類の原子が一定の割合で共有結合している結晶からなる半導体である．これまで述べた半導体は，真性半導体である．伝導電子は正孔とペアで発生するから，図 2.9 のように，真性半導体では伝導電子密度 n と正孔密度 p はつねに等しい．ただし，室温程度では，両方の密度は一般に非常に小さいので，導電性も小さい．

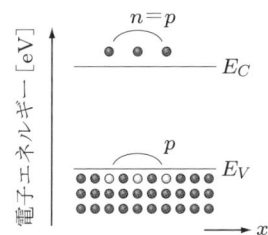

図 2.9　真性半導体の伝導電子密度 n と正孔密度 p

2.7 外因性半導体

真性半導体に，それを構成する原子とは異なる原子を少量添加することにより，伝導電子密度 n を正孔密度 p より大きくしたり，または逆に，正孔密度 p を伝導電子密度 n より大きくすることができる．伝導電子密度を大きくする原子を，**ドナー** (donor) という．「(電子を) 与えるもの」という意味である．また，正孔密度を大きくする原子を，**アクセプタ** (acceptor) といい，「(電子を) 受け取るもの」という意味である．これらドナーとアクセプタを，**ドーパント** (dopant) または**不純物** (impurity) といい，ドーパントを添加することを**ドーピング** (doping)，あるいはドープするという．不純物とは「構成原子とは異なる原子」という意味である．ドーピングによりキャリア密度を制御した半導体を，**外因性半導体** (extrinsic semiconductor)，または**不純物半導体**という．伝導電子密度を正孔密度より大きくしたものを **n 型半導体**，逆の場合を **p**

型半導体という．密度が大きい方のキャリアを**多数キャリア** (majority carrier)，小さい方を**少数キャリア** (minority carrier) という．n 型半導体では伝導電子が多数キャリア，正孔が少数キャリアであり，p 型半導体では正孔が多数キャリア，伝導電子が少数キャリアである．「n 型」は，多数キャリアである伝導電子の電荷が負 (negative)，「p 型」は，多数キャリアである正孔の電荷が正 (positive) であることから，それぞれの頭文字をとってつけられた名称である．以上をまとめると，図 2.10 のようになる．

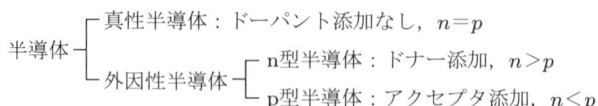

図 2.10　半導体の種類

2.7.1　n 型半導体とドナー準位

ドナーの例として，IV 族のシリコンに V 族のリン ($_{15}$P) を添加した場合を図 2.11 に示す．高温においてシリコンにリンを添加すると，シリコン原子の一部が図 (a) のように，リン原子に置換される．リンは 5 価の原子であるから，価電子が 1 個余り，この電子は共有結合に関与できない．リン原子は 1 個の価電子を失うと +1 価のイオンとなるが，共有結合に組み込まれているため動けず，その周りに余った価電子がゆるやかに束縛されることになる．この束縛エネルギーは $0.03\,[\mathrm{eV}]$ 程度となるため（演習問題 2.4 参照），余った価電子は室温程度の温度でも熱擾乱エネルギー（$\sim 0.026\,[\mathrm{eV}]$）で励起されて，容易に伝導電子になる．したがって，図 (b) のように，余った価電子のエネルギー準位は，E_C より $0.03\,[\mathrm{eV}]$ 程度下にあることになる．この準位を**ドナー準位** (donor level) とよび，$E_D\,(\fallingdotseq E_C - 0.03\,[\mathrm{eV}])$ で表す．イオン化したドナー原子は動けないため電気伝導には寄与しない．

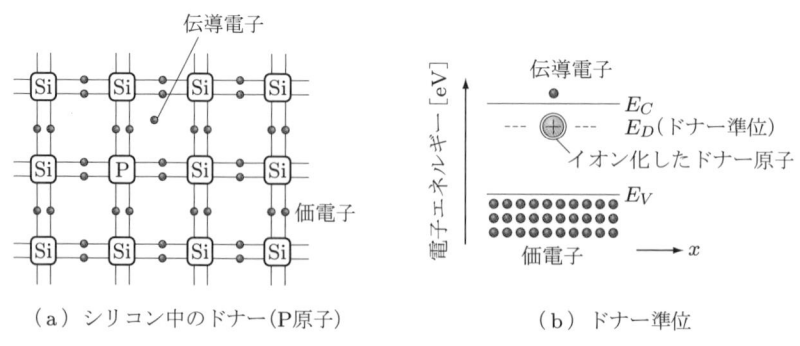

図 2.11　n 型半導体（P を添加されたシリコン）

IV 族のシリコンに対して V 族の原子がドナーとなり，ドナー密度を N_D とすると，ドナー原子がすべてイオン化すれば，伝導電子密度は N_D だけ増加する．これは，ドナーにより n 型半導体の伝導電子密度，つまり導電率を制御できることを意味する．n 型半導体中では，正孔密度より伝導電子密度が大きくなるが，イオン化したドナー原子を含めると，次式のように半導体全体の電荷中性条件は保たれる．

$$n = p + N_D^+ \tag{2.3}$$

ここで，左辺は負電荷密度，右辺は正電荷密度である．N_D^+ は，ドナー原子のうち，伝導電子を放出してイオン化したドナー原子密度である．室温程度以上の温度では，通常はドナー原子はすべてイオン化するので $N_D^+ \fallingdotseq N_D$ であるが，十分低温になるとイオン化の割合が低下し，$N_D^+ \ll N_D$ となる．

2.7.2 p 型半導体とアクセプタ準位

アクセプタの例として，IV 族のシリコンに III 族のホウ素 ($_5$B) を添加した場合を図 2.12 に示す．図 (a) のように，シリコン原子がホウ素原子に置換されると，ホウ素原子は -1 価のイオンとなり，正孔が 1 個発生する．この正孔の束縛エネルギーも 0.05 [eV] 程度となるため（演習問題 2.4 参照），室温程度の温度でも正孔は容易に価電子帯に励起される．したがって，図 (b) のように，正孔のエネルギー準位は，E_V より 0.05 [eV] 程度上にあることになる．この準位を**アクセプタ準位** (acceptor level) とよび，E_A ($\fallingdotseq E_V + 0.05$ [eV]) で表す．イオン化したアクセプタ原子は動けないため電気伝導には寄与しない．

p 型半導体中では，伝導電子密度より正孔密度が大きくなるが，イオン化したアクセプタ原子を含めると，次式のように半導体全体の電荷中性条件は保たれている．

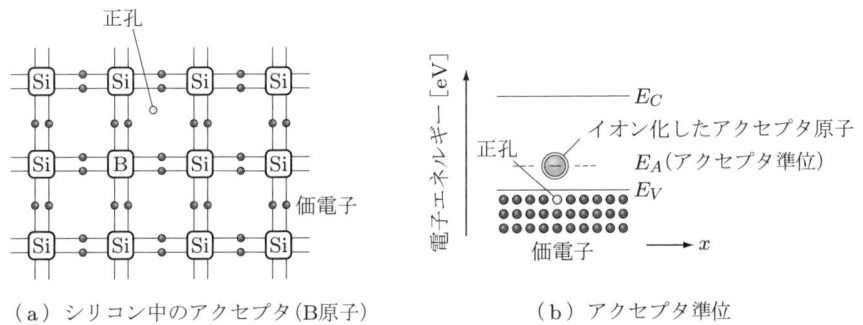

(a) シリコン中のアクセプタ(B原子)　　(b) アクセプタ準位

図 2.12　p 型半導体（B を添加されたシリコン）

24　2章　エネルギー帯とキャリア

$$p = n + N_A^- \tag{2.4}$$

ここで，左辺は正電荷密度，右辺は負電荷密度である．N_A^- はアクセプタ密度 N_A のうち，正孔を放出して（価電子を受け取って）イオン化したアクセプタ原子密度である．

化合物半導体では，たとえば，III‐V族のGaAsの場合，ドーパントとしてII族の原子を添加すると，ドーパントはIII族のGa原子を置換してアクセプタとなる．一方，IV族のドーパントを添加すると，ドーパントがIII族のGa原子を置換する場合はドナー，V族のAs原子を置換する場合はアクセプタになる．このように，置換する原子の種類（族）によってドーパントの役割が変化するため，注意を要する．

●● 演習問題 ●●

2.1 シリコンにおいて，価電子帯の上端にある1個の価電子が次の各エネルギーを吸収すると，それぞれどうなるか．
(1) 0.5 [eV]　　(2) 2.0 [eV]　　(3) 5.5 [eV]

2.2 水素原子の1個の外殻電子が，ニュートン力学に従って原子核を中心とする半径 r の円軌道を回っているとして，以下の各問に答えよ．
(1) 電子のエネルギー E は，以下のように表せることを示せ．ただし，回転運動による電磁波エネルギー放出は無視する．q, ε_0 は，それぞれ電子の電荷，真空の誘電率である．

$$E = -\frac{q^2}{8\pi\varepsilon_0 r}$$

(2) $r = 0.53$ [Å] のとき，上記 (1) のエネルギー E は何 [eV] となるか．

2.3 量子力学によれば，水素原子の外殻電子の軌道半径 r は，以下の条件を満たす離散的な値をとる．

$$m_0 v \times r = n \times \frac{h}{2\pi} \equiv n \times \hbar \quad (n = 1, 2, 3, \cdots)$$

m_0, v, h は，それぞれ電子の質量，電子の速度（速さ），プランク定数であり，n を主量子数という．左辺は電子の角運動量であるから，この条件は，角運動量が $\hbar (\equiv h/2\pi)$ の整数倍の値のみをとることを意味する．この条件を，**ボーアの量子条件** (Bohr's quantum condition) という．このとき，以下の各問に答えよ．
(1) ボーアの量子条件を満たして円運動をしている電子にニュートン力学が適用できるとすると，軌道半径 r は以下のように表せることを示せ．

$$r = \frac{n^2 h^2 \varepsilon_0}{\pi m_0 q^2} \quad (n = 1, 2, 3, \cdots)$$

(2) 上記 (1) が成り立つとき，電子のエネルギー E は，以下のように表せることを示せ．

$$E = -\frac{m_0 q^4}{8\varepsilon_0^2 h^2 n^2} \qquad (n = 1, 2, 3, \cdots)$$

(3) $n = 1$（基底状態）のとき，電子の軌道半径 r [Å]（ボーア半径）と，エネルギー E [eV] を求めよ．

2.4 演習問題 2.3 を参考にすると，イオン化したドナー原子（またはアクセプタ原子）に束縛されている電子（または正孔）の束縛エネルギーは，およそ次式で見積もられる．

$$E = -\frac{m^* q^4}{8\varepsilon_r^2 \varepsilon_0^2 h^2}$$

ただし，m^* は半導体中における伝導電子（または正孔）の有効質量（3.1.1 項，および付録 A.3 参照），ε_r は物質の比誘電率である．シリコンに対して，ドナー原子に束縛されている電子およびアクセプタ原子に束縛されている正孔の束縛エネルギーを，[eV] で表せ．

半導体のキャリア密度とフェルミ準位

2章では，半導体の電気伝導に寄与するのは，伝導帯に励起された自由電子（伝導電子）と，価電子帯に発生した正孔であることを述べた．これらのキャリア密度が大きいほど，電流は流れやすくなる．そこで本章では，半導体中のキャリア密度の定量的考察を行う．

キャリア密度は，エネルギーの関数としての**状態密度**（各エネルギーにおいてキャリアが座ることができる「座席数」）と，各状態（座席）に存在する平均キャリア数を示す**分布関数**（フェルミ–ディラック分布関数）の積を，エネルギーごとに足し合わせて求めることができる．分布関数の形状は温度にも依存するので，キャリア密度も温度依存性を示す．

本章では，状態密度と分布関数のエネルギー依存性，およびキャリア密度の求め方とその温度依存性などについて学ぼう．

3.1 熱平衡状態とキャリア密度

温度が一定で，熱擾乱以外にキャリアに外力が働かない状態を，**熱平衡状態** (thermal equilibrium state)，または単に**平衡状態**という．2.3節で述べたように，絶対温度 T [K] で熱平衡状態にあるキャリアは，熱擾乱により平均的に kT [J] 程度の運動エネルギーをもっている．このエネルギーにより，室温程度でも，半導体の伝導帯にはいくらかの伝導電子が励起され，たとえば，真性半導体では，図3.1のように同数の伝導電子と正孔が発生する．これらの伝導電子や正孔は，熱擾乱により格子原子または伝導電子（正孔）などと互いに衝突・散乱を繰り返しながら，ランダムに飛び回っている．伝導電子が励起され続ければ，伝導電子と正孔の密度は時間的にどんどん増加することになるが，密度が増加すると伝導電子と正孔が衝突する頻度も増加し，図のように再結合して電子・正孔対が消滅する．このとき放出されるエネルギーは，ほとんどが原子や電子の熱擾乱のエネルギーに戻る．結局，熱平衡状態では，伝導電子・正孔対の発生（励起）と消滅（再結合）がつり合い，各キャリアのエネルギー分布が時間的に一定となるため，各キャリア密度も時間的に一定となる．これらの一定値を，熱平衡状態のキャリア密度といい，半導体のキャリア密度という場合は，通常は熱平衡状態のキャリア密度を指す．

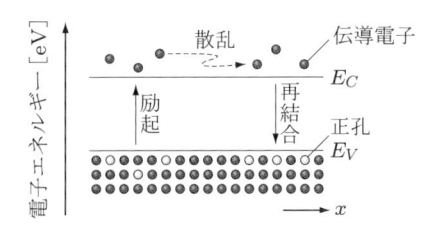

図 3.1 伝導電子・正孔対の励起，散乱と再結合（真性半導体）

熱平衡状態では，キャリアのエネルギー分布は時間的に一定となるが，これは，それぞれのエネルギー帯の各エネルギー準位（状態）に収容されているキャリア数が，統計的に一定となることを意味する．したがって，熱平衡状態のキャリア密度を求めるには，エネルギーの関数としての状態密度と，各状態に収容されているキャリア数の統計的平均，すなわち分布関数を知る必要がある．状態密度と分布関数の積がキャリアのエネルギー分布となるから，熱平衡状態のキャリア密度は，状態密度と分布関数の積をエネルギーで積分して求めることができる．たとえば，伝導電子密度 n は以下のように求められる．

$$n = \int_{E_C}^{E_0} d_n(E) \cdot f_n(E) dE \tag{3.1}$$

ここで，E_0 は真空準位，$d_n(E)$ は伝導電子の状態密度，$f_n(E)$ は $d_n(E)$ に収容される伝導電子の平均数を表す分布関数で，フェルミ‐ディラック分布である．式 (3.1) を計算する準備として，状態密度と分布関数が，エネルギーの関数としてどのように与えられるかを次に述べる．

3.1.1 状態密度

伝導電子，正孔の**状態密度** (density of states) をそれぞれ $d_n(E)$, $d_p(E)$ とすると，次式が成り立つ（導出は，付録 A.3 を参照されたい）．

$$d_n(E) = 4\pi \frac{(2m_n{}^*)^{3/2}}{h^3} \sqrt{(E-E_C)} \tag{3.2}$$

$$d_p(E) = 4\pi \frac{(2m_p{}^*)^{3/2}}{h^3} \sqrt{(E_V-E)} \tag{3.3}$$

ここで，$m_n{}^*$, $m_p{}^*$ は，それぞれ伝導電子，正孔の有効質量である．有効質量は，粒子が波動性を示すことにより得られる質量であり，電子の静止質量を m_0 とすると，シリコンの場合，$m_n{}^*$, $m_p{}^*$ は，それぞれおよそ $0.3m_0$, $0.5m_0$ 程度の値となる．すなわち，半導体結晶中では，伝導電子や正孔が波動性を示すことにより，より動きやす

状態密度は，エネルギー E と $E+dE$ の間において，単位体積あたり，伝導電子（または正孔）が座ることができる「座席数」または「収容可能数」と考えることもできる．2.4節で述べたように，伝導電子のエネルギーは E_C より上方に大きくなり，正孔のエネルギーは E_V より下方に大きくなるため，$d_n(E)$, $d_p(E)$ のエネルギー依存性の概形は，図3.2のようになる．

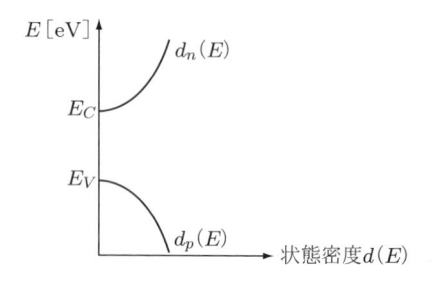

図3.2 伝導電子と正孔の状態密度のエネルギー依存性

例題 3.1 $E = E_C + 0.2\,[\text{eV}]$ における $d_n(E)$ の値を求めよ．

解答 式 (3.2) より，以下のようになる．

$$d_n(E_C + 0.2\,[\text{eV}]) \fallingdotseq 4 \times 3.14 \times \frac{(2 \times 0.3 \times 9.1 \times 10^{-31})^{3/2} \times (0.2 \times 1.6 \times 10^{-19})^{1/2}}{(6.63 \times 10^{-34})^3}$$

$$\fallingdotseq \frac{4 \times 3.14 \times 403.4 \times 10^{-48} \times 1.79 \times 10^{-10}}{6.63^3 \times 10^{-102}} \fallingdotseq 31.1 \times 10^{44}\,[\text{J}^{-1}\text{m}^{-3}]$$

[J], [m] は，単位としては大きすぎるので，それぞれ [eV], [cm] に変換すると，以下のようになる．

$$31.1 \times 10^{44}\,[\text{J}^{-1}\text{m}^{-3}] \fallingdotseq 31.1 \times 10^{44} \left[\frac{1.6}{10^{19} \times 10^6} \cdot \frac{1}{\text{eV}\cdot\text{cm}^3}\right]$$

$$\fallingdotseq 49.8 \times 10^{19}\,[\text{eV}^{-1}\cdot\text{cm}^{-3}]$$

3.1.2 フェルミ-ディラック分布

伝導電子に対する**フェルミ-ディラック分布関数** (Fermi-Dirac distribution function, FD分布と略す) $f_n(E)$ は，次式で表される（導出は付録A.4を参照）．

$$f_n(E) = \frac{1}{1 + \exp\left(\dfrac{E - E_F}{kT}\right)} \tag{3.4}$$

これは，単にフェルミ分布とよばれることが多く，エネルギー E の状態に存在する伝導電子の平均数を表す．T は絶対温度，k はボルツマン定数である．E_F は**フェルミエネルギー** (Fermi energy)，または，**フェルミ準位** (Fermi level) とよばれ，分布関数の値が $1/2$ になるエネルギーを表す．

図 3.3 に，フェルミ分布関数 (3.4) の概形を示す．パウリの排他律により，関数値が 1 を超えることはない．$T = 0\,[\text{K}]$ のとき，$E > E_F$ を満たす E に対して $f_n(E) = 0$，$E < E_F$ を満たす E に対して $f_n(E) = 1$ となり，$E = E_F$ でステップ状に変化する．つまり，E_F 以下のエネルギー準位（状態）が「満席」となる．$T > 0\,[\text{K}]$ のときは，温度が上昇するにつれて $f_n(E)$ のエネルギー依存性はなだらかになるが，$E = E_F$ では，つねに $f_n(E) = 0.5$ となる．

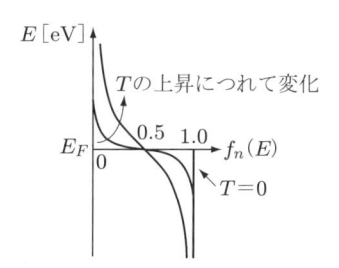

図 3.3 フェルミ分布関数 $f_n(E)$ の概形

正孔がエネルギー E の状態に存在するのは，電子が存在しないときであるから，正孔の分布関数 $f_p(E)$ は，次のようになる．

$$f_p(E) = 1 - f_n(E) \tag{3.5}$$

$T > 0\,[\text{K}]$ で $E - E_F \gg kT$ のとき，式 (3.4) の分母の指数項は，1 に比べて十分大きくなるので，式 (3.4) は，次式のように近似される．

$$f_n(E) \fallingdotseq \exp\left(\frac{E_F - E}{kT}\right) = C \exp\left(-\frac{E}{kT}\right) \tag{3.6}$$

C は比例定数である．この近似式を，**マクスウェル‐ボルツマン分布関数** (Maxwell-Boltzmann distribution function，MB 分布と略す）とよぶ．この近似式は，図 3.3 において，エネルギーが E_F より十分大きい部分（分布のすその部分）の形状を表す．

例題 3.2 室温 (300 [K]) において，$E = E_F + 0.03$, $E_F + 0.1$, $E_F + 0.2$ [eV] における $f_n(E)$ の値と，式 (3.6) による近似値を求めよ．

....

解答 式 (3.4), (3.6) より，各エネルギーにおける FD 分布，MB 分布の値は，以下のようになる．

	FD 分布	MB 分布
$E = E_F + 0.03$ [eV]	0.240	0.315
$E = E_F + 0.1$ [eV]	0.0209	0.0214
$E = E_F + 0.2$ [eV]	4.56×10^{-4}	4.56×10^{-4}

$E = E_F + 0.1$ [eV] のとき，MB 分布の誤差は 2%程度である．$(E - E_F)/kT = 0.1/0.026 ≒ 3.85$ であるから，$(E - E_F)/kT \geqq 4$ 程度のとき，温度にかかわらず，MB 分布は FD 分布のよい近似式となる．

3.1.3 半導体のキャリア密度

式 (3.2), (3.4) を用いると，式 (3.1) より，平衡状態の伝導電子密度 n を求めることができる．

$$n = \int_{E_C}^{E_0} d_n(E) \cdot f_n(E) dE$$
$$= 4\pi \frac{(2m_n{}^*)^{3/2}}{h^3} \int_{E_C}^{E_0} (E - E_C)^{1/2} \cdot \frac{1}{1 + \exp\left(\dfrac{E - E_F}{kT}\right)} dE \quad (3.7)$$

本書では，$E_V < E_F < E_C$ の場合を対象とする．この条件は，$f_n(E)$ が式 (3.6) のマクスウェル‐ボルツマン分布関数で近似できるという条件であり，キャリア密度があまり大きくない半導体に当てはまる．このような半導体を，**非縮退半導体**という．図 3.2, 図 3.3 を参照すると，非縮退半導体では，式 (3.7) の被積分項は，およそ**図 3.4**のようになる．被積分項の形状がキャリアのエネルギー分布を表し，密度は被積分項の面積で与えられる．真空準位付近では，被積分項はゼロとみなしてよいので，積分の上限は，∞ に置き換えて差し支えない．エネルギーが E_C より大きくなると，$f_n(E)$ は指数関数的に減少し，式 (3.6) のマクスウェル‐ボルツマン近似が成り立つので，伝導電子密度 n は，次のように求められる（付録 A.5 参照）．

$$n \fallingdotseq 4\pi \frac{(2m_n{}^*)^{3/2}}{h^3} \int_{E_C}^{\infty} (E - E_C)^{1/2} \cdot \exp\left(\frac{E_F - E}{kT}\right) dE$$

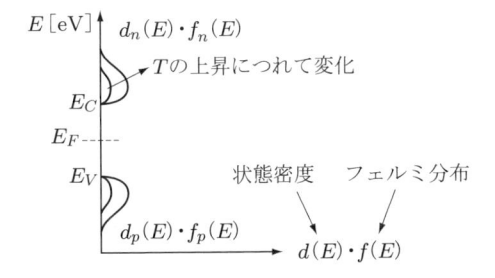

図 3.4 伝導電子,正孔に対する $d(E) \cdot f(E)$ のエネルギー依存性

$$= N_C \exp\left(-\frac{E_C - E_F}{kT}\right) \tag{3.8}$$

N_C は**伝導帯の実効状態密度**とよばれ,次式で与えられる.

$$N_C = 2\left(\frac{2\pi m_n^* kT}{h^2}\right)^{3/2} \tag{3.9}$$

同様に,正孔密度 p と**価電子帯の実効状態密度** N_V は,次のようになる.

$$p = N_V \exp\left(-\frac{E_F - E_V}{kT}\right) \tag{3.10}$$

$$N_V = 2\left(\frac{2\pi m_p^* kT}{h^2}\right)^{3/2} \tag{3.11}$$

$E_V < E_F < E_C$(非縮退半導体)であるから,式 (3.8), (3.10) より,$n < N_C, p < N_V$ となる.

式 (3.8)〜(3.11) より,正孔密度 p と伝導電子密度 n の積は,次のようになる.

$$p \cdot n = N_C N_V \exp\left(-\frac{E_C - E_V}{kT}\right) = N_C N_V \exp\left(-\frac{E_G}{kT}\right) \tag{3.12}$$

p と n の積は,温度一定のもとでは禁制帯幅(バンドギャップエネルギー)E_G にのみ依存し,物質により定まる定数である.すなわち,温度一定のもとでは,n が増加すれば p は減少し,逆に,p が増加すれば n は減少する.

例題 3.3 室温(300 [K])において $m_n^* \simeq m_p^* \simeq m_0$ とみなすとき,$N_C (\simeq N_V)$ の値を求めよ.ただし,$m_0 = 9.1 \times 10^{-31}$ [kg] は電子の静止質量である.

解答 式 (3.9) を用いて,以下のように求められる.

$$N_C \fallingdotseq 2 \times \left\{ \frac{6.28 \times 9.1 \times 10^{-31} \times 1.38 \times 10^{-23} \times 300}{(6.63 \times 10^{-34})^2} \right\}^{3/2} \fallingdotseq 25 \times 10^{24} \, [\text{m}^{-3}]$$
$$= 2.5 \times 10^{19} \, [\text{cm}^{-3}]$$

3.2 キャリア密度とフェルミ準位

3.2.1 真性半導体のキャリア密度とフェルミ準位

真性半導体では,正孔密度 p と伝導電子密度 n は等しいので,$p = n = n_i$ とおき,n_i を**真性キャリア密度** (intrinsic carrier density) という.$p \cdot n = n_i{}^2$ であるから,式 (3.12) を用いると,n_i は次のようになる.

$$n_i = \sqrt{N_C N_V} \exp\left(-\frac{E_G}{2kT}\right) \tag{3.13}$$

n_i は,$1/T$ に対してほぼ指数関数的に減少する.図 3.5 に,シリコンに対して式 (3.13) より求めた概略の温度依存性を示す.$m_n{}^* \fallingdotseq m_p{}^* \fallingdotseq m_0$ とみなし,E_G の温度依存性を考慮している(付録 A.6 参照).縦軸が対数目盛になっているので,n_i は $1/T$ に対して $-E_G/(2k)$ の傾きに比例して,ほぼ直線的に減少する.n_i は温度が低下するにつれて急速に減少し,温度が上昇するにつれて急速に増加することがわかる.

真性半導体のフェルミ準位を $E_F = E_i$ とすると,式 (3.8), (3.10) より,E_i は次のようになる.

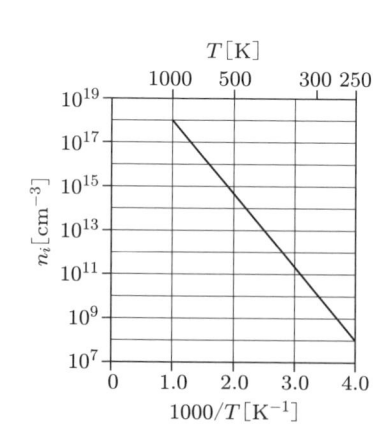

図 3.5 真性キャリア密度 n_i の温度依存性(シリコン)

$$E_i = \frac{E_C + E_V}{2} + \frac{kT}{2}\ln\left(\frac{N_V}{N_C}\right) \tag{3.14}$$

$m_n^* \fallingdotseq m_p^*$ とみなすとき，$N_C \fallingdotseq N_V$ となり，第 2 項はほぼゼロとなる．したがって，E_i は禁制帯のほぼ中央にある．

例題 3.4 $m_n^* \fallingdotseq m_p^* \fallingdotseq m_0$ とみなすとき，室温 (300 [K]) におけるシリコンの真性キャリア密度 n_i を求めよ．ただし，$E_G = 1.12\,[\text{eV}]$ である．

解答 例題 2.3, 例題 3.3 の結果と式 (3.13) を用いて，以下のように求められる．

$$n_i \fallingdotseq 2.5 \times 10^{19} \exp\left(-\frac{1.12}{2 \times 0.026}\right) = 2.5 \times 10^{19} \times 4.43 \times 10^{-10}$$
$$\fallingdotseq 1.11 \times 10^{10}\,[\text{cm}^{-3}]$$

この値は絶対値としては大きいが，シリコンの原子密度 $5 \times 10^{22}\,[\text{cm}^{-3}]$（価電子密度はこの 4 倍）に比べれば，1 兆分の 1 以下でしかないことに注意する必要がある（なお，実測値は $1.45 \times 10^{10}\,[\text{cm}^{-3}]$ 程度である）．

3.2.2 n 型半導体のキャリア密度とフェルミ準位

ドナー密度 N_D が，室温程度の温度において以下の条件を満たすよう，一定量のドナーを真性半導体に添加して，n 型半導体を作製するものとする．

$$n_i \ll N_D \ll N_C \tag{3.15}$$

たとえば，シリコンでは $10^{10} \ll N_D \ll 10^{19}\,[\text{cm}^{-3}]$ である．ドナーを添加すると，図 3.6 のように，一般にはその一部が伝導電子を放出してイオン化する．また，伝導帯には価電子帯から励起された伝導電子も存在する．イオン化したドナー密度を N_D^+，価電子帯から励起された伝導電子密度を n' とすると，全伝導電子密度 $n = n' + N_D^+$

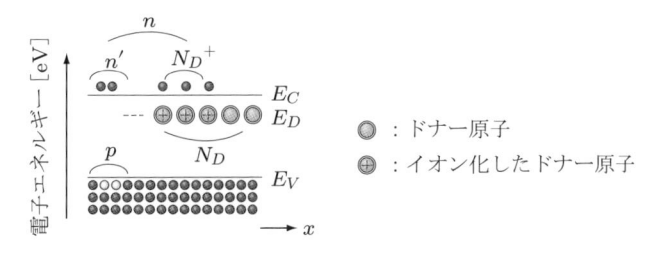

図 3.6　ドナーを添加した場合のエネルギー帯図

である．正孔密度 p は価電子帯から励起された伝導電子密度 n' に等しいから，$p=n'$ である．したがって，次の式が成り立つ．

$$n = p + N_D^+ \tag{3.16}$$

この式は式 (2.3) と一致し，電荷中性条件を表す．

$p \cdot n = n_i^2$ であるから，式 (3.16) より p を消去し，n は次のように求められる．

$$n^2 - N_D^+ n - n_i^2 = 0 \tag{3.17}$$

$$n = \frac{N_D^+ + \sqrt{(N_D^+)^2 + 4n_i^2}}{2} \tag{3.18}$$

2.7.1 項で述べたように，室温程度の温度では，通常はイオン化したドナー密度 $N_D^+ \fallingdotseq N_D$ であるが，十分低温になるとイオン化の割合が低下し，$N_D^+ \ll N_D$ となる．すなわち，温度により伝導電子密度 n は大幅に変化するので，以下の三つの温度領域に分けて，多数キャリア密度とフェルミ準位を求める．

(1) 低温領域 ($N_D^+ \ll N_D$)

イオン化の割合が低下し，$N_D^+ \ll N_D$ となる温度領域である．ドナー原子の一部分しかイオン化していないため，この温度領域を**ドーパント領域**という．N_D^+ は，N_D に E_D における正孔の分布関数 $f_p(E_D)$ を掛けたものであるから，次の式が成り立つ．

$$N_D^+ = N_D\{1 - f_n(E_D)\} = N_D \frac{\exp\left(\dfrac{E_D - E_F}{kT}\right)}{1 + \exp\left(\dfrac{E_D - E_F}{kT}\right)} \ll N_D \tag{3.19}$$

指数項 $\ll 1$ でなければならないから，$E_D < E_F (< E_C)$ である．これは図 3.7 のように，E_F が E_D と E_C の間にある場合である．この温度領域では $E_G \gg 2kT$ となるので，式 (3.13) の指数項は急速にゼロに近づき，真性キャリア密度 n_i は N_D^+ に対して無視できる（図 3.5 参照）．したがって，式 (3.18)，(3.19) より，n は以下のようになる．

$$n \fallingdotseq N_D^+ \fallingdotseq N_D \exp\left(\frac{E_D - E_F}{kT}\right) \tag{3.20}$$

一方，n は式 (3.8) でも表せるので，式 (3.8)，(3.20) より，E_F は次のようになる．

$$E_F = \frac{E_C + E_D}{2} - \frac{kT}{2} \ln\left(\frac{N_C}{N_D}\right) \tag{3.21}$$

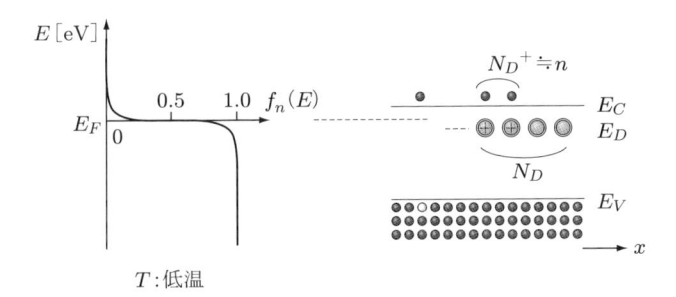

図 3.7 ドナーを添加した場合のエネルギー帯図（低温）

式 (3.8) または式 (3.20) に，式 (3.21) の E_F を代入すると，最終的に n は次のようになる．

$$n = \sqrt{N_C N_D} \exp\left(-\frac{E_C - E_D}{2kT}\right) \tag{3.22}$$

式 (3.21) より，温度 T がゼロに近づくとき，E_F は E_D と E_C の中央に近づく．温度が上昇するにつれて（$N_D < N_C$ とみなせるため，対数項が正であるから），第 2 項の負の値が大きくなり，E_F は減少する．

図 3.8 は，式 (3.22) より求めた密度 n の概略の $1/T$ 依存性である．$m_n^* \fallingdotseq m_0$ とみなし，$N_D = 10^{15}\,[\mathrm{cm}^{-3}]$，$E_C - E_D = 0.05\,[\mathrm{eV}]$ としている．$n \ll N_D$ であるから，$n < N_D = 10^{15}\,[\mathrm{cm}^{-3}]$ が該当部分であり，$n > 10^{15}\,[\mathrm{cm}^{-3}]$ の部分は破線としている．密度 n は，$1/T$ に対して $-(E_C - E_D)/(2k)$ に比例した傾きでほぼ直線的に減少するが，一般に，$E_C - E_D < E_G$ であるから，図 3.5 の真性キャリア密度 n_i の場合に比べて，傾きはゆるやかになる．

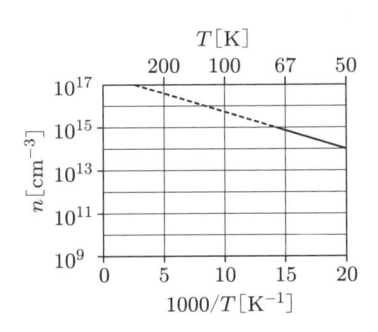

図 3.8 低温における伝導電子密度 n の温度依存性（$N_D = 10^{15}\,[\mathrm{cm}^{-3}]$）

(2) 中温領域 ($N_D^+ \fallingdotseq N_D$)

図3.9のように，ドナー原子がほとんどイオン化し，$N_D^+ \fallingdotseq N_D$ とみなせる温度領域であり，室温前後の温度領域に該当する．ドナー原子がすべてイオン化しているとみなせるため，この温度領域を**飽和領域**という．式 (3.18) に式 (3.15) の仮定を適用すると，n は以下のようになる．

$$n \fallingdotseq N_D \tag{3.23}$$

n は温度に依存せず，実用的にはきわめて重要な領域である．

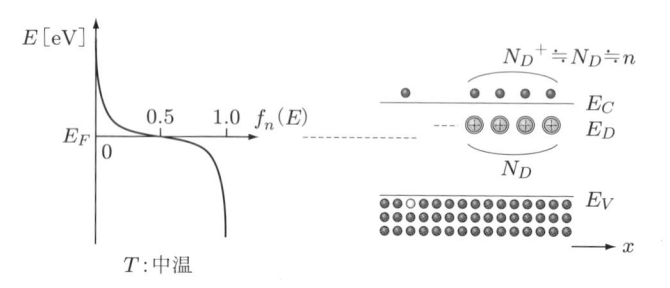

図 3.9 ドナーを添加した場合のエネルギー帯図（中温）

式 (3.8), (3.23) より，E_F は次のようになる．

$$E_F = E_C - kT \ln\left(\frac{N_C}{N_D}\right) \tag{3.24}$$

温度が上昇するにつれて，E_F は低温の場合よりさらに減少するが，真性半導体のフェルミ準位 E_i より低くなることはない．式 (3.15) の仮定を用いると，式 (3.14), (3.24) より，以下のように $E_F > E_i$ となるからである（演習問題 3.4 参照）．

$$E_F - E_i = kT \ln\left(\frac{N_D}{n_i}\right) > 0 \tag{3.25}$$

(3) 高温領域 ($n_i \gg N_D$)

図3.10のように，十分温度が高くなって，その温度における真性キャリア密度 $n_i \gg N_D$ となる温度領域である．式 (3.13), または図3.5 より，n_i は温度上昇により急速に増加するから，このような温度領域は必ず存在する．式 (3.18) より，n は以下のようになる．

$$n \fallingdotseq n_i \tag{3.26}$$

図 3.10 のように，$p = n_i \fallingdotseq n$ であるから，

$$E_F \fallingdotseq E_i \tag{3.27}$$

となり，E_F は禁制帯の中央に近づく．式 (3.26), (3.27) は，それぞれ式 (3.13), (3.14) そのものであるから，この温度領域を**真性領域**という．

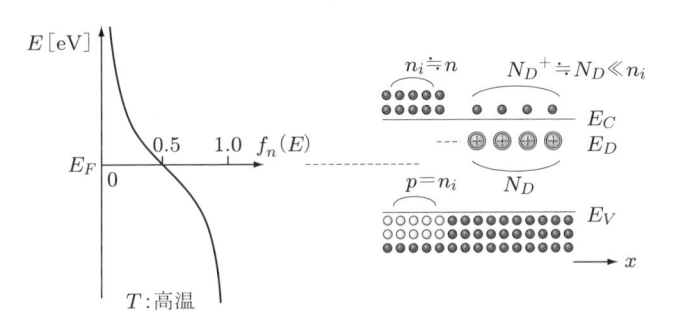

図 3.10 ドナーを添加した場合のエネルギー帯図（高温）

例題 3.5 $N_D = 10^{15} \, [\mathrm{cm}^{-3}]$ のドナーを添加したシリコンにおいて，室温 (300 [K]) でドナー原子がすべてイオン化しているとして，以下の値を求めよ．ただし，$n_i = 1.45 \times 10^{10} \, [\mathrm{cm}^{-3}]$ である．
(1) 伝導電子密度 n と正孔密度 p
(2) フェルミ準位 E_F（E_i との差を [eV] で表せ）

....

解答 (1) 中温領域の場合であるから，$n \fallingdotseq N_D = 10^{15} \, [\mathrm{cm}^{-3}]$ である．少数キャリア密度 p は，$p \cdot n = n_i{}^2$ の関係より，以下のように求められる．

$$p = \frac{n_i{}^2}{n} \fallingdotseq \frac{2.10 \times 10^{20}}{10^{15}} = 2.10 \times 10^5 \, [\mathrm{cm}^{-3}]$$

(2) 式 (3.25) より，

$$E_F = E_i + kT \ln\left(\frac{N_D}{n_i}\right) \fallingdotseq E_i + 0.026 \ln\left(\frac{10^{15}}{1.45 \times 10^{10}}\right) = E_i + 0.29 \, [\mathrm{eV}]$$

となる．すなわち，E_i より 0.29 [eV] 上にある．

3.2.3 p 型半導体のキャリア密度とフェルミ準位

アクセプタ密度 N_A が，室温程度の温度において以下の条件を満たすよう，一定量のアクセプタを真性半導体に添加して，p 型半導体を作製するものとする．

$$n_i \ll N_A \ll N_V \tag{3.28}$$

アクセプタを添加すると，図 3.11 のように，一般にはその一部が正孔を放出して（価電子を受け取って）イオン化する．また，価電子帯には，伝導帯に励起された伝導電子とペアで発生した正孔も存在する．イオン化したアクセプタ密度を N_A^-，伝導電子とペアで発生した正孔密度を p' とすると，全正孔密度 $p = p' + N_A^-$ である．正孔密度 p' は，価電子帯から励起された伝導電子密度 n に等しいから，$p' = n$ であり，次の式が成り立つ．

$$p = n + N_A^- \tag{3.29}$$

この式は式 (2.4) と一致し，電荷中性条件を表す．

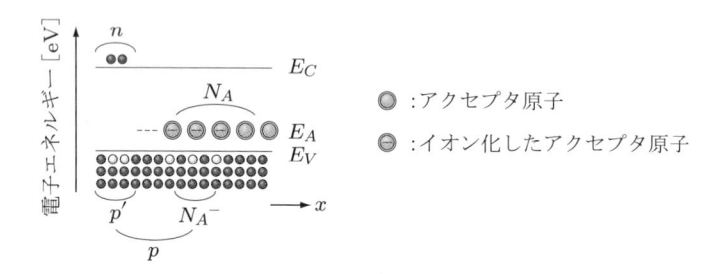

図 3.11 アクセプタを添加した場合のエネルギー帯図

n 型の場合と同様に，式 (3.29) から n を消去すると，p は以下のようになる．

$$p = \frac{N_A^- + \sqrt{(N_A^-)^2 + 4n_i^2}}{2} \tag{3.30}$$

温度により正孔密度 p は大幅に変化するので，以下の三つの温度領域に分けて，多数キャリア密度とフェルミ準位を求める．

(1) 低温領域 ($N_A^- \ll N_A$)

イオン化の割合が低下し，$N_A^- \ll N_A$ となる温度領域である．N_A^- は，N_A に E_A における電子の分布関数 $f_n(E_A)$ を掛けたものであるから，次の式が成り立つ．

$$N_A^- = \frac{N_A}{1 + \exp\left(\dfrac{E_A - E_F}{kT}\right)} \ll N_A \tag{3.31}$$

指数項 $\gg 1$ でなければならないから，$E_A > E_F (> E_V)$ である．この温度領域で

は，$E_G \gg 2kT$ となるので，真性キャリア密度 n_i は N_A^- に対して無視できる．したがって，式 (3.30), (3.31) より，p は以下のようになる．

$$p \fallingdotseq N_A^- \fallingdotseq N_A \exp\left(\frac{E_F - E_A}{kT}\right) \tag{3.32}$$

一方，p は式 (3.10) でも表せるので，式 (3.10), (3.32) より，E_F は次のようになる．

$$E_F = \frac{E_A + E_V}{2} + \frac{kT}{2}\ln\left(\frac{N_V}{N_A}\right) \tag{3.33}$$

式 (3.10) または式 (3.32) に，式 (3.33) の E_F を代入すると，最終的に p は次のようになる．

$$p = \sqrt{N_V N_A}\exp\left(-\frac{E_A - E_V}{2kT}\right) \tag{3.34}$$

式 (3.33) より，温度 T がゼロに近づくとき，E_F は E_V と E_A の中央に近づく．温度が上昇するにつれて（$N_A < N_V$ とみなせるため，対数項が正であるから），第 2 項の正の値が大きくなり，E_F は増加する．

密度 p（対数をとったもの）の $1/T$ 依存性は，図 3.8 の場合と同様に，$-(E_A - E_V)/(2k)$ に比例した傾きで直線的に減少する．

(2) 中温領域 ($N_A^- \fallingdotseq N_A$)

アクセプタ原子がほとんどイオン化し，$N_A^- \fallingdotseq N_A$ とみなせる温度領域であり，室温前後の温度領域に該当する．式 (3.30) に式 (3.28) の仮定を適用すると，p は以下のようになる．

$$p \fallingdotseq N_A \tag{3.35}$$

p は温度に依存せず，実用的にはきわめて重要な領域である．

式 (3.10), (3.35) より，E_F は次のようになる．

$$E_F = E_V + kT\ln\left(\frac{N_V}{N_A}\right) \tag{3.36}$$

温度が上昇するにつれて，E_F は低温の場合よりさらに増加するが，真性半導体のフェルミ準位 E_i より大きくなることはない．式 (3.28) の仮定を用いると，式 (3.14), (3.36) より，以下のように $E_i > E_F$ となるからである（演習問題 3.4 参照）．

$$E_i - E_F = kT\ln\left(\frac{N_A}{n_i}\right) > 0 \tag{3.37}$$

(3) 高温領域 ($n_i \gg N_A$)

十分温度が高くなって，その温度における真性キャリア密度 $n_i \gg N_A$ となる温度領域である．n 型の場合と同様に，p, E_F はそれぞれ以下のようになり，E_F は禁制帯の中央に近づく．

$$p \fallingdotseq n_i \tag{3.38}$$

$$E_F \fallingdotseq E_i \tag{3.39}$$

図 3.12 は，前項と本項の結果に基づき，低温，中温，高温領域において，n 型および p 型半導体のフェルミ準位 E_F が，どのように温度に依存するかを定性的に示したものである．高温になるにつれて，n 型では E_i の上側から，p 型では E_i の下側から，E_F が E_i に近づく．なお，図 3.12 では，E_G の温度依存性は無視している．

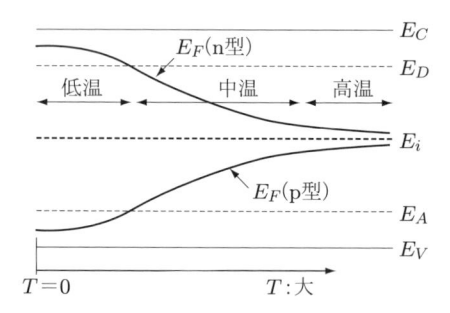

図 3.12 n 型および p 型半導体のフェルミ準位 E_F の温度依存性

同様に，**図 3.13** は，n 型および p 型半導体の多数キャリア密度が，どのように温度に依存するかを定性的に示したものである．高温（真性領域）は図 3.5，低温（ドーパント領域）は図 3.8 に対応する．多数キャリア密度が温度に依存しない中温（飽和領

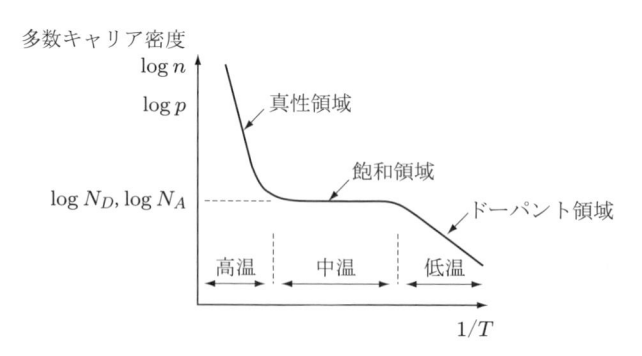

図 3.13 n 型および p 型半導体の多数キャリア密度の温度依存性

域）は，実用的にはきわめて重要である．

演習問題

3.1 $N_A = 10^{16}\,[\mathrm{cm}^{-3}]$ のアクセプタを添加したシリコンにおいて，室温 (300 [K]) でアクセプタ原子がすべてイオン化しているとして，以下の値を求めよ．ただし，$n_i = 1.45 \times 10^{10}\,[\mathrm{cm}^{-3}]$ である．
  (1) 伝導電子密度 n と正孔密度 p
  (2) フェルミ準位 E_F（E_i との差を [eV] で表せ）

3.2 $N_D = 10^{15}\,[\mathrm{cm}^{-3}]$ のドナーを添加したシリコンにおいて，真性領域と飽和領域，飽和領域とドーパント領域のおよその境界温度をそれぞれ求めよ．

3.3 次の各問に答えよ．
  (1) 伝導電子密度 n と正孔密度 p は，それぞれ以下のように表されることを示せ（これらの関係式はよく利用される）．
$$n = n_i \exp\left(\frac{E_F - E_i}{kT}\right), \qquad p = n_i \exp\left(\frac{E_i - E_F}{kT}\right)$$
  (2) $N_C < N_V$ のとき，$E_F = (E_C + E_V)/2$ である半導体の導電型を求めよ．
  (3) 上記 (2) の半導体において，n, p, n_i の大小関係を述べよ．

3.4 式 (3.25) および式 (3.37) の不等号が成り立つことを示せ．

3.5 電子密度 n，正孔密度 p の n 型半導体について，以下の各問に答えよ．ただし，真性キャリア密度は n_i，温度は一定とする．
  (1) 電子密度を Δn だけ減少させるとき，正孔密度の変化分を $\Delta n, n, p$ を用いて表せ．
  (2) 導電型が n 型のままであるとき，上記 (1) の Δn と正孔密度の変化分の大小関係を論ぜよ．
  (3) Δn と正孔密度の変化分が等しいとき，導電型は何型か．
  (4) Δn を大きくして，n 型を p 型に反転させるための条件を述べよ．

3.6 電子密度 n，正孔密度 p の半導体において，$n + p$ の値が最小となるのはどのような半導体か．そのときの n および p の値を求めよ．ただし，真性キャリア密度は n_i とする．

3.7 電子密度 n，正孔密度 p の n 型半導体において，電子密度を Δn だけ減少させ，正孔密度を Δp だけ増加させたとき，電子密度と正孔密度が等しくなった．このとき，$\Delta n > \Delta p$ であることを示せ．ただし，真性キャリア密度は n_i，温度は一定とする．

4章 半導体中の電気伝導

前章までは，おもに熱平衡状態における半導体中のキャリアのふるまいについて学んだ．本章以降では，非平衡状態（電圧が印加される場合など）における半導体中のキャリアのふるまいを述べる．

半導体に電圧を印加すると，電流が流れる．高電圧側から低電圧側の方向に電界が発生し，正孔は電界方向に，伝導電子は電界と逆方向に動くからである．この運動を**ドリフト**という．

外部作用（キャリアの励起，注入など）により，たとえば，半導体の一部分のキャリア密度が平衡状態の値より増加した場合，拡散と再結合により，キャリア密度は平衡状態の値に戻ろうとする．**拡散**は，高密度側から低密度側に，密度勾配に比例したキャリアの流れが生じる現象である．**再結合**は，伝導電子と正孔が結合して，電子・正孔対が消滅する現象（励起と逆の現象）である．

本章では，ドリフト，拡散，励起・再結合などによる半導体内のキャリア密度の時間的・空間的変動と，これらにもとづく電気伝導などについて学ぼう．

4.1 ドリフト電流

熱平衡状態において，図 4.1(a) のように半導体の両端を導線で接続しても，導線に電流は流れない．伝導電子や正孔のキャリア密度は空間的に一様であり（図 (b)），また，キャリアは，格子原子または伝導電子（正孔）などと互いに衝突・散乱を繰り返しながら，ランダムに飛び回っているが（図 (c)），特定の方向に動いているわけではないからである．

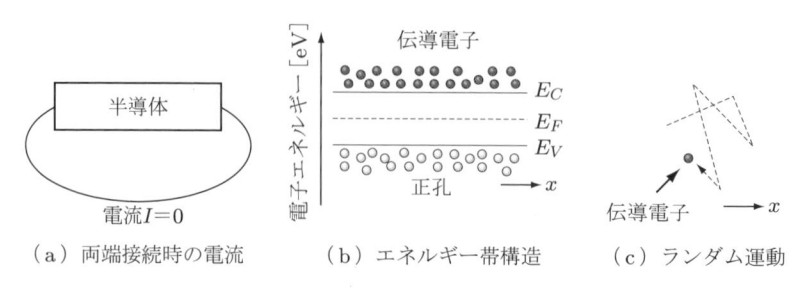

(a) 両端接続時の電流　　(b) エネルギー帯構造　　(c) ランダム運動

図 4.1　熱平衡状態における半導体の電流，エネルギー帯構造，キャリアの運動

一方，図 4.2(a) のように，半導体の両端に電圧 V を印加すると，図示の方向に電流が流れる．電流が流れている状態は熱平衡状態ではないが，電圧が小さいときは，電圧をゼロにすれば元の熱平衡状態に戻る．そこで，印加電圧が小さい状態では，熱平衡状態の条件で得られたキャリア密度の結果が，そのまま成り立つとみなす．図 2.6 では電圧を印加したときのエネルギー帯の傾きは無視したが，正の電圧が印加された端子側の正孔のエネルギーは増加し，電子エネルギーは減少するから，図 (b) のように，エネルギー帯は左下に傾く．傾きが位置 x に対して直線的とすると，フェルミ準位と E_C および E_V の間隔は位置によらず一定であるから，式 (3.8), (3.10) より，キャリア密度は空間的に一様のままであるが，電位（電圧）の傾きによる電界が，図示の方向（右向き）に発生し，電界方向の電流が流れる．ランダムに飛び回っていた伝導電子は，図 (c) のように衝突と衝突の間に電界に引かれて電界と逆方向に加速され，左向きの運動が生じる（正孔は，電子とは逆に右方向に加速される）．このように，電界により一定方向に動くことを**ドリフト** (drift) といい，その速度を**ドリフト速度** (drift velocity) という．伝導電子と正孔のドリフトにより生じる電流を，**ドリフト電流** (drift current) という．

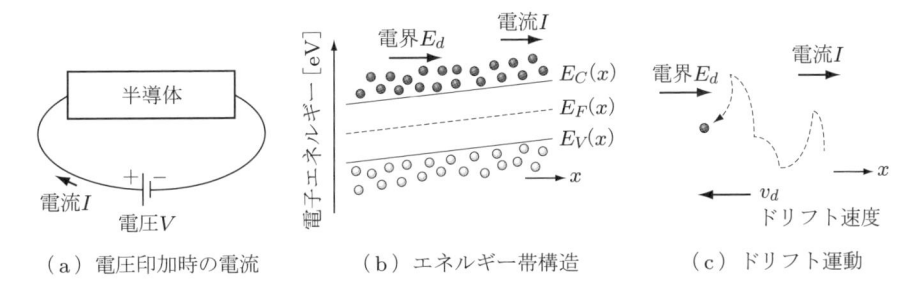

（a）電圧印加時の電流　　（b）エネルギー帯構造　　（c）ドリフト運動

図 4.2 電圧印加時における半導体の電流，エネルギー帯構造，キャリアの運動

4.1.1　ドリフト速度と移動度

電圧 V が印加されたときの電界は，以下のようになる．電位を $\varphi(x)$，電子の電荷を $-q$ とすると，$-q \cdot \varphi(x) = E_C(x)$ であるから，$E_C(x)$ が位置 x に対して直線的に変化する場合，A, B を定数として，$\varphi(x)$ は次式で表せる．

$$\varphi(x) = -\frac{1}{q}(Ax + B) \tag{4.1}$$

正の電圧が印加された端子側で $x = 0$，半導体の長さを L とすると，$\varphi(0) = V$，$\varphi(L) = 0$ であるから，$B = -qV$，$A = qV/L$ となり，電界 $E(x)$ は次式で表せる．

$$E(x) \equiv -\frac{\partial \varphi(x)}{\partial x} = \frac{V}{L} = E_d \quad (一定) \tag{4.2}$$

次に，ドリフト速度と電界の関係がどのようになるかを考える．図 4.3 は，1 個の伝導電子に注目し，ドリフトによる $-x$ 方向の速度 $-v_x$ の変動を示したものである．衝突により速度がゼロになり，衝突と衝突の間に電界により加速されると仮定する．伝導電子が受ける力の大きさは qE_d であるから，加速度の大きさ α は，ニュートンの法則より，次のようになる．

$$\alpha = \frac{qE_d}{m_n{}^*} \tag{4.3}$$

衝突の時間間隔 $\tau_i = t_i - t_{i-1}$ $(i = 1, 2, \cdots, N)$ はランダムとみなせるから，τ_i の間に得る速度の大きさ $v_i = \alpha \tau_i$ もランダムであるが，図 4.3 の速度の大きさの平均 v_d は，次式より定まる．

$$\begin{aligned} v_d(\tau_1 + \tau_2 + \cdots + \tau_N) &= \frac{1}{2}(v_1 \tau_1 + v_2 \tau_2 + \cdots + v_N \tau_N) \\ &= \frac{\alpha}{2}(\tau_1{}^2 + \tau_2{}^2 + \cdots + \tau_N{}^2) \end{aligned} \tag{4.4}$$

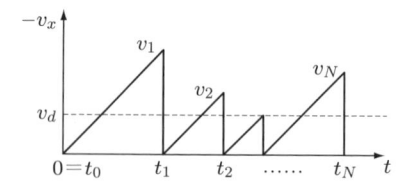

図 4.3 ドリフトによる伝導電子の $-x$ 方向の速度 $-v_x$ の変動

平均衝突時間間隔 $\langle \tau \rangle$ を，

$$\langle \tau \rangle \equiv \frac{\tau_1 + \tau_2 + \cdots + \tau_N}{N} \tag{4.5}$$

で定義すると，τ_i はすべて正の値をもつから，次式が成り立つとみなせる．

$$\frac{\tau_1{}^2 + \tau_2{}^2 + \cdots + \tau_N{}^2}{N} = \langle \tau^2 \rangle \fallingdotseq \langle \tau \rangle^2 \tag{4.6}$$

式 (4.3)～(4.6) より，v_d は次のようになる．

$$v_d \fallingdotseq \frac{\alpha \langle \tau \rangle}{2} = \frac{q \langle \tau \rangle}{2m_n{}^*} E_d = \mu_n E_d \quad \left(\mu_n \equiv \frac{q \langle \tau \rangle}{2m_n{}^*} \right) \tag{4.7}$$

v_d を伝導電子のドリフト速度といい，電界 E_d に比例することがわかる．比例係数 μ_n を，伝導電子の**移動度** (mobility) という．衝突頻度が大きくなると $\langle \tau \rangle$ が小さくなるため，μ_n も小さくなることがわかる．正孔でも式 (4.7) と同様の関係が成り立つが，伝導電子の場合と区別するため，伝導電子と正孔のドリフト速度をそれぞれ v_n, v_p とし，平均衝突時間間隔をそれぞれ $\langle \tau_n \rangle$, $\langle \tau_p \rangle$ とすると，伝導電子と正孔に対応して，次の関係が成り立つ．

$$v_n = \mu_n E_d \qquad \left(\mu_n \equiv \frac{q \langle \tau_n \rangle}{2 m_n^*} \right) \tag{4.8}$$

$$v_p = \mu_p E_d \qquad \left(\mu_p \equiv \frac{q \langle \tau_p \rangle}{2 m_p^*} \right) \tag{4.9}$$

移動度を決定する主要な衝突・散乱のメカニズムは，結晶格子原子の熱振動による散乱と，イオン化した不純物（ドーパント）によるクーロン散乱である．前者による移動度を μ_L，後者による移動度を μ_I とすると，

$$\mu_L \propto T^{-3/2} \tag{4.10}$$

$$\mu_I \propto \frac{T^{3/2}}{N_I} \tag{4.11}$$

となることが知られている．T は絶対温度，N_I はイオン化した不純物密度である．移動度は $\langle \tau \rangle$ に比例，すなわち衝突頻度に逆比例するから，全体の移動度 μ は，次式で与えられる．

$$\frac{1}{\mu} \fallingdotseq \frac{1}{\mu_L} + \frac{1}{\mu_I} \qquad \therefore \quad \mu \fallingdotseq \frac{\mu_L \mu_I}{\mu_L + \mu_I} \tag{4.12}$$

式 (4.10)〜(4.12) を用いると，μ の T 依存性は，高温では $\mu_L \ll \mu_I$ より $\mu \fallingdotseq \mu_L$，低温では $\mu_I \ll \mu_L$ より $\mu \fallingdotseq \mu_I$ となる．したがって，μ の T, N_I 依存性は，**図 4.4** のようになる．図 4.4 より，一定温度における μ は N_I の増加により減少し，N_I 依存性

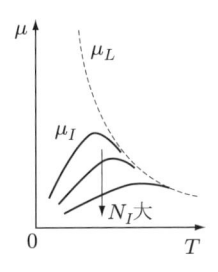

図 4.4 移動度 μ の T, N_I 依存性

は，定性的に図4.5のようになる．

図4.6は，ドリフト速度 v_d の E_d 依存性である．$E_d \sim 10^4 \,[\text{V/cm}]$ 程度以下では，v_d は E_d に比例し，式 (4.8), (4.9) より，μ は定数とみなせる．$N_I \sim 10^{16}\,[\text{cm}^{-3}]$ 程度で E_d があまり大きくない場合には，μ_n, μ_p はシリコンに対し，それぞれ 1500, 450 $[\text{cm}^2/(\text{V·s})]$ 程度である．

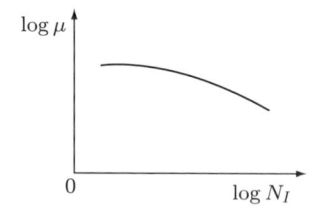

図 4.5 移動度 μ の N_I 依存性　　図 4.6 ドリフト速度 v_d の E_d 依存性

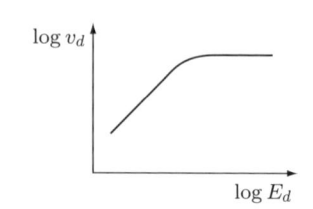

例題 4.1 移動度 μ_n の次元（単位）を求めよ．

解答 $\mu_n = v_n/E_d$ より，μ_n は単位電界あたりの速度である．v_n, E_d の次元はそれぞれ [cm/s], [V/cm] であるから，μ_n の次元は次のようになる．

$$[\mu_n] = \frac{[\text{cm/s}]}{[\text{V/cm}]} = [\text{cm}^2/(\text{V·s})]$$

例題 4.2 $\mu_n = 1500\,[\text{cm}^2/(\text{V·s})] = 0.15\,[\text{m}^2/(\text{V·s})]$ のとき，$\langle \tau_n \rangle$ を求めよ．ただし，$2m_n^* \fallingdotseq m_0 = 9.1 \times 10^{-31}\,[\text{kg}]$ とする．

解答 $\langle \tau_n \rangle = \dfrac{\mu_n m_0}{q} = \dfrac{0.15 \times 9.1 \times 10^{-31}}{1.6 \times 10^{-19}} \fallingdotseq 0.85 \times 10^{-12}\,[\text{s}]$

4.1.2 導電率と抵抗率

式 (4.8), (4.9) はドリフト速度と移動度の大きさを表しているが，伝導電子の場合は q を $-q$ に置き換えれば，ドリフト速度が電界 E_d と逆向きであることを表現できる．図 4.2 のように電圧が印加されると，伝導電子と正孔には，x 軸に垂直な単位断面積を通して，単位時間あたりそれぞれ以下の式で与えられる流れが発生する．

$$-\mu_n E_d n = -\frac{q\langle \tau_n \rangle n}{2m_n^*} E_d \tag{4.13}$$

$$\mu_p E_d p = \frac{q\langle \tau_p \rangle p}{2m_p^*} E_d \tag{4.14}$$

ただし，n, p はそれぞれ伝導電子密度，正孔密度であり，$-$ 符号は x の負方向の流れを表す．式 (4.13), (4.14) より，x 方向の電子電流密度 J_n，正孔電流密度 J_p は，それぞれ次のようになる．

$$J_n = -q(-\mu_n E_d n) = q n \mu_n E_d = \sigma_n E_d \tag{4.15}$$

$$J_p = q(\mu_p E_d p) = q p \mu_p E_d = \sigma_p E_d \tag{4.16}$$

σ_n, σ_p は，それぞれ電子，および正孔の**導電率** (conductivity) であり，以下のように定義される．導電率は，電流の流れやすさを示す量である．

$$\sigma_n \equiv q n \mu_n \tag{4.17}$$

$$\sigma_p \equiv q p \mu_p \tag{4.18}$$

ドリフトによる全電流密度 J は，J_n と J_p の和となる．

$$J = J_n + J_p = (\sigma_n + \sigma_p) E_d = \sigma \cdot E_d \tag{4.19}$$

$$\sigma \equiv \sigma_n + \sigma_p = q(n\mu_n + p\mu_p) \tag{4.20}$$

σ を**両極性導電率**という．

例題 4.3 導電率 σ_n の次元（単位）を求めよ．

解答 J_n, E_d の次元は，それぞれ [A/cm^2], [V/cm] であるから，σ_n の次元は次のようになる．

$$[\sigma_n] = \frac{[\text{A/cm}^2]}{[\text{V/cm}]} = [\text{A}/(\text{V}\cdot\text{cm})] = [\Omega^{-1} \cdot \text{cm}^{-1}]$$

これは**抵抗率** ρ の次元の逆数であるから，$\rho \equiv 1/\sigma$ と定義される．

式 (4.19) は，微分形のオームの法則（微小体積の物質に関するオームの法則）である．一様な物質では，式 (4.19) は，通常のオームの法則と等価であることを以下に示す．図 4.2(a) において，一様な半導体の長さを L，断面積を S とする．電圧 V を印加したとき流れる電流を I とすると，電流密度 $J = I/S$ であり，式 (4.2) より，電界 $E_d = V/L$ である．これらを式 (4.19) に代入すると，

$$\frac{I}{S} = \sigma \frac{V}{L} \tag{4.21}$$

となる．オームの法則より，抵抗 $R = V/I$ であるから，式 (4.21) より，次の関係が成り立つ．

$$R = \frac{V}{I} = \frac{L}{\sigma \cdot S} = \rho \frac{L}{S} \tag{4.22}$$

これは式 (1.1) にほかならない．

例題 4.4 室温において，ドーピングなしのシリコン（真性シリコン）の抵抗率 ρ を求めよ．ただし，真性キャリア密度 $n_i = 1.45 \times 10^{10}\,[\text{cm}^{-3}]$ とし，μ_n と μ_p は，それぞれ 1500, 450 $[\text{cm}^2/(\text{V·s})]$ とする．

....

解答 式 (4.20) において，$n = p = n_i$ であるから，ρ は次のように求められる．

$$\rho = \frac{1}{qn_i(\mu_n + \mu_p)} = \frac{1}{1.6 \times 10^{-19} \times 1.45 \times 10^{10} \times 1950} \fallingdotseq 2.2 \times 10^5\,[\Omega \cdot \text{cm}]$$

この値は，図 1.2 のシリコンの抵抗率の値に対応している．

4.2 ホール効果

磁束密度 $\boldsymbol{B}$ の磁界中で，電荷 q をもつ粒子が速度 $\boldsymbol{v}$ で動くと，粒子は，

$$\boldsymbol{F} = q\boldsymbol{v} \times \boldsymbol{B} \tag{4.23}$$

のローレンツ力を受ける．$\boldsymbol{v} \times \boldsymbol{B}$ は，$\boldsymbol{v}$ と $\boldsymbol{B}$ のベクトル積である．図 4.7 のように，y 軸方向に幅 W，z 軸方向に厚さ d の断面をもち，x 軸方向に長い一様な半導体の x 方向に電流 I が流れているとき，z 方向に一様な磁界 $\boldsymbol{B}$ を印加する．式 (4.23) より，

(1) 電流が正孔の流れであるとき，$\boldsymbol{v}$ は $+x$ 方向であるから，ローレンツ力は $-y$ 方向に働く．
(2) 電流が電子の流れであるとき，$\boldsymbol{v}$ は $-x$ 方向であるが，q が負であるから，ローレンツ力は $-y$ 方向に働く．

すなわち，正孔も電子も共に $-y$ 方向に動き，図のように $y = -W/2$ の近傍にたまることになる．$y = +W/2$ の近傍には，それぞれ逆符号の電荷が誘起される．したがって，上記 (1), (2) に対応して，以下の電界が発生する．

(1′) 電流が正孔の流れであるとき，$+y$ 方向の電界が発生する（$-y$ 方向が高電位となる）．
(2′) 電流が電子の流れであるとき，$-y$ 方向の電界が発生する（$+y$ 方向が高電位

となる).

発生した電界により，正孔，電子には共に $+y$ 方向の力が働くが，定常状態ではローレンツ力とつり合う．電界と電圧の大きさを，それぞれ E, V_H，$\boldsymbol{v}$ と $\boldsymbol{B}$ の大きさをそれぞれ v, B とすると，つり合いの条件は次式のようになる．ただし，$q = |q|$ である．

$$qvB = qE = q\frac{V_H}{W} \tag{4.24}$$

電流が電子の流れであるとすると，電子密度を n として，電流密度 J は次のようになる．

$$J = qnv = \frac{I}{Wd} \tag{4.25}$$

式 (4.24), (4.25) より，V_H の I, B, d への依存性を求めると，以下のようになる．

$$V_H = \frac{1}{qn} \cdot \frac{IB}{d} = R_H \frac{IB}{d} \qquad \left(R_H \equiv \frac{1}{qn}\right) \tag{4.26}$$

V_H を**ホール電圧**，R_H を**ホール係数**という．I, B, d, V_H を測定することにより，R_H，すなわちキャリア密度が求められ，V_H の極性によりキャリアの種類が判別できる．電流が正孔の流れである場合は，ホール係数の電子密度 n を正孔密度 p に置き換えれば，式 (4.26) はそのまま成り立つ．この現象は**ホール効果** (Hall effect) とよばれ，半導体の導電型とそのキャリア密度を測定する方法としてきわめて有用である（演習問題 4.4 参照）．

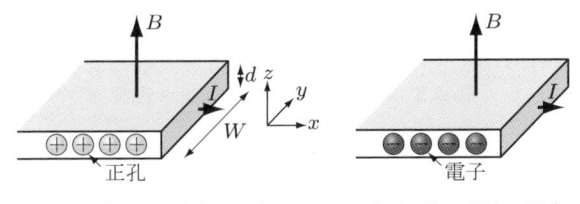

(a) 正孔電流の場合　　　(b) 電子電流の場合

図 4.7　ホール効果

式 (4.17), (4.18) より，次の関係が成り立つ．

$$\mu_n = R_H \sigma_n \tag{4.27}$$

$$\mu_p = R_H \sigma_p \tag{4.28}$$

4.3 拡散と再結合・励起

熱平衡状態にある半導体の一部に（電極から）キャリアが注入されたり，一部から（電極に）キャリアが流出したりする場合など，キャリア密度は，部分的に熱平衡状態の値から増減する．キャリア増減の原因がなくなれば，キャリア密度は時間的，空間的に，すみやかに熱平衡状態の値に戻る．この現象を支配するおもなメカニズムは，キャリアの拡散と再結合・励起である．図4.8は，キャリアの拡散と再結合・励起のイメージ図であり，図(a)は拡散と再結合が支配的な場合，図(b)は拡散と励起が支配的な場合である．n_0, p_0は，それぞれ伝導電子，正孔の熱平衡状態の密度である．

拡散 (diffusion) とは，密度分布や濃度分布が空間的に不均一なとき，密度や濃度が高い場所から低い場所に向かって，粒子や熱などの流れが生じることである．この結果，密度分布や濃度分布は，空間的に均一化する．熱いものと冷たいものが接触すると，次第に温度が均一化すること，水にインクを一滴落とすと，次第にインクが均一に広がることなどは，拡散の例である．**再結合** (recombination) と **励起** (excitation) は，すでに3.1節などで一部述べたが，再結合は伝導電子と正孔が結合して消滅すること，励起は伝導電子・正孔対が発生することである．本節と次節では，拡散と再結合・励起などによるキャリア密度の変動について，定量的に述べる．

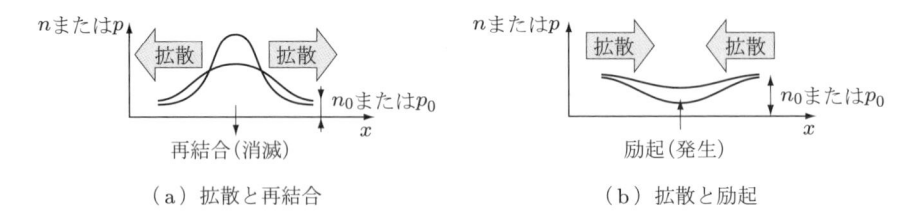

（a）拡散と再結合

（b）拡散と励起

図4.8　キャリアの拡散と再結合・励起

4.3.1 拡散と拡散電流

拡散は，密度（濃度）勾配に比例した粒子や熱の流れであり，半導体のキャリアの拡散は，以下のように定義される．

$$J_x \equiv D \times \left(-\frac{\partial n}{\partial x}\right) \text{ [cm}^{-2}\cdot\text{s}^{-1}\text{]} \tag{4.29}$$

J_xは，x軸に垂直な単位面積を単位時間に通過するキャリア数である．比例係数Dを，**拡散係数** (diffusion constant) という．密度勾配に − 符号がついているのは，図4.8に示したように，キャリアの流れが，密度の減少する方向に生じることを意味す

る. 式 (4.29) の定義より, x 方向の拡散により生じる伝導電子と正孔の電流密度, すなわち, 拡散電流密度は, それぞれ以下のようになる.

$$J_{Dn} = -q\left(-D_n \frac{\partial n}{\partial x}\right) = qD_n \frac{\partial n}{\partial x} \,[\mathrm{A/cm^2}] \tag{4.30}$$

$$J_{Dp} = q\left(-D_p \frac{\partial p}{\partial x}\right) = -qD_p \frac{\partial p}{\partial x} \,[\mathrm{A/cm^2}] \tag{4.31}$$

伝導電子の拡散電流密度 J_{Dn} と, 正孔の拡散電流密度 J_{Dp} の符号が異なることに注意する必要がある. 両方の密度勾配が同符号のとき, 拡散の方向は等しいが, 電荷の符号が異なるため, 電流密度の符号も異なるからである.

例題 4.5 拡散係数 D の次元(単位)を求めよ.

解答 式 (4.29) より, 次のように求められる.

$$[D] = \frac{[J_x]}{[\partial n/\partial x]} = \frac{[\mathrm{cm^{-2} \cdot s^{-1}}]}{[\mathrm{cm^{-3} \cdot cm^{-1}}]} = [\mathrm{cm^2/s}]$$

4.3.2 アインシュタインの関係

拡散とドリフトがあるときの伝導電子と正孔の電流密度は, 式 (4.15), (4.16), (4.30), (4.31) より, それぞれ次のようになる.

$$J_n = qn\mu_n E + qD_n \frac{\partial n}{\partial x} \tag{4.32}$$

$$J_p = qp\mu_p E - qD_p \frac{\partial p}{\partial x} \tag{4.33}$$

式 (4.32), (4.33) では, 式 (4.15), (4.16) の E_d を E に置き換えている.

図 4.9 のように, ドナーが不均一に添加された n 型半導体を想定する. 図では左側の伝導電子密度が大きいから, 式 (3.8) より, $E_C - E_F$ の値は左側より右側で大きくなる. 平衡状態では E_F は位置 x によらないから, E_C が x に依存する. したがって電界が発生し, この場合は右向きの電界となる. この電界により, 電子は左方向にドリフトする. 一方, 左側の電子密度が大きいから, 電子は右方向に拡散する. 平衡状態では電流はゼロであるから, ドリフトと拡散による電子の流れは相殺する. 式 (4.32) の拡散項の n に式 (3.8) を代入し, 式 (4.1), (4.2) より E_C は $q(E \cdot x - V)$ とみなせることを用いると, 平衡状態では, 式 (4.32) は以下のようになる.

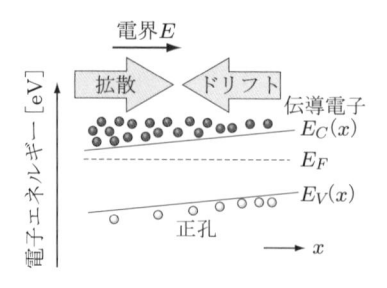

図 4.9　ドナーが不均一に添加された n 型半導体中の
ドリフトと拡散による電子の流れ

$$0 = n\mu_n E - \frac{D_n}{kT} n \frac{\partial E_C}{\partial x} = nE\left(\mu_n - \frac{q}{kT}D_n\right) \tag{4.34}$$

したがって，以下の関係が成り立つ．

$$\mu_n = \frac{q}{kT}D_n \tag{4.35}$$

同様に，正孔の μ_p, D_p に対して，以下の関係が成り立つ．

$$\mu_p = \frac{q}{kT}D_p \tag{4.36}$$

式 (4.35), (4.36) を，**アインシュタインの関係** (Einstein's relation) という．移動度または拡散係数の一方がわかれば，他方を求めることができる．kT/q は電圧 [V] の次元をもつから，例題 4.1，例題 4.5 より，式 (4.35), (4.36) の両辺の次元は一致することがわかる．

例題 4.6　室温において，シリコン中の μ_n と μ_p は，それぞれ 1500, 450 [cm^2/(V·s)] とする．シリコン中の D_n および D_p を求めよ．

....

解答　式 (4.35), (4.36) より，次のように求められる．

$$D_n = \frac{kT}{q}\mu_n \fallingdotseq 0.026 \times 1500 = 39.0\,[\text{cm}^2/\text{s}]$$

$$D_p \fallingdotseq 0.026 \times 450 = 11.7\,[\text{cm}^2/\text{s}]$$

4.3.3　再結合と励起

図 4.10 に示すように，再結合・励起には，直接再結合・励起と間接再結合・励起の

2種類がある．**直接再結合・励起**は，すでに3.1節などで一部述べたもので，直接再結合は伝導帯の電子と価電子帯の正孔が直接結合して消滅する過程，直接励起は価電子帯の電子が伝導帯に励起されて伝導電子・正孔対が発生する過程である．**間接再結合・励起**は，結晶中の不完全性（不純物原子，格子欠陥など）により禁制帯の中央付近に形成されたエネルギー準位が，電子をある確率で捕獲し，再結合・励起の仲立ちをする過程である．この仲立ちをするエネルギー準位を，**再結合中心**，**捕獲中心**，または**捕獲準位**などともよぶ．捕獲中心（再結合中心）に捕獲された伝導電子が，価電子帯の正孔と結合して消滅する過程が，間接再結合である．また，捕獲中心に捕獲（励起）された価電子が，伝導帯に励起される過程が間接励起である．一般に，直接過程に比べて間接過程の方が起こりやすい過程である．

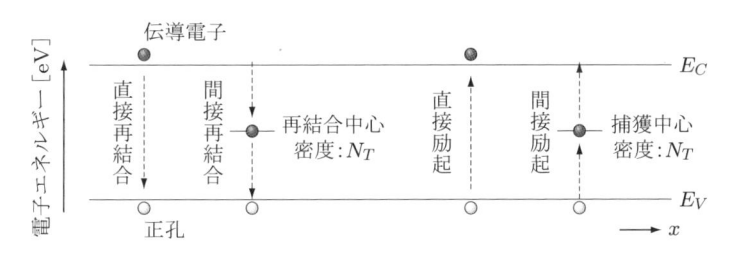

図 4.10 再結合と励起による電子・正孔対の消滅と発生

直接再結合のメカニズムは，以下のようになる．n型半導体を想定し，位置 x 近傍の伝導電子密度，正孔密度が，それぞれ $\Delta n, \Delta p$ だけ増加したとすると，電荷中性条件より，次式が成り立つ．

$$\Delta n = \Delta p \tag{4.37}$$

また，$\Delta n\,(= \Delta p)$ は，次の条件を満たすものとする（低注入）．

$$p_0 \ll \Delta n \ll n_0 \tag{4.38}$$

n_0, p_0 は，それぞれ伝導電子，正孔の平衡状態の密度である．このとき，伝導電子密度 n，正孔密度 p は，それぞれ次式で表せる．

$$n = n_0 + \Delta n \fallingdotseq n_0 \tag{4.39}$$

$$p = p_0 + \Delta p \tag{4.40}$$

n型半導体中では，式 (4.39) の関係があるため，多数キャリアである伝導電子密度の時間的・空間的変化は無視できることが多い．そこで，正孔密度 p の変化に注目し，

Δp（**過剰少数キャリア**という）の再結合による時間変化を求める．単位体積内で単位時間に発生する再結合数 r は，n, p の積に比例するから，r は次式で表せる．

$$r = cnp = c(n_0 + \Delta n) \cdot (p_0 + \Delta p) = c\{n_0 p_0 + (n_0 + p_0)\Delta p + \Delta n \Delta p\}$$
$$\fallingdotseq c\{n_0 p_0 + (n_0 + p_0)\Delta p\} \ [\text{cm}^{-3} \cdot \text{s}^{-1}] \tag{4.41}$$

ここで，c は比例係数（**キャリア再結合係数**）である．式 (4.38) より，$(n_0 + p_0)\Delta p \gg \Delta n \Delta p$ となるため，式 (4.41) で 2 行目の近似が成り立つ．単位体積内で単位時間に，熱励起により発生する電子・正孔ペア数を g とすると，位置 x 近傍の正孔密度 p の時間変化は，次式で表せる．

$$\frac{\partial p}{\partial t} = \frac{\partial \Delta p}{\partial t} = g - r \fallingdotseq g - c\{n_0 p_0 + (n_0 + p_0)\Delta p\} \tag{4.42}$$

平衡状態では，式 (4.42) の両辺はゼロにならなければならないから，g は次式で与えられる．

$$g = cn_0 p_0 \tag{4.43}$$

したがって，式 (4.42) は，以下のようになる．

$$\frac{\partial p}{\partial t} = \frac{\partial \Delta p}{\partial t} \fallingdotseq -c(n_0 + p_0)\Delta p = -\frac{\Delta p}{\tau_p}$$
$$= -\frac{p - p_0}{\tau_p} \quad \left(\tau_p \equiv \frac{1}{c(n_0 + p_0)}, \quad n_0 \gg p_0\right) \tag{4.44}$$

τ_p は [s] の次元をもち，正孔の**再結合寿命** (recombination lifetime) とよばれている．すなわち，τ_p が小さいほど Δp は速く減少する．p 型半導体中では，過剰少数キャリアである伝導電子に対して，式 (4.44) に対応して次式が成り立つ．

$$\frac{\partial n}{\partial t} = \frac{\partial \Delta n}{\partial t} \fallingdotseq -c(n_0 + p_0)\Delta n = -\frac{\Delta n}{\tau_n}$$
$$= -\frac{n - n_0}{\tau_n} \quad \left(\tau_n \equiv \frac{1}{c(n_0 + p_0)}, \quad p_0 \gg n_0\right) \tag{4.45}$$

τ_n は，伝導電子の再結合寿命である．

n 型半導体を想定し，位置 x 近傍の伝導電子密度，正孔密度が，それぞれ $\Delta n, \Delta p$ だけ減少する場合は，式 (4.37) はそのまま成り立つが，式 (4.38)～(4.40) は，それぞれ以下のようになる．

$$\Delta p < p_0 \ll n_0 \tag{4.46}$$

$$n = n_0 - \Delta n \fallingdotseq n_0 \tag{4.47}$$

$$p = p_0 - \Delta p \tag{4.48}$$

この場合は，式 (4.44) に対応して，以下の関係が成り立つ．

$$\frac{\partial p}{\partial t} = -\frac{\partial \Delta p}{\partial t} \fallingdotseq c(n_0 + p_0)\Delta p = \frac{\Delta p}{\tau_p} = -\frac{p - p_0}{\tau_p} \tag{4.49}$$

Δp は減少し，p は増加するので，直接励起が支配的となるが，Δp および p が満たす方程式の形は，それぞれ式 (4.44) の場合と同じになる．したがって，

$$|\Delta p| < p_0 \ll n_0 \tag{4.50}$$

を条件として，$\Delta p \to -\Delta p$ と置き換えることにより，式 (4.44) は直接励起の場合にも成り立つ．

例題 4.7　$t = 0$ において，$\Delta p = \Delta p_0 \, (>0)$ であるとき，Δp と p の時間変化を求めよ．

....

解答　式 (4.44) より，次のように求められる．

$$\Delta p = \Delta p_0 \exp\left(-\frac{t}{\tau_p}\right)$$

$$p = p_0 + \Delta p = p_0 + \Delta p_0 \exp\left(-\frac{t}{\tau_p}\right)$$

これは，$t = 0$ において一時的な正孔注入がある場合の過渡解である．再結合寿命 τ_p は，Δp が初期値から $1/e$ の値まで減少する時間である．$t \gg \tau_p$ において，p は p_0 にほぼ等しくなる．

例題 4.8　再結合中心を含まないシリコンでは，室温において，式 (4.41) のキャリアの再結合係数 $c \fallingdotseq 1 \times 10^{-11} \, [\mathrm{cm^3/s}]$ の程度である．真性シリコンと $n = 10^{16} \, [\mathrm{cm^{-3}}]$ の n 型シリコンに対して τ_p を求めよ．ただし，シリコンの真性キャリア密度 $n_i = 1.45 \times 10^{10} \, [\mathrm{cm^{-3}}]$ である．

....

解答　式 (4.44) より，次のように求められる．

真性シリコン：$\tau_p = \dfrac{1}{2cn_i} = \dfrac{1}{2 \times 10^{-11} \times 1.45 \times 10^{10}} \fallingdotseq 3.45 \, [\mathrm{s}]$

n 型シリコン：$\tau_p \fallingdotseq \dfrac{1}{cn} = \dfrac{1}{10^{-11} \times 10^{16}} = 10^{-5} \, [\mathrm{s}]$

真性シリコンの再結合寿命の測定値は，例題 4.8 の値より 3 桁程度小さくなることが多く，実際はかなりの密度の再結合中心が残留しているものと考えられる．禁制帯の中央付近に形成された再結合中心は，伝導電子と正孔をほぼ等しい確率で捕獲するので，効率のよい再結合中心となる．その密度を N_T とすると，n 型半導体の正孔，p 型半導体の伝導電子の寿命は，それぞれ以下のように与えられることが知られている．

$$\tau_p = \frac{1}{\sigma_p v_{th} N_T} \tag{4.51}$$

$$\tau_n = \frac{1}{\sigma_n v_{th} N_T} \tag{4.52}$$

σ_p, σ_n は，それぞれ再結合中心の正孔，伝導電子に対する捕獲断面積で，v_{th} はキャリアの熱擾乱の速度（の大きさ）である．シリコンに対する効率のよい再結合中心は金（Au）であり，その密度を制御することにより，再結合寿命を大幅に変化させることができる．

4.4 キャリア連続の式

半導体デバイスの動作解析においては，キャリア密度の時間的・空間的変化を知ることが不可欠となる．これを実現するには，キャリアのドリフト，拡散，再結合・励起などが同時に起こるときにキャリア密度が満たす方程式を求め，その解を求めなければならない．ドリフト，拡散，再結合・励起については，それぞれ 4.1 節および，4.3.1，4.3.3 項で別々に扱ったが，それぞれの節または項で得られた関係式をまとめて，キャリア密度が満たす方程式を求める接点となるのが，以下のキャリア連続の式である．

図 4.11 のように，断面積 S をもつ x 方向のキャリアの流れ $J(x,t)$ [cm$^{-2}\cdot$s^{-1}] を考える．時刻 t において，x と $x+dx$ における流れをそれぞれ $J(x), J(x+dx), x$ と $x+dx$ の二つの断面に囲まれた微小体積におけるキャリア密度を $n(x,t)$ とする．微小体積内でキャリアの発生・消滅がない場合，$n(x,t)$ の時間変化は，二つの断面からのキャリアの流入と流出の差で与えられるから，次式が成り立つ．

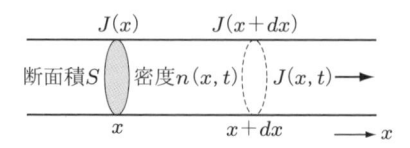

図 4.11 キャリア連続の式の説明図

$$\frac{\partial n(x,t)}{\partial t} = \frac{\{J(x) - J(x+dx)\}S}{Sdx} = -\frac{\partial J(x,t)}{\partial x} \tag{4.53}$$

これを，**キャリア連続の式**という．電子電流密度 J_n，正孔電流密度 J_p と，上記の $J(x,t)$ の関係は，$J_n = -qJ$, $J_p = qJ$ である．したがって，微小体積内で励起，再結合などのキャリアの発生・消滅がある場合は，式 (4.44), (4.45) を用いると，少数キャリアに対して式 (4.53) は，それぞれ以下のようになる．これらは，**拡張されたキャリア連続の式**である．

$$\frac{\partial n}{\partial t} = -\frac{n-n_0}{\tau_n} + \frac{1}{q}\frac{\partial J_n}{\partial x} \tag{4.54}$$

$$\frac{\partial p}{\partial t} = -\frac{p-p_0}{\tau_p} - \frac{1}{q}\frac{\partial J_p}{\partial x} \tag{4.55}$$

電流密度がドリフトと拡散からなるとき，式 (4.32), (4.33) を，それぞれ式 (4.54), (4.55) に代入すると，少数キャリアに対して次の関係が得られる．

$$\frac{\partial n}{\partial t} = -\frac{n-n_0}{\tau_n} + \mu_n\frac{\partial(nE)}{\partial x} + D_n\frac{\partial^2 n}{\partial x^2} \tag{4.56}$$

$$\frac{\partial p}{\partial t} = -\frac{p-p_0}{\tau_p} - \mu_p\frac{\partial(pE)}{\partial x} + D_p\frac{\partial^2 p}{\partial x^2} \tag{4.57}$$

式 (4.56), (4.57) を，**拡散方程式** (diffusion equation) という．これらは通常は，未知関数として n または p だけを含む方程式となるから，その解よりキャリア密度の時間的・空間的変化を知ることができる．

例題 4.9 n 型半導体 ($x \geq 0$) 中の正孔に対して，$p(0) = p_0 + \Delta p_0$, $p(\infty) = p_0$, $\partial p/\partial t = 0$ が成り立つとき，$p(x)$ を求めよ．ただし，電界 E は無視できるものとする．

解答 式 (4.57) より，$p(x)$ は次式を満たす．

$$D_p\frac{d^2(p-p_0)}{dx^2} - \frac{p-p_0}{\tau_p} = 0$$

一般解は，A, B を定数として，次のようになる．

$$p - p_0 = A\exp\left(\frac{x}{L_p}\right) + B\exp\left(-\frac{x}{L_p}\right) \quad (L_p \equiv \sqrt{\tau_p D_p})$$

x の境界条件より，$A = 0$, $B = \Delta p_0$ であるから，解は次のようになる（**図 4.12**）．

$$p(x) = p_0 + \Delta p_0 \exp\left(-\frac{x}{L_p}\right)$$

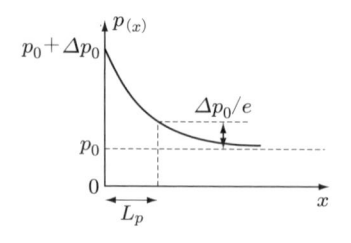

図 4.12　$p(x)$ の概形

この例は，$x = 0$ で正孔の定常的な注入がある場合に相当する．$x = L_p$ で，ピーク値 Δp_0 は $\Delta p_0/e$ まで減少する．L_p は長さの次元をもち，**拡散長** (diffusion length) とよばれる．拡散長は，正孔が再結合で消滅するまでに拡散する距離に相当する．

◯◉　演習問題　◉◯

4.1 真性シリコンに $5 \times 10^{15}\,[\mathrm{cm}^{-3}]$ のリン (P) を添加したとき，室温 (300 [K]) においてドーパントがすべてイオン化しているとして，以下の各値を求めよ．ただし，室温におけるシリコンの μ_n と μ_p は，それぞれ $1500, 450\,[\mathrm{cm}^2/(\mathrm{V}\cdot\mathrm{s})]$ とし，(式 (4.41) の) キャリア再結合係数 $c \fallingdotseq 1 \times 10^{-11}\,[\mathrm{cm}^3/\mathrm{s}]$ とする．
(1) 抵抗率
(2) 少数キャリアの寿命
(3) 少数キャリアの拡散長

4.2 真性シリコンに $5 \times 10^{16}\,[\mathrm{cm}^{-3}]$ のホウ素 (B) を添加したとき，室温 (300 [K]) においてドーパントがすべてイオン化しているとして，以下の各値を求めよ．ただし，室温におけるシリコンの μ_n と μ_p は，それぞれ $1500, 450\,[\mathrm{cm}^2/(\mathrm{V}\cdot\mathrm{s})]$ とし，キャリア再結合係数 $c \fallingdotseq 1 \times 10^{-11}\,[\mathrm{cm}^3/\mathrm{s}]$ とする．
(1) 抵抗率
(2) 少数キャリアの寿命
(3) 少数キャリアの拡散長

4.3 室温 (300 [K]) において，真性シリコンの電子，正孔の移動度は，それぞれ $\mu_n = 1500$, $\mu_p = 450\,[\mathrm{cm}^2/(\mathrm{V}\cdot\mathrm{s})]$ であり，真性キャリア密度 $n_i = 1.45 \times 10^{10}\,[\mathrm{cm}^{-3}]$ である．

このとき，次の各問に答えよ（温度はすべて室温とする）．
(1) 真性シリコンの導電率 $\sigma\,[\Omega^{-1}\cdot\mathrm{cm}^{-1}]$ を求めよ．
(2) 真性シリコンの電子密度をコントロールして導電率の値を変化させるとき，導電率の値が最低となる電子密度 $n\,[\mathrm{cm}^{-3}]$ を求めよ．ただし，電子，正孔の移動度は，真性時の値で近似できるものとする．
(3) 上記 (2) における正孔密度 $p\,[\mathrm{cm}^{-3}]$ を求めよ．

(4) 導電率の最低値を求めよ．

4.4 厚さ $d = 100\,[\mu\mathrm{m}]$ で x 方向に長い半導体の z 方向に，$B = 10^5\,[\mathrm{G}]$ の磁界をかけ，x 方向に $I = 0.5\,[\mathrm{A}]$ の電流を流したところ，y 方向に $V_H \fallingdotseq 3.1\,[\mathrm{V}]$ の電圧（$+y$ 側が高電圧）が発生した．次の各問に答えよ．
  (1) 半導体の導電型は何か．
  (2) ホール係数 R_H を求めよ．
  (3) 多数キャリアの密度を求めよ．

4.5 n 型半導体 ($x \geqq 0$) 中の正孔に対して，$p(0) \fallingdotseq 0$，$p(\infty) = p_0$，$\partial p/\partial t = 0$ が成り立つとき，$p(x)$ を求めよ．ただし，電界 E は無視できるものとする．

5章 pn接合とダイオード

前章までは，n型またはp型半導体単体中におけるキャリアのふるまいについて学んだが，本章では，p型とn型半導体を一体化した，いわゆる **pn接合** におけるキャリアのふるまいを述べる．

pn接合を形成すると，p型とn型半導体の境界面（接合面）の両側にあったそれぞれの多数キャリアが，相手側半導体へ相互に拡散し，接合面近傍で再結合によるキャリア消滅が発生する．このため，接合面を境にして，p型側に負，n型側に正の電荷をもつ **空間電荷層** が出現する．この空間電荷層により発生した電界により，多数キャリアの相互拡散が妨げられるが，最終的にp型がn型に比べて低電位になり平衡に達するため，**電位障壁** が形成される．

pn接合のp型に正の電圧を印加すると，電位障壁が減少し，p型からn型方向に電流が流れやすくなる．この方向を順方向という．逆に，p型に負の電圧を印加すると，電位障壁が増加し，n型からp型方向には電流はほとんど流れなくなる．この方向を逆方向という．順・逆方向特性を示す電流 − 電圧特性を **整流特性** といい，この特性を利用したものが **ダイオード** である．

pn接合は，6章で述べるバイポーラトランジスタをはじめとして，半導体デバイスの基本構成要素となるものである．本章では，pn接合において順方向と逆方向特性がなぜ生じるのかについて理解しよう．

5.1 階段形pn接合

これまでは，p型半導体とn型半導体を別々に扱ってきたが，実際の半導体デバイスでは，p型とn型をはり合わせたもの，すなわち **pn接合** (p-n junction) が用いられる．pn接合は，実際は別々に作製されたp型とn型をはり合わせたものではなく，たとえば，図5.1のように，p型半導体基板の一部にn型のドーパントを拡散して，n型に反転させることにより作製される．図 (a) は，p型半導体基板深さ方向のドーパント密度分布である．横軸位置0は，p型半導体基板の表面，x軸の正方向は基板の深さ方向，N_A, N_D は，それぞれアクセプタ密度，ドナー密度である．$N_D > N_A$ の部分では，ドナーから放出される電子密度 N_D のうち N_A がアクセプタをイオン化するので，伝導電子密度 $N_D - N_A$ のn型となる．逆に，$N_A > N_D$ の部分では，正孔

密度 $N_A - N_D$ の p 型となる．したがって，実効的なドーパント電荷密度分布は，図 (b) のようになる．キャリア密度がドーパント密度の差で決まる半導体を，**補償された (compensated) 半導体**という．図 (c) は，図 (b) の電荷密度分布の正の最大値と負の最大値（絶対値）を，改めてそれぞれ qN_D, qN_A とおいて矩形近似したものであり，位置 x_j が **pn 接合面**である．ドーパント電荷密度分布が図 (c) のようにステップ状になるものを，**階段形 pn 接合** (step p-n junction) といい，本書ではこの近似を用いる．

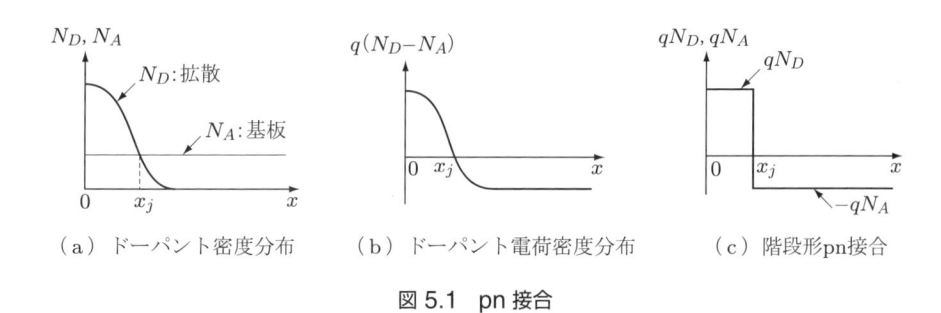

（a）ドーパント密度分布　　（b）ドーパント電荷密度分布　　（c）階段形pn接合

図 5.1　pn 接合

5.2　空乏層と拡散電位

図 5.2(a) のように，p 型半導体と n 型半導体が離れていると想定したときの，平衡状態における p 型半導体の正孔密度を p_{p0}，伝導電子密度を n_{p0}，n 型半導体の伝導電子密度を n_{n0}，正孔密度を p_{n0} と表示する．また，p 型の E_C, E_F, E_V を，それぞれ E_{Cp}, E_{Fp}, E_{Vp} で表す．n 型の場合も同様である．図 (b) は，図 (a) に対応する多数キャリアとイオン化したドーパント原子の分布を示す．$p_{p0} \fallingdotseq N_A, n_{n0} \fallingdotseq N_D$ であるから，p 型，n 型半導体ともに電荷中性条件が満たされている．

図 5.3 に，pn 接合が形成されたときに起きる現象を示す．一般に，$p_{p0} \fallingdotseq N_A \gg p_{n0}$，$n_{n0} \fallingdotseq N_D \gg n_{p0}$ であり，pn 接合が形成されると，pn 接合面を境にして，伝導電子と正孔の大きな密度勾配が発生するから，瞬時にして以下の現象が起きる．

(1) p 型の正孔は pn 接合面を横切って n 型へ，n 型の伝導電子は p 型へ，相互に拡散する（図 (a)）．
(2) n 型へ拡散した少数キャリアである正孔は，拡散しながら多数キャリアである伝導電子と再結合し消滅する．同様に，p 型へ拡散した伝導電子は，拡散しながら正孔と再結合し消滅する（図 (b)）．
(3) pn 接合面の両側近傍には，多数キャリアがほとんどない領域が発生する．この

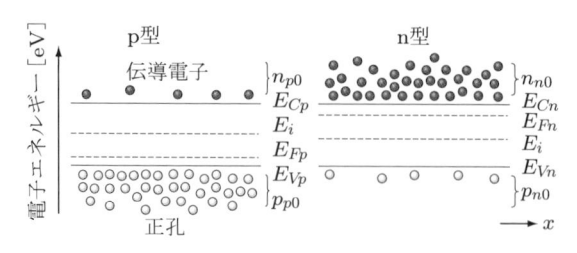

(a) p型, n型半導体のエネルギー帯構造

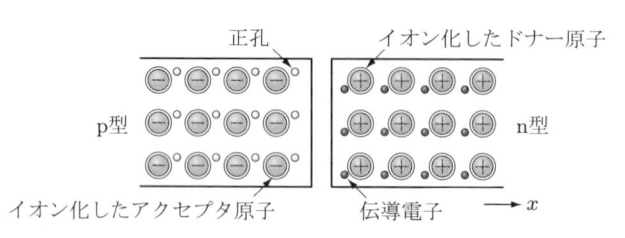

(b) 多数キャリアとイオン化したドーパント原子の分布

図 5.2　p型，n型半導体のエネルギー帯構造とイオン化したドーパント原子の分布

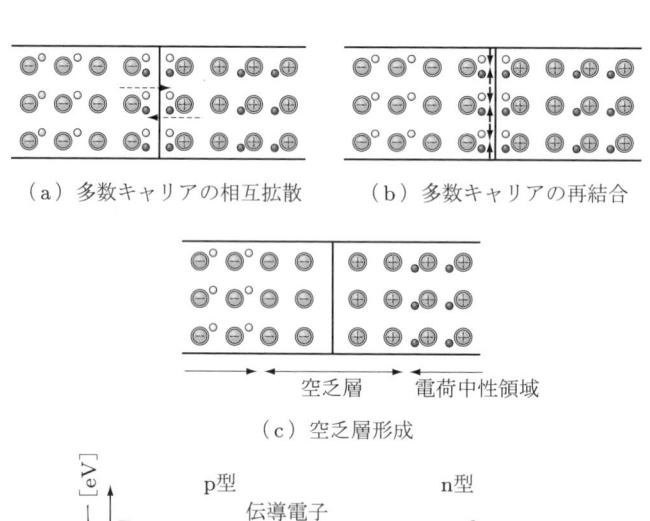

(a) 多数キャリアの相互拡散　　(b) 多数キャリアの再結合

(c) 空乏層形成

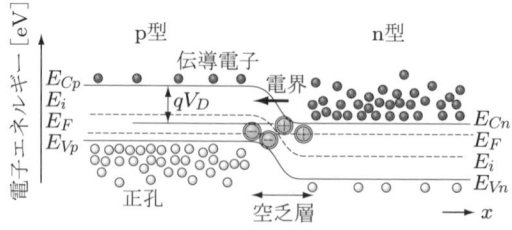

(d) 平衡状態におけるpn接合のエネルギー帯構造

図 5.3　pn接合の空乏層形成と拡散電位の発生

領域を,**空乏層** (depletion layer) という.空乏層内では,動けないイオン化したドーパント原子が残留しているから,電荷中性条件が破れて,p 型側では密度がおよそ $-qN_A$,n 型側では密度がおよそ qN_D の空間電荷が残る.したがって,空乏層を**空間電荷層** (space charge region) ともよぶ(図 (c)).

(4) 空乏層内では,空間電荷層により n 型から p 型に向かう電界が発生する.この電界は,多数キャリアの相互拡散を妨げるので,電界によるキャリアのドリフトと拡散による流れがつり合うところで,平衡状態が実現する(図 (d)).

平衡状態では,p 型と n 型半導体のフェルミ準位は一致するので,図 (d) のように一本の直線になる.したがって,エネルギー帯が空乏層の部分で曲がり,段差(**障壁**;barrier)ができる.E_i は真性半導体のフェルミ準位であり,エネルギー帯のほぼ中央にあるから,同様の段差ができる.この段差を電圧 V_D [V] で表したものを,**拡散電位** (diffusion potential),または**内蔵電位** (built in potential) という.拡散電位が発生するのは,空乏層内に空間電荷による電界が発生するからである.電界の向きは左向き(n 型から p 型に向かう方向)であるので,p 型側が n 型側より V_D [V] だけ低電位になり,E_{Vp}(または E_{Cp})は,E_{Vn}(または E_{Cn})より qV_D [eV] だけ上にもち上がる.拡散電位は正孔が右側に,伝導電子が左側に拡散するのを妨げる.p 型と n 型半導体のフェルミ準位は一致し,一本の直線になるので,拡散電位を pn 接合の外部から検出することはできない.

式 (3.8)(または式 (3.10))を用いて V_D を求めることができる(式 (3.25), (3.37) を用いて V_D を求めることもできる.演習問題 5.2 参照).図 5.2(a) の表示を用いると,n_{p0}, n_{n0} は,それぞれ以下のようになる.

$$n_{p0} = N_C \exp\left(-\frac{E_{Cp} - E_{Fp}}{kT}\right) \tag{5.1}$$

$$n_{n0} = N_C \exp\left(-\frac{E_{Cn} - E_{Fn}}{kT}\right) \tag{5.2}$$

平衡状態では $E_{Fp} = E_{Fn} = E_F$ であるから,

$$\frac{n_{n0}}{n_{p0}} = \exp\left(\frac{E_{Cp} - E_{Cn}}{kT}\right) = \exp\left(\frac{qV_D}{kT}\right) \quad \left(= \frac{p_{p0}}{p_{n0}}\right) \tag{5.3}$$

$$V_D = \frac{kT}{q} \ln\left(\frac{n_{n0}}{n_{p0}}\right) = \frac{kT}{q} \ln\left(\frac{N_A N_D}{n_i^2}\right) \tag{5.4}$$

となる.N_A, N_D が定まれば,V_D も定まる.式 (5.3) は,電荷中性領域にある多数キャリア密度と相手側半導体の少数キャリア密度の比は,拡散電位の大きさで定まる

ことを示す有用な関係式である．

例題 5.1 真性シリコンに，$10^{17}\,[\mathrm{cm}^{-3}]$ のリン（n 型），$10^{16}\,[\mathrm{cm}^{-3}]$ のホウ素（p 型）をドープして pn 接合を形成した．室温 (300 [K]) において，ドーパントがすべてイオン化しているとし，$V_D\,[\mathrm{V}]$ を求めよ．ただし，真性キャリア密度 $n_i = 1.45 \times 10^{10}\,[\mathrm{cm}^{-3}]$ とする．

....

解答 式 (5.4) より，以下のように求められる．

$$V_D = 0.026\,\ln\left(\frac{10^{17} \times 10^{16}}{1.45^2 \times 10^{20}}\right) \fallingdotseq 0.026\,\ln(4.76 \times 10^{12}) \fallingdotseq 0.76\,[\mathrm{V}]$$

5.3 空乏層の特性

空乏層にはキャリアがまったくないわけではなく，以下に述べるように，実際にはかなりの伝導電子，正孔が存在する．ただし，これらの密度はイオン化したドーパント原子密度 N_A, N_D に比べて桁違いに小さく，無視できると考えられる．そこで，以下の**空乏近似**が成り立つと仮定する．

（仮定 1）空乏層内では，伝導電子密度 $n \fallingdotseq 0$, 正孔密度 $p \fallingdotseq 0$ とみなす．

（仮定 2）空乏層は，両側の電荷中性領域に比べて高抵抗層となるので，pn 接合に印加された電圧は，すべて空乏層にかかる．

図 5.4 は，平衡状態における空乏層と電荷中性領域のキャリア密度分布を描いた片対数グラフと，対応するエネルギー帯図である．説明の便宜上，$p_{p0} \fallingdotseq 10^{16}\,[\mathrm{cm}^{-3}]$，

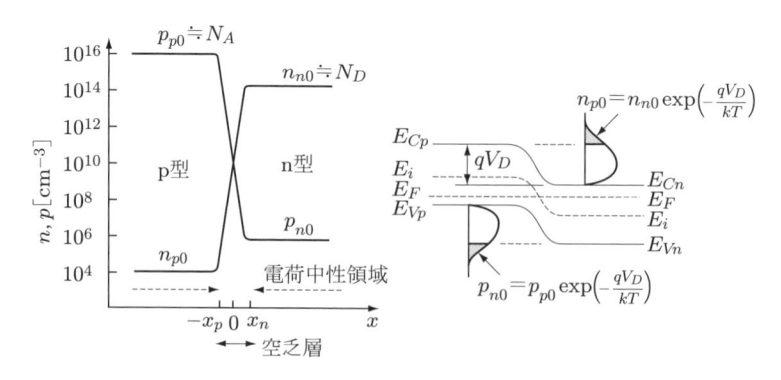

図 5.4 平衡状態における pn 接合のキャリア密度分布とエネルギー帯図

$n_{n0} \fallingdotseq 10^{14}\,[\mathrm{cm}^{-3}]$ としている．横軸位置 0 は pn 接合面，$-x_p$ は p 側の電荷中性領域と空乏層境界面，x_n は n 側の電荷中性領域と空乏層境界面の位置を表す．式 (5.3) より，電荷中性領域にある少数キャリア密度は，相手側の半導体の多数キャリア密度に $\exp(-qV_D/kT)$ をかけたものであるから，エネルギー帯図の多数キャリア密度のうち，斜線部分の密度が少数キャリア密度に対応すると考えることができる．空乏層内では，キャリア密度が多数キャリア密度から少数キャリア密度に向かって急速に低下するから，密度は位置 x に依存する．密度の x 依存性を表す式として，式 (3.8), (3.10) を変形した以下の式を用いるのが便利である（演習問題 3.3 参照）．

$$n = n_i \exp\left(\frac{E_F - E_i(x)}{kT}\right) \tag{5.5}$$

$$p = n_i \exp\left(\frac{E_i(x) - E_F}{kT}\right) \tag{5.6}$$

$E_i(x)$ が x 依存性を表し，$E_i(x) = E_F$ となる x で $p = n = n_i$ となる．平衡状態では，すべての x に対して $pn = n_i{}^2$ の関係が成り立つ．したがって，空乏層内でもかなりの伝導電子，正孔が存在するが，キャリア密度分布図の縦軸は対数目盛であり，ドーパント密度に比べてキャリア密度は桁違いに小さいとみてよい．この傾向は次節で示すように，pn 接合に電圧が印加された場合も同様である．そこで，空乏層内では，ドーパント密度に比べてキャリア密度を無視する．

仮定 2 は，電圧が印加されたとき，エネルギー帯図が**図 5.5** のようになることを意味する．電荷中性領域に電圧がかからないので，E_{Fp}, E_{Fn} は水平になり，空乏層の部分で $qV\,[\mathrm{eV}]$ の差が生じることになる．n 型に対して p 型に正の電圧 $V\,[\mathrm{V}]$ が印加される場合は，p 側が $qV\,[\mathrm{eV}]$ だけ下がり，V が負の場合は，$q|V|$ だけ上がる．フェルミ準位が一本になっていないので，この状態は平衡状態ではない．フェルミ準位は，もともと平衡状態を仮定した概念であるが，平衡状態ではない場合にも，p 型，n 型に対してそれぞれ近似的にフェルミ準位の考え方が成り立つとして定義される E_{Fp}, E_{Fn} を，**擬フェルミ準位** (quasi-Fermi level) という．

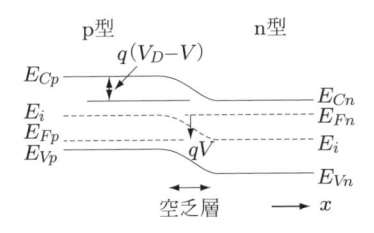

図 5.5 pn 接合への電圧印加

空乏層内の p 型側では負，n 型側では正の空間電荷が発生するから，空乏層は**容量** (capacitance) として働く．また，pn 接合に印加された電圧は空乏層にかかり，空乏層幅は電圧により変化するから，容量も電圧により変化する．空乏近似により，空乏層幅，空乏層容量などを容易に求めることができる．

5.3.1 空乏層幅

図 5.6(a)〜(c) は，それぞれ階段形 pn 接合の空乏層内の空間電荷密度 $\rho(x)$，電界 $E(x)$，電位 $\varphi(x)$ である．空乏近似のもとでは，空間電荷密度は p 型側で $-qN_A$，n 型側で qN_D となる．$\rho(x)$ が与えられると，ポアソン方程式より，$\varphi(x)$ は次式を満たす．

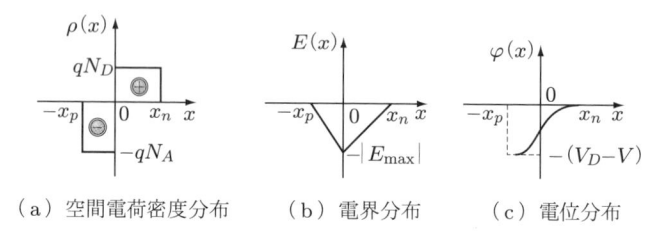

(a) 空間電荷密度分布　(b) 電界分布　(c) 電位分布

図 5.6　階段形 pn 接合の空間電荷密度 $\rho(x)$，電界 $E(x)$，電位 $\varphi(x)$（空乏層内）

$$\frac{d^2\varphi}{dx^2} = \frac{qN_A}{\varepsilon_s} \quad (-x_p \leqq x \leqq 0) \tag{5.7}$$

$$\frac{d^2\varphi}{dx^2} = -\frac{qN_D}{\varepsilon_s} \quad (0 \leqq x \leqq x_n) \tag{5.8}$$

ε_s は半導体の誘電率である．$E(x)$ は，次のようになる．

$$E(x) \equiv -\frac{d\varphi}{dx} = -\frac{qN_A}{\varepsilon_s}(x + x_p) \quad (-x_p \leqq x \leqq 0) \tag{5.9}$$

$$E(x) \equiv -\frac{d\varphi}{dx} = \frac{qN_D}{\varepsilon_s}(x - x_n) \quad (0 \leqq x \leqq x_n) \tag{5.10}$$

境界条件は，$E(-x_p) = E(x_n) = 0$ である．$x = 0$ において，式 (5.9), (5.10) の値は一致しなければならないから，

$$N_A x_p = N_D x_n \tag{5.11}$$

が成り立つ．これは p 型側の電荷総量（の絶対値）と，n 型側の電荷総量が等しく，空乏層全体では電荷中性条件が成り立つことを意味する．$x = x_n$ で $\varphi(x_n) = 0$ とする

と，$\varphi(x)$ は次のようになる．

$$\varphi(x) = \frac{qN_A}{2\varepsilon_s}(x+x_p)^2 - (V_D - V) \qquad (-x_p \leqq x \leqq 0) \tag{5.12}$$

$$\varphi(x) = -\frac{qN_D}{2\varepsilon_s}(x-x_n)^2 \qquad (0 \leqq x \leqq x_n) \tag{5.13}$$

V_D は拡散電位であり，平衡状態では $V=0\,[\mathrm{V}]$，n 側に対して p 側に正の電圧が印加された場合は $V>0$，逆の場合は $V<0$ とする．$x=0$ において，式 (5.12), (5.13) の値は一致しなければならないから，次式が成り立つ．

$$\frac{q}{2\varepsilon_s}(N_A x_p{}^2 + N_D x_n{}^2) = V_D - V \tag{5.14}$$

式 (5.11), (5.14) より，x_p, x_n および空乏層幅 $x_d = x_p + x_n$ は，以下のように求められる．

$$x_p = \sqrt{\frac{2\varepsilon_s N_D(V_D - V)}{qN_A(N_A + N_D)}} \tag{5.15}$$

$$x_n = \sqrt{\frac{2\varepsilon_s N_A(V_D - V)}{qN_D(N_A + N_D)}} \tag{5.16}$$

$$x_d = \sqrt{\frac{2\varepsilon_s(N_A + N_D)(V_D - V)}{qN_A N_D}} \tag{5.17}$$

$N_A \gg N_D$ のとき，式 (5.17), (5.16) より，次式が成り立つ．

$$x_d \fallingdotseq \sqrt{\frac{2\varepsilon_s(V_D - V)}{qN_D}} \fallingdotseq x_n \tag{5.18}$$

すなわち，全空乏層幅は，低密度側の空間電荷層幅にほぼ等しい．これは，式 (5.11) からも明らかである．

5.3.2 空乏層容量

通常のコンデンサは，相対する正負の電極に電荷を蓄えるが，空乏層では，空間電荷層内に電荷が分布して蓄えられる．構造は多少異なるが，容量としての働きは同じである．空間電荷層内に蓄えられる正（または負）電荷 Q は，

$$Q = qN_A x_p = \sqrt{\frac{2\varepsilon_s q N_A N_D(V_D - V)}{N_A + N_D}}\,[\mathrm{C/cm^2}] \tag{5.19}$$

であるから，印加電圧の微小変化に対する**微小信号容量** C_d は，以下のようになる．

$$C_d \equiv \frac{dQ}{d(-V)} = \sqrt{\frac{\varepsilon_s q N_A N_D}{2(N_A + N_D)(V_D - V)}} = \frac{\varepsilon_s}{x_d} \,[\text{F/cm}^2] \tag{5.20}$$

これは，通常のコンデンサの単位面積あたりの容量の式と一致する．

式 (5.20) より，次の関係が得られる ($N_A \gg N_D$)．

$$\frac{1}{C_d{}^2} = \frac{2(N_A + N_D)(V_D - V)}{\varepsilon_s q N_A N_D} \fallingdotseq \frac{2(V_D - V)}{\varepsilon_s q N_D} \tag{5.21}$$

図 5.7 のように，$1/C_d{}^2$ は印加電圧 V に対して直線となり，V 軸との交点より，V_D の値を推定することができる（演習問題 5.5 参照）．

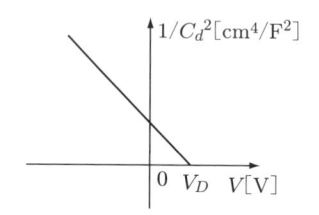

図 5.7 $1/C_d{}^2$ の印加電圧 V 依存性

例題 5.2 真性シリコンに，$10^{17}\,[\text{cm}^{-3}]$ のリン (n 型)，$10^{16}\,[\text{cm}^{-3}]$ のホウ素 (p 型) をドープして，pn 接合を形成した．室温 (300 [K]) において，ドーパントがすべてイオン化しているとして，次の各値を求めよ．ただし，真性キャリア密度 $n_i = 1.45 \times 10^{10}\,[\text{cm}^{-3}]$，シリコンの誘電率 $\varepsilon_s = \varepsilon_r \cdot \varepsilon_0$，比誘電率 $\varepsilon_r = 11.9$，真空の誘電率 $\varepsilon_0 = 8.854 \times 10^{-14}\,[\text{F/cm}]$ とする．

(1) 平衡状態における $x_d\,[\upmu\text{m}]$，$C_d\,[\text{F/cm}^2]$ を求めよ．
(2) $V = -3\,[\text{V}]$ における $x_d\,[\upmu\text{m}]$，$C_d\,[\text{F/cm}^2]$ を求めよ．

解答 式 (5.17), (5.20) より，以下のように求められる．
(1) 例題 5.1 より，$V_D \fallingdotseq 0.76\,[\text{V}]$ である．

$$x_d = \sqrt{\frac{2 \times 11.9 \times 8.854 \times 10^{-14} \times (10^{17} + 10^{16}) \times 0.76}{1.6 \times 10^{-19} \times 10^{17} \times 10^{16}}}$$

$$\fallingdotseq \sqrt{1101 \times 10^{-12}} \fallingdotseq 33.2 \times 10^{-6}\,[\text{cm}] \fallingdotseq 0.33\,[\upmu\text{m}]$$

$$C_d \fallingdotseq \frac{11.9 \times 8.854 \times 10^{-14}}{33.2 \times 10^{-6}} \fallingdotseq 3.17 \times 10^{-8}\,[\text{F/cm}^2]$$

(2) $V_D - V = 3.76\,[\mathrm{V}]$ である.

$$x_d = \sqrt{\frac{2 \times 11.9 \times 8.854 \times 10^{-14} \times (10^{17} + 10^{16}) \times 3.76}{1.6 \times 10^{-19} \times 10^{17} \times 10^{16}}}$$

$$\fallingdotseq \sqrt{5447 \times 10^{-12}}$$

$$\fallingdotseq 73.8 \times 10^{-6}\,[\mathrm{cm}] \fallingdotseq 0.74\,[\mathrm{\mu m}]$$

$$C_d \fallingdotseq \frac{11.9 \times 8.854 \times 10^{-14}}{73.8 \times 10^{-6}} \fallingdotseq 1.43 \times 10^{-8}\,[\mathrm{F/cm^2}]$$

5.4 電流 – 電圧特性

pn 接合に電圧を印加すると,前節の仮定 2 によって,この電圧は空乏層にかかり,擬フェルミ準位 E_{Fp}, E_{Fn} の間隔が開く.n 型に対して p 型に正の電圧 V [V] が印加される場合は,p 側のエネルギー帯が qV [eV] だけ下がり,電位障壁が $V_D - V$ に減少し,p → n 型方向に大きな電流が流れる.この場合を,**順方向バイアス** (forward bias) という.逆に,p 型に負の電圧が印加される場合は,エネルギー帯が $q|V|$ だけ上がり,電位障壁が $V_D + |V|$ に増加するので,n → p 型方向の電流はほとんど流れない.この場合を,**逆方向バイアス** (backward bias, reverse bias) という.これらの電流を定量的に求めるため,前節の仮定 1,2 に続いて,以下の仮定をおく.

(仮定 3) pn 接合に電圧が印加されている状態(非平衡状態)では,平衡状態で得られた関係式に $V_D \to (V_D - V)$, $E_F \to E_{Fp}$, E_{Fn} などの置き換えを行った関係式が成り立つものとみなす.

(仮定 4) 空乏層内ではキャリアの発生,再結合はないものとする.

式 (5.3) より,平衡状態では電荷中性領域にある少数キャリア密度は,相手側半導体の多数キャリア密度を用いて,次のように表せる.

$$p_{n0} = p_{p0} \exp\left(-\frac{qV_D}{kT}\right) \tag{5.22}$$

$$n_{p0} = n_{n0} \exp\left(-\frac{qV_D}{kT}\right) \tag{5.23}$$

仮定 3 の $V_D \to (V_D - V)$ を用いると,式 (5.22), (5.23) は,それぞれ次のようになる.

$$p_{n0} = p_{p0} \exp\left\{-\frac{q(V_D - V)}{kT}\right\} = p_{p0} \exp\left(-\frac{qV_D}{kT}\right) \times \exp\left(\frac{qV}{kT}\right) \tag{5.24}$$

$$n_{p0} = n_{n0} \exp\left\{-\frac{q(V_D - V)}{kT}\right\} = n_{n0} \exp\left(-\frac{qV_D}{kT}\right) \times \exp\left(\frac{qV}{kT}\right) \quad (5.25)$$

平衡状態の少数キャリア密度を，改めてそれぞれ p_{n0}, n_{p0} とすると，pn 接合に電圧が印加されている場合の電荷中性領域の少数キャリア密度は，式 (5.22)〜(5.25) より，それぞれ次のようになる．

$$p_{n0} \exp\left(\frac{qV}{kT}\right) \quad (5.26)$$

$$n_{p0} \exp\left(\frac{qV}{kT}\right) \quad (5.27)$$

順方向バイアスの場合，$qV \gg kT$ の場合には，$\exp(qV/kT) \gg 1$ であるから，多量の少数キャリアが注入されて，平衡状態の電荷中性領域の少数キャリア密度より大幅に大きくなる．逆方向バイアスの場合には，$\exp(-q|V|/kT) \ll 1$ であるから，少数キャリアが掃き出されて，平衡状態の値より小さくなる．そこで，順方向と逆方向バイアスの場合に分けて電流 - 電圧特性を求める（仮定 3 の $E_F \to E_{Fp}$, E_{Fn} などの置き換えの内容については，付録 A.7 を参照）．

仮定 4 は，多数キャリアが空乏層を通過して相手側の電荷中性領域に注入されるとき，または，少数キャリアが空乏層を通過して相手側の電荷中性領域に掃き出されるとき，空乏層内では発生，再結合によるキャリアの増減はないということであり，電流（電流密度）が空乏層内の位置 x によらず一定であることと等価である．

5.4.1 順方向特性

図 5.8 は，順方向バイアス時の pn 接合のキャリア密度分布を描いた片対数グラフと対応するエネルギー帯図である．説明の便宜上，$p_{p0} \fallingdotseq 10^{16}$ [cm^{-3}]，$n_{n0} \fallingdotseq 10^{14}$ [cm^{-3}]，$V = 0.36$ [V]（室温で $\exp(qV/kT) \fallingdotseq 10^6$）としている．比較のため，平衡状態の密度分布を破線で示す．順方向バイアスにより，p 型から n 型の電荷中性領域に多量の正孔が，n 型から p 型の電荷中性領域に多量の伝導電子が注入され，少数キャリア密度は（空乏層内ではキャリアの発生，再結合は無視しているため）平衡状態のときに比べて $\exp(qV/kT) \fallingdotseq 10^6$ 倍になるはずであるが，密度勾配による拡散と再結合により，急速に減少する．定常状態では，注入時の高密度が維持されるのは空乏層と電荷中性領域の境界 $(-x_p, x_n)$ のみとなり，この境界から拡散長程度奥に入ったところで，ほぼ平衡状態の少数キャリア密度 p_{n0}, n_{p0} になる．キャリア密度分布図より，p 型，n 型電荷中性領域とも，多数キャリア密度は少数キャリア密度より十分大きいので，低注入の条件（式 (4.38) 参照）が成り立つ．また，電荷中性領域では電界はないので，

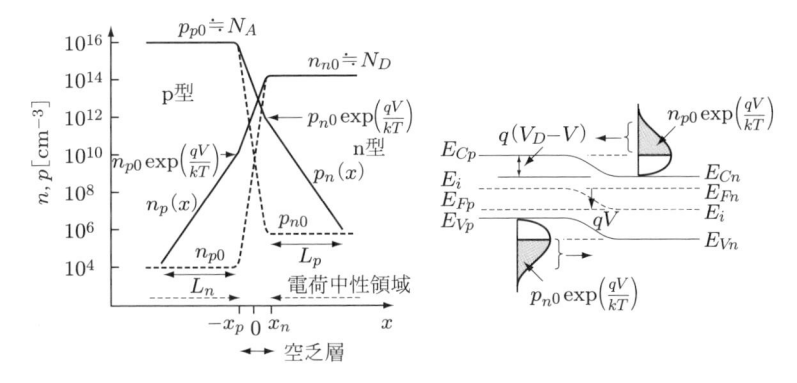

図 5.8 順方向バイアス時の pn 接合のキャリア密度分布とエネルギー帯図

式 (4.56), (4.57) より，定常状態における少数キャリア密度 $p_n(x), n_p(x)$ は，それぞれ次式より求めることができる．

$$D_p \frac{d^2\{p_n(x) - p_{n0}\}}{dx^2} - \frac{p_n(x) - p_{n0}}{\tau_p} = 0 \tag{5.28}$$

$$D_n \frac{d^2\{n_p(x) - n_{p0}\}}{dx^2} - \frac{n_p(x) - n_{p0}}{\tau_n} = 0 \tag{5.29}$$

$-x_p, x_n$ を改めて原点 $x = 0$ とみなし，式 (5.29) の $n_p(x)$ に対して $-x \to x$ とすると，境界条件は，それぞれ次のようになる．ただし，p, n 型の幅は，キャリアの拡散長より十分大きいとする．

$$p_n(0) = p_{n0} \exp\left(\frac{qV}{kT}\right), \qquad p_n(\infty) = p_{n0} \tag{5.30}$$

$$n_p(0) = n_{p0} \exp\left(\frac{qV}{kT}\right), \qquad n_p(\infty) = n_{p0} \tag{5.31}$$

例題 4.9 を参照すると，$p_n(x), n_p(x)$ は，それぞれ次式のように求められる．

$$p_n(x) = p_{n0} + p_{n0} \left\{ \exp\left(\frac{qV}{kT}\right) - 1 \right\} \exp\left(-\frac{x}{L_p}\right) \tag{5.32}$$

$$n_p(x) = n_{p0} + n_{p0} \left\{ \exp\left(\frac{qV}{kT}\right) - 1 \right\} \exp\left(-\frac{x}{L_n}\right) \tag{5.33}$$

式 (5.33) で $x \to -x$ に戻すと，$n_p(x)$ に対しては次式が成り立つ．

$$n_p(x) = n_{p0} + n_{p0} \left\{ \exp\left(\frac{qV}{kT}\right) - 1 \right\} \exp\left(\frac{x}{L_n}\right) \qquad (x \leqq 0) \tag{5.33'}$$

式 (5.32), (5.33′), (4.32), (4.33) より，電流密度はそれぞれ次式のようになる．

$$J_p(x) = \frac{qD_p p_{n0}}{L_p}\left\{\exp\left(\frac{qV}{kT}\right) - 1\right\}\exp\left(-\frac{x}{L_p}\right) \quad (x \geqq 0) \quad (5.34)$$

$$J_n(x) = \frac{qD_n n_{p0}}{L_n}\left\{\exp\left(\frac{qV}{kT}\right) - 1\right\}\exp\left(\frac{x}{L_n}\right) \quad (x \leqq 0) \quad (5.35)$$

図 5.9 のように，順方向バイアス時の少数キャリアによる電流密度 $J_p(x)$, $J_n(x)$ は，拡散と再結合により急速に減少し，定常状態では，空乏層と電荷中性領域の境界から拡散長程度奥に入ったところでほぼゼロになる．$J_p(0)$, $J_n(0) > 0$ であり，これらは電圧 V の増加により急増する．

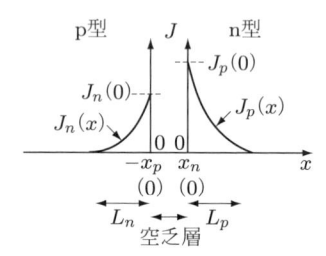

図 5.9 順方向バイアス時の少数キャリアによる電流密度 $J_p(x)$, $J_n(x)$

例題 5.3 真性シリコンに，$10^{14}\,[\text{cm}^{-3}]$ のリン（n 型），$10^{16}\,[\text{cm}^{-3}]$ のホウ素（p 型）をドープして，pn 接合を形成した．室温（300 [K]）において，ドーパントがすべてイオン化しているとして次の値を求めよ．ただし，真性キャリア密度 $n_i = 1.45 \times 10^{10}\,[\text{cm}^{-3}]$ とする．

(1) $V_D\,[\text{V}]$ を求めよ．
(2) $V = 0.56\,[\text{V}]$ のとき，$p_{n0} \cdot \exp(qV/kT)$ を求めよ．

解答 (1) 例題 5.1 参照．

$$V_D = 0.026\,\ln\left(\frac{10^{14} \times 10^{16}}{1.45^2 \times 10^{20}}\right) \fallingdotseq 0.026\,\ln(4.76 \times 10^9) \fallingdotseq 0.58\,[\text{V}]$$

(2) $p_{n0} = n_i{}^2/N_D$ である．

$$p_{n0}\exp\left(\frac{qV}{kT}\right) = \frac{1.45^2 \times 10^{20}}{10^{14}}\exp\left(\frac{0.56}{0.026}\right) \fallingdotseq 2.10 \times 10^6 \times \exp(21.538)$$
$$\fallingdotseq 4.75 \times 10^{15}\,[\text{cm}^{-3}]$$

この値は N_D より大きく，低注入の条件は成り立たない．一般に，順方向電圧 V が

V_D に近づくと,多量の少数キャリアが注入され,低注入の条件が成り立たなくなる.低注入の条件が成り立つためには,V を V_D より十分小さく保つ必要がある.

5.4.2 逆方向特性

図 5.10 は,逆方向バイアス時の pn 接合のキャリア密度分布を描いた片対数グラフと対応するエネルギー帯図である.説明の便宜上,$p_{p0} \fallingdotseq 10^{16}\,[\text{cm}^{-3}]$,$n_{n0} \fallingdotseq 10^{14}\,[\text{cm}^{-3}]$,$V = -0.36\,[\text{V}]$(室温で $\exp(qV/kT) \fallingdotseq 10^{-6}$)としている.比較のため,平衡状態の密度分布を破線で示す.逆方向バイアスにより,n 型から p 型の電荷中性領域に正孔が,p 型から n 型の電荷中性領域に伝導電子が掃き出されて,電荷中性領域の少数キャリア密度は,平衡状態のときに比べて $\exp(qV/kT) \fallingdotseq 10^{-6}$ 倍になるはずであるが,励起と密度勾配による拡散により,空乏層境界面方向に減少する.定常状態では,掃き出しによる低密度が維持されるのは空乏層と電荷中性領域の境界 $(-x_p, x_n)$ のみとなり,この境界から拡散長程度奥に入ったところで,ほぼ平衡状態の少数キャリア密度 p_{n0}, n_{p0} になる.逆方向バイアス時の定常状態における電荷中性領域の少数キャリア密度と電流密度を求める場合,電圧 V が負となるだけで,式 (5.30)〜(5.35) はそのまま成り立つ.したがって,少数キャリアによるそれぞれの電流密度は,平衡状態では,図 5.11 のように空乏層と電荷中性領域の境界から拡散長程度奥に入ったところでほぼゼロになる.$J_p(0), J_n(0) < 0$ であり,これらは電圧 $|V|$ の増加により,負の一定値に近づく.

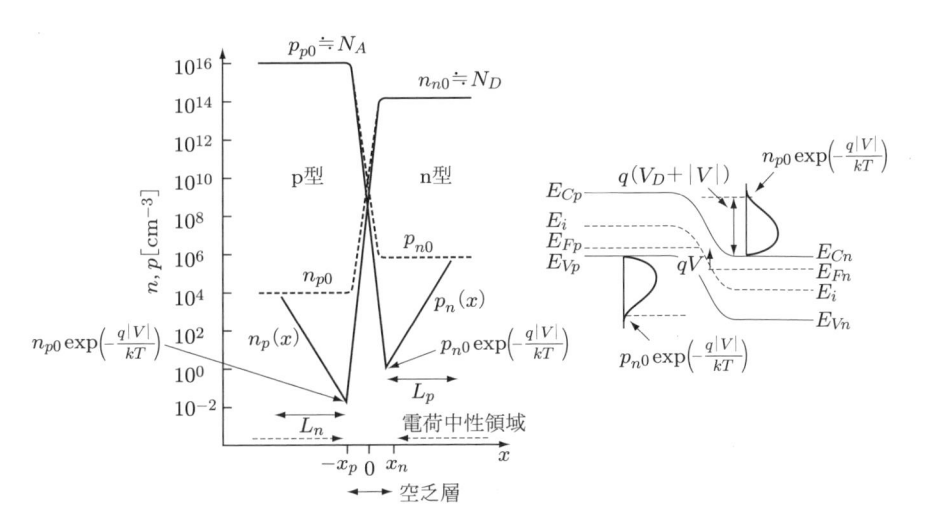

図 5.10 逆方向バイアス時の pn 接合のキャリア密度分布とエネルギー帯図

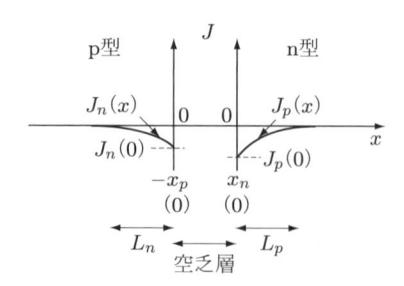

図 5.11 逆方向バイアス時の少数キャリアによる電流密度 $J_p(x), J_n(x)$

5.4.3 全電流密度とダイオード

図 5.12 に，バイアス電圧印加時の定常状態における pn 接合のキャリア密度分布と電流密度分布を示す．縦軸はリニア目盛である．

電流の連続性により，印加電圧一定のとき，全電流密度 J は位置 x によらず一定となる．仮定 4 により，空乏層内の発生，再結合電流は無視しているから，空乏層内の電流密度は $J_p(0), J_n(0)$ のみとなる．したがって，全電流密度 J は，$J_p(0)$ と $J_n(0)$ の和で表され，式 (5.34), (5.35) より，以下のようになる．

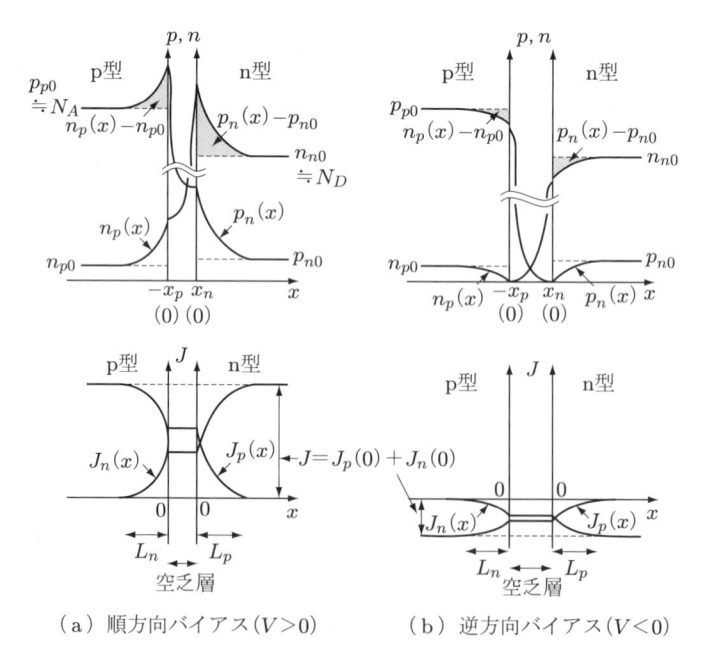

（a）順方向バイアス($V>0$)　　　（b）逆方向バイアス($V<0$)

図 5.12 定常状態における pn 接合のキャリア密度分布と電流密度分布

$$J = J_p(0) + J_n(0) = J_s\left\{\exp\left(\frac{qV}{kT}\right) - 1\right\}, \quad J_s \equiv q\left(\frac{D_p p_{n0}}{L_p} + \frac{D_n n_{p0}}{L_n}\right) \tag{5.36}$$

順方向バイアスの場合,電荷中性領域では,注入された少数キャリアと等しい密度分布の多数キャリアが両側から供給され(網かけ部),電荷中性条件が成り立つ.この部分は,注入された少数キャリアと定常的に再結合するので,多数キャリアの電流密度が減少し,少数キャリアの電流密度と相殺され,全電流密度 J は位置 x によらず一定となる.逆方向バイアスの場合,電荷中性条件が成り立つように多数キャリア密度が減少し(網かけ部),多数キャリアの電流密度が増加するので,少数キャリアの電流密度と相殺される.電圧印加により生じた多数キャリア密度の増減(網かけ部)は,低注入時には多数キャリア密度に比べれば十分小さいので,図 5.8,図 5.10 のような片対数グラフでは,$p_{p0} \fallingdotseq N_A$,$n_{n0} \fallingdotseq N_D$ となる.

pn 接合に電極をつけた構造のデバイスを,**ダイオード** (diode) という.ダイオードの電流(電流密度) - 電圧特性は,式 (5.36) で与えられ,**図 5.13** のようになる.順方向バイアスの場合,$qV \gg kT$ のとき,$\exp(qV/kT) \gg 1$ であるから,次式が成り立つ.

$$J = J_s\left\{\exp\left(\frac{qV}{kT}\right) - 1\right\} \fallingdotseq J_s \exp\left(\frac{qV}{kT}\right) \tag{5.37}$$

逆方向バイアスの場合,$q|V| \gg kT$ のとき,$\exp(qV/kT) \ll 1$ であるから,次式が成り立つ.

$$J = J_s\left\{\exp\left(\frac{qV}{kT}\right) - 1\right\} \fallingdotseq -J_s \tag{5.38}$$

J_s は一般に非常に小さな値となり,**飽和電流密度** (saturation current density) とよばれる.このように,ダイオードは逆方向にはほとんど電流が流れず,順方向には電流

(a) 構造 (b) 電流(電流密度) - 電圧特性

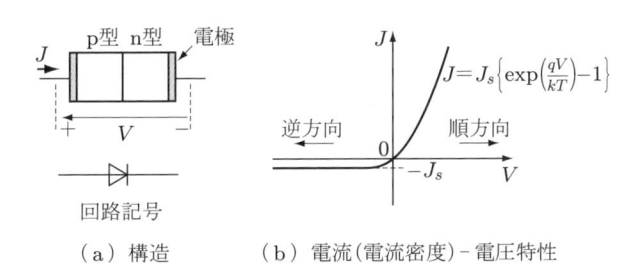

図 5.13 ダイオード

が流れやすい特性をもつ．この特性を，**整流特性** (rectifying characteristic) という．整流特性をもつことにより，ダイオードは整流器をはじめとして，電気・電子回路に多用されている．

式 (5.36) では，空乏層内の発生，再結合電流を無視し，$J_p(x)$, $J_n(x)$ がそれぞれ一定値 $J_p(0)$, $J_n(0)$ をとるとしたが，実際は，キャリアの発生，再結合による電流密度が生じる．順方向バイアスの場合には再結合電流，逆方向バイアスの場合には発生電流が大きくなり，再結合電流密度 J_{rec} は，以下の電圧 V 依存性を示す．

$$J_{rec} \propto \exp\left(\frac{qV}{2kT}\right) \tag{5.39}$$

しかし，本書では，簡単のため式 (5.36) が成り立つものとする．

例題5.4 真性シリコンに，$10^{14}\,[\mathrm{cm}^{-3}]$ のリン (n型), $10^{16}\,[\mathrm{cm}^{-3}]$ のホウ素 (p型) をドープして，pn接合を形成した．室温 ($300\,[\mathrm{K}]$) において，ドーパントがすべてイオン化しているとして飽和電流密度 J_s を求めよ．ただし，真性キャリア密度 $n_i = 1.45 \times 10^{10}\,[\mathrm{cm}^{-3}]$, 少数キャリアの拡散係数と再結合寿命は，それぞれ $D_n = 39$, $D_p = 11.7\,[\mathrm{cm}^2/\mathrm{s}]$, $\tau_n = 10^{-6}$, $\tau_p = 10^{-5}\,[\mathrm{s}]$ とする．

....

解答 $p_{n0} = n_i^2/N_D$, $L_p = (D_p\tau_p)^{1/2}$ などを用いて式 (5.36) の J_s を変形する．

$$\begin{aligned}
J_s &= q\left(\frac{D_p p_{n0}}{L_p} + \frac{D_n n_{p0}}{L_n}\right) = qn_i^2\left(\frac{1}{N_D}\sqrt{\frac{D_p}{\tau_p}} + \frac{1}{N_A}\sqrt{\frac{D_n}{\tau_n}}\right) \\
&= 1.6 \times 10^{-19} \times 1.45^2 \times 10^{20} \times \left(\frac{1}{10^{14}}\sqrt{\frac{11.7}{10^{-5}}} + \frac{1}{10^{16}}\sqrt{\frac{39}{10^{-6}}}\right) \\
&\fallingdotseq 3.85 \times 10^{-10}\,[\mathrm{A/cm}^2]
\end{aligned}$$

5.5 降　伏

ダイオードに印加する逆バイアス電圧を大きくしていくと，図5.14のように，ある電圧で急激に大電流が流れ，電圧を戻すと，式 (5.38) で与えられる通常の逆方向特性に戻る．この現象を**降伏** (breakdown) といい，大電流が流れる電圧を，**降伏電圧** V_B (breakdown voltage) という．降伏には，**アバランシェ降伏** (**電子雪崩降伏**；avalanche breakdown) と，**ツェナー降伏** (Zener breakdown) がある．

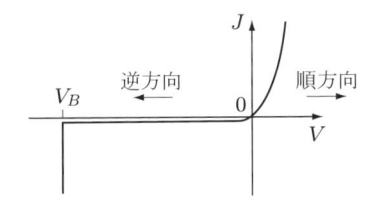

図 5.14　ダイオードの降伏特性と降伏電圧 V_B

5.5.1 アバランシェ降伏

図 5.15 のように，ダイオードに印加する逆バイアス電圧を大きくしていくと，空乏層内のキャリア，たとえば電子は，高電界により加速され，高速でドリフトし運動エネルギーが増大する．運動エネルギー増加が禁制帯幅 E_G 程度になると，キャリアが半導体結晶の格子原子と衝突（①）した際に，新たな電子・正孔対を発生させる．この電子・正孔対が高電界により加速され，格子原子と衝突（②）した際に，また新たな電子・正孔対を発生させ，結局，電子・正孔対が**雪崩的に増加**し，逆方向電流が急激に増加する．

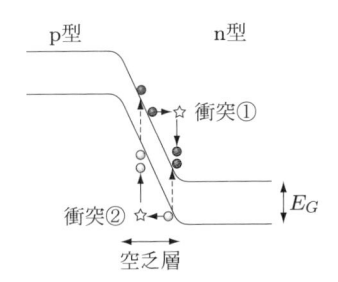

図 5.15　アバランシェ降伏のメカニズム

降伏が起きるのは，最大電界 E_max が 10^5 [V/cm] 程度以上のときである．接合面形状が単純な平面の場合，図 5.6(b) より，空乏層内で電界（の絶対値）が最大になるのは接合面（$x=0$）であるから，最大電界 E_max と印加電圧の関係は，式 (5.9), (5.15) より以下のようになる．

$$E_\mathrm{max} = \frac{qN_A}{\varepsilon_s}x_p = \frac{qN_A}{\varepsilon_s}\sqrt{\frac{2\varepsilon_s N_D(V_D-V)}{qN_A(N_A+N_D)}} = \sqrt{\frac{2qN_A N_D(V_D-V)}{\varepsilon_s(N_A+N_D)}} \tag{5.40}$$

$$V_D - V = \frac{\varepsilon_s(N_A+N_D)}{2qN_A N_D}E_\mathrm{max}{}^2 \fallingdotseq \frac{\varepsilon_s E_\mathrm{max}{}^2}{2qN_D} \quad (N_A \gg N_D) \tag{5.41}$$

すなわち，降伏電圧は，最大電界と少ない方のドナー密度で決まる．

温度が上昇すると，キャリアの自由行程が短くなり，電子・正孔対を発生させるのに必要な運動エネルギーを得るにはより大きな最大電界が必要となり，降伏電圧（の絶対値）は増加する．したがって，アバランシェ降伏の場合の降伏電圧の温度係数は正である．

例題 5.5 真性シリコンに，$10^{15}\,[\mathrm{cm^{-3}}]$ のリン（n 型），$10^{17}\,[\mathrm{cm^{-3}}]$ のホウ素（p 型）をドープして，pn 接合を形成した．室温（300 [K]）において，ドーパントがすべてイオン化しているとして降伏電圧 V_B を求めよ．ただし，真性キャリア密度 $n_i = 1.45 \times 10^{10}\,[\mathrm{cm^{-3}}]$，最大電界 $E_{\max} = 10^5\,[\mathrm{V/cm}]$，誘電率 $\varepsilon_s = \varepsilon_r \varepsilon_0$，比誘電率 $\varepsilon_r = 11.9$，真空の誘電率 $\varepsilon_0 = 8.854 \times 10^{-14}\,[\mathrm{F/cm}]$ とする．

解答 式 (5.4), (5.41) より，以下のようになる．

$$V_D = 0.026\,\ln\left(\frac{10^{17} \times 10^{15}}{1.45^2 \times 10^{20}}\right) \fallingdotseq 0.026\,\ln(4.76 \times 10^{11}) \fallingdotseq 0.70\,[\mathrm{V}]$$

$$V_B = V \fallingdotseq V_D - \frac{\varepsilon_s E_{\max}^2}{2qN_D} = 0.70 - \frac{11.9 \times 8.854 \times 10^{-14} \times 10^{10}}{2 \times 1.6 \times 10^{-19} \times 10^{15}} \fallingdotseq 0.70 - 32.9$$

$$\fallingdotseq -32.2\,[\mathrm{V}]$$

5.5.2 ツェナー降伏

図 5.16 のように，ダイオードに印加する逆バイアス電圧を大きくしていくと，ある電圧で p 型価電子帯の共有結合に組み込まれている電子が，**トンネル効果**により n 型伝導帯の状態密度の空席に移り，逆方向電流が急激に増加する．この現象を，発見者にちなみツェナー降伏という．トンネル効果は量子力学的現象であり，トンネル効果が起きる確率は，障壁幅 (Δd) が狭いほど，障壁高さ (E_G) が低いほど大きくなる．

図 5.16 に相似三角形の関係を用いると，以下の関係が成り立つ（演習問題 5.1 参照）．

$$\frac{E_G}{\Delta d} = \frac{(E_{Vp} - E_{Cn}) + E_G}{x_d} = \frac{(E_{Fp} - \Delta E_p) + E_G - (E_{Fn} + \Delta E_n)}{x_d}$$

$$= \frac{E_{Fp} - E_{Fn} + E_G - \Delta E_p - \Delta E_n}{x_d} = \frac{q|V| + qV_D}{x_d} \tag{5.42}$$

$$\Delta d = \frac{E_G x_d}{q|V| + qV_D} \tag{5.43}$$

ただし，$\Delta E_p \equiv E_{Fp} - E_{Vp}$，$\Delta E_n \equiv E_{Cn} - E_{Fn}$ である．高密度ドーピングのダイ

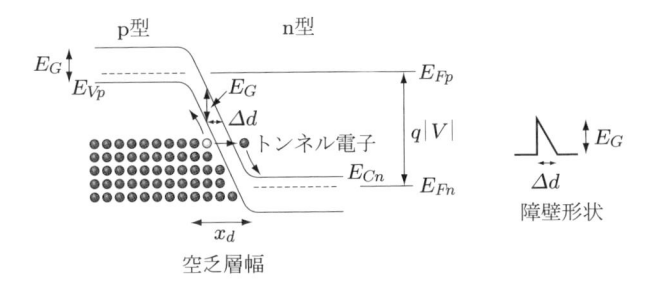

図 5.16 ツェナー降伏のメカニズム

オードほど空乏層幅 x_d が狭くなるので，式 (5.43) より，一般に，E_G が小さく，高密度ドーピングのダイオードほどツェナー降伏電圧（の絶対値）が小さくなることがわかる．数 V 程度でツェナー降伏するものが，定電圧ダイオードとして用いられている．

温度上昇により E_G は減少するので，降伏電圧（の絶対値）も減少し，ツェナー降伏電圧の温度係数は負となる．

例題 5.6 真性シリコンに，$10^{17}\,[\mathrm{cm}^{-3}]$ のリン（n 型），$10^{17}\,[\mathrm{cm}^{-3}]$ のホウ素（p 型）をドープして，pn 接合を形成した．室温 (300 [K]) において，ドーパントがすべてイオン化しているとして $-10\,[\mathrm{V}]$ 印加時の障壁幅 Δd を求めよ．ただし，真性キャリア密度 $n_i = 1.45 \times 10^{10}\,[\mathrm{cm}^{-3}]$，誘電率 $\varepsilon_s = \varepsilon_r \varepsilon_0$，比誘電率 $\varepsilon_r = 11.9$，真空の誘電率 $\varepsilon_0 = 8.854 \times 10^{-14}\,[\mathrm{F/cm}]$ とする．

解答 式 (5.4), (5.17), (5.43) より，以下のようになる．

$$V_D = 0.026\, \ln\left(\frac{10^{17} \times 10^{17}}{1.45^2 \times 10^{20}}\right) \fallingdotseq 0.026\, \ln(4.76 \times 10^{13}) \fallingdotseq 0.82\,[\mathrm{V}]$$

$$x_d = \sqrt{\frac{2 \times 11.9 \times 8.854 \times 10^{-14} \times (10^{17} + 10^{17}) \times 10.82}{1.6 \times 10^{-19} \times 10^{17} \times 10^{17}}} \fallingdotseq \sqrt{2850 \times 10^{-12}}$$
$$\fallingdotseq 5.34 \times 10^{-5}\,[\mathrm{cm}]$$

$$\Delta d = \frac{1.12 \times 5.34 \times 10^{-5}}{10.82} \fallingdotseq 5.53 \times 10^{-6}\,[\mathrm{cm}] = 553\,[\mathrm{Å}]$$

演習問題

5.1 図 5.2(a) のエネルギー準位の表示法を用いるとき，$\Delta E_p \equiv E_{Fp} - E_{Vp}$，$\Delta E_n \equiv E_{Cn} - E_{Fn}$ とすると，$qV_D = E_G - \Delta E_p - \Delta E_n$ となることを示せ．ただし，V_D は拡散電位，E_G は禁制帯幅である．

5.2 式 (3.25), (3.37) を用いて，拡散電位を与える式 (5.4) が成り立つことを示せ．

5.3 平衡状態では，pn 接合を流れる電子および正孔の電流密度がゼロとなることより，フェルミ準位が一本の直線となる（水平になる）ことを示せ．

5.4 アクセプタ密度 N_A，ドナー密度 N_D の階段形 pn 接合の拡散電位を V_D [V] とするとき，次の各問に答えよ．

(1) pn 接合に電圧 V [V] を印加するとき，p 型側空乏層と n 型側空乏層にかかる電圧を求めよ．ただし，n 型に対して p 型に正の電圧が印加される場合は $V > 0$，逆の場合は $V < 0$ とする．

(2) $N_A \gg N_D$ のとき，上記 (1) のそれぞれの電圧の漸近値を求めよ．

5.5 シリコン pn 接合の全容量 C [F] の印加電圧 V [V] 依存性を測定し，C^{-2} と V の関係をプロットしたところ，図 5.17 のようになった．次の各問に答えよ．

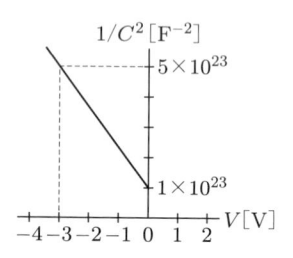

図 5.17 C^{-2} の V 依存性

(1) V_D [V]，N_D [cm^{-3}]，N_A [cm^{-3}] を求めよ．ただし，$N_D = 10 \times N_A$，接合面積は 10^{-4} [cm^2] とする．

(2) 印加電圧 0 [V] のときの空乏層幅 x_d [μm] を求めよ．

5.6 電流‐電圧 (I-V) 特性が

$$I = I_s \left\{ \exp\left(\frac{qV}{kT}\right) - 1 \right\} \quad (I_s \text{ は飽和電流})$$

のダイオードに，直列に図 5.18 のように電源 V_0 [V] と抵抗 R [Ω] を接続するとき，流れる電流を求めよ．

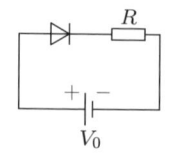

図 5.18 直列回路

6章 バイポーラトランジスタ

バイポーラトランジスタは，二つのp型（またはn型）半導体の間に薄いn型（またはp型）半導体層を挟んだものであり，pnp型，またはnpn型とよぶ．共に二つのpn接合をもつ3端子デバイスであり，中央の層を**ベース**，左側の層を**エミッタ**，右側の層を**コレクタ**という．

ベース幅は，ベース領域の少数キャリア拡散長に比べて十分狭く（薄く）してあり，エミッタ–ベース間は順方向に，コレクタ–ベース間は逆方向にバイアスする．ベース幅が狭いため，エミッタからベースに注入された少数キャリアのほとんどが，ドリフトによりコレクタに流入する．このため，コレクタ電流はほぼエミッタ電流に等しく，ベース電流はコレクタ電流に比べて大幅に小さくなる（1/100程度）．この特性を利用して，たとえば，エミッタ端子を入出力共通にして，ベースを入力端子，コレクタを出力端子にすれば，入力電流・電圧を**増幅**することができる．

バイポーラトランジスタは，接合トランジスタ，または単に**トランジスタ**とよばれることが多い．トランジスタを用いて，増幅のほかに電気信号のさまざまな処理（発振，変調，演算など）を行うことができる．本章では，トランジスタの動作特性と増幅の考え方について学ぼう．

6.1 トランジスタの分類

二つの電極間に流れる電流の値を，第3の電極で制御する構造の半導体3端子デバイスのうち，増幅・発振・スイッチングなどに用いられるものを，**トランジスタ** (transistor) という．現在用いられているトランジスタをおおまかに分類すると，図6.1に示すように，多数キャリアと少数キャリアで動作する**バイポーラ（両極性）トランジスタ** (bipolar transistor) と，多数キャリアのみを用いる**ユニポーラ（単極性）トランジスタ** (unipolar transistor) に分かれる．ユニポーラトランジスタは，**電界効果トランジスタ**ともよばれている．本章では，バイポーラトランジスタを対象とし，ユニポーラトランジスタについては8章で述べる．

バイポーラトランジスタには，**接合型**と**点接触型**があり，それぞれ**エミッタ** (emitter)，**ベース** (base)，**コレクタ** (collector) の3領域からなる．エミッタからベースに注入された少数キャリアの一部がベースで多数キャリアと再結合して消滅し，残りが

6 章　バイポーラトランジスタ

```
トランジスタ ─┬─ バイポーラTr ─┬─ 接合型
   (Tr)     │              └─ 点接触型
            └─ ユニポーラTr（電界効果Tr）
```

(a) 接合型バイポーラTr　　　（b) 点接触型バイポーラTr

図 6.1　トランジスタの分類

コレクタに流入するため，ベース領域（電極）が制御電極となる．バイポーラトランジスタの研究は点接触型でスタートしたが，接合型に比べて動作が不安定であり，量産性もないことから，実用化されていない．現在では，バイポーラトランジスタといえば接合型を指すと考えてよい．したがって，以下では接合型バイポーラトランジスタを対象とする．

6.2　接合型トランジスタの構成

図 6.1(a) で模式的に示した接合型バイポーラトランジスタは，pnp の 3 領域からなるが，この構造を **pnp 型**という．その実際構造の断面図の例を，**図 6.2** に示す．p 型基板上に p 型（コレクタ）の結晶成長を行い，その後 n 型（ベース），p 型（エミッタ）の拡散を行う．エミッタとベース電極は絶縁膜（SiO_2）により絶縁されている．基板とエミッタは p^+ と表示されているが，これは p 型のドーパント密度が大きいことを示す．図 6.1(a) の模式図は，図 6.2 の縦の破線部分に相当する．図 6.2 の各半導体層の導電型を逆転し，n 型基板上に n 型（コレクタ）の結晶成長を行い，その後 p 型（ベース），n 型（エミッタ）の拡散を行う構造もある．これを **npn 型**という．エミッタとベース間の pn 接合（または np 接合）を，**エミッタ接合**，コレクタとベース間の pn 接合（または np 接合）を，**コレクタ接合**という．pnp 型と npn 型は，正孔と伝導

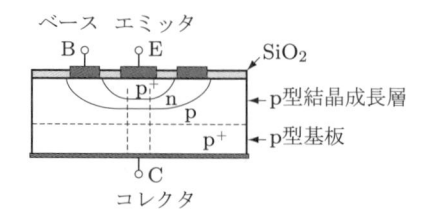

図 6.2　pnp 型の実際構造の断面図

電子の役割が入れ替わるだけで動作原理は同じであるが，正孔に比べて伝導電子の方が移動度が大きいので，伝導電子が主役を演じる npn 型の方が高速動作に適する．

pnp 型，npn 型ともに，以下の条件を満たすように作製される．

(a) ベース領域幅 W_B を，ベース領域の少数キャリア拡散長に比べて十分小さくする．

pnp 型では $W_B \ll L_{pB}$（ベース領域の正孔拡散長），

npn 型では $W_B \ll L_{nB}$（ベース領域の伝導電子拡散長）である．

(b) ドーピングレベルは，エミッタ，ベース，コレクタの順とする．

pnp 型では $N_{AE} \gg N_{DB} \gg N_{AC}$，

npn 型では $N_{DE} \gg N_{AB} \gg N_{DC}$ である．

ただし，N_{AE} はエミッタのアクセプタ密度を表し，ほかも同様である．また，

(c) 通常の動作（増幅，発振など）では，エミッタ接合は順方向，コレクタ接合は逆方向にバイアス電圧を印加する．

以上を回路記号と共にまとめると，**表 6.1** のようになる．

表 6.1 pnp 型，npn 型トランジスタの構成

	pnp型	npn型
構造	E─[p|n|p]─C エミッタ　　コレクタ B─ベース $N_{AE} \gg N_{DB} \gg N_{AC}$ $W_B \ll L_{pB}$	E─[n|p|n]─C エミッタ　　コレクタ B─ベース $N_{DE} \gg N_{AB} \gg N_{DC}$ $W_B \ll L_{nB}$
回路記号	E─┤◁─C B	E─┤▷─C B
バイアス法	E─┤├─┤├─C V_{EB}　B　V_{CB}	E─┤├─┤├─C V_{EB}　B　V_{CB}

6.3 増幅動作の概要

pnp 型と npn 型トランジスタの動作原理は同じであるが，本章では，pnp 型を用いて増幅動作を説明する．

増幅回路は，入力 2 端子，出力 2 端子の 4 端子回路であり，トランジスタの 3 端子のうち，いずれか 1 端子を入力と出力に共用する．どの端子を共用するかにより，**ベース接地** (common base)，**エミッタ接地** (common emitter)，**コレクタ接地** (common collector)があり，図 6.3 のような回路構成となる．いずれも，エミッタ接合は順方向，コレクタ接合は逆方向バイアスとする．I_E と矢印は，バイアス印加時に流れるエミッタ電流とその向きであり，ほかも同様である．V_{EB} は，ベースを基準とするエミッタ電圧（電位）であり，ほかも同様である．表 6.1 のバイアス法は，ベース接地の例である．慣例として，左側が入力，右側が出力となるが，図 6.3 では，入力信号，出力（負荷抵抗）とも接続していない．いずれの接地方式でも，トランジスタの動作はほぼ同じであるので，本章では，増幅動作を理解するうえで基本となるベース接地を用いる．

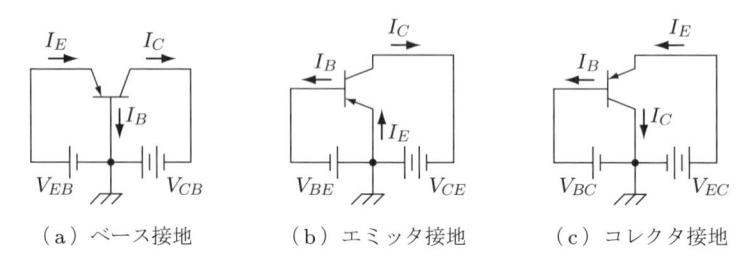

（a）ベース接地　　　（b）エミッタ接地　　　（c）コレクタ接地

図 6.3　トランジスタの接地回路（pnp 型）

図 6.4 に，pnp 型トランジスタにバイアスを印加したときのエネルギー帯構造（図 (a)）とキャリアの流れ（図 (b)）を示す．図 (a) でエミッタ–ベース間は順方向バイアス（$V_{EB} > 0$）であるから，エミッタからベースには正孔が，ベースからエミッタには伝導電子が大量に注入される．空乏層内ではキャリアの発生，再結合はないものとすると，これらはそれぞれ，図 (b) の①，②に対応する．ベースからエミッタに注入された伝導電子流②は，エミッタ中を拡散しながら再結合し，伝導電子の拡散長程度の距離でほぼ消滅する．エミッタからベースに注入された正孔流①は，$W_B \ll L_{pB}$ であるため，ごく一部が再結合するだけでほとんどがコレクタ接合に達する．この成分が，図 (b) の③に対応する．このため，pnp 型の左側の p 型をエミッタ（放出するもの），右側の p 型をコレクタ（集めるもの）とよぶ．中央のベースは，動作の基本となる領域という意味である．コレクタ–ベース間は，逆方向バイアス（$V_{CB} < 0$）であるから，コレクタ接合に達した正孔は，ドリフトによりコレクタに流入する．このとき，$|V_{CB}|$ が大きいと，正孔流が雪崩増幅などにより増倍されることがあり，この成分が，図 (b) の③′に対応する．また，正孔流③にかかわらず，コレクタ接合の逆方向バイアスにより，コレクタの少数キャリア（伝導電子）はベースに，ベースの少数キャリア（正孔）はコレクタに掃き出される．この成分は，pn 接合の逆方向飽和電流であり，図 (b) の④に対応する．

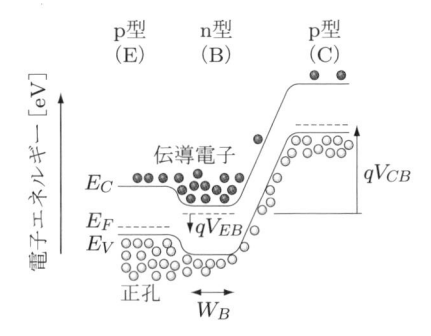

(a) エネルギー帯構造(pnp型)

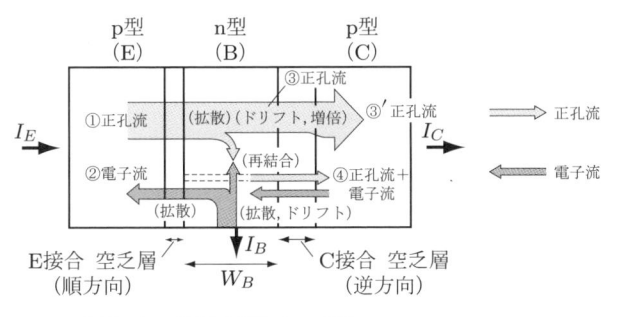

(b) キャリアの流れ(pnp型)

図 6.4　バイアス印加時のエネルギー帯構造とキャリアの流れ

5.4.3 項で述べたように，接合を流れる全電流は少数キャリアの流れで決まるから，①，②に対応する電流を，それぞれ I_{pE}, I_{nE} と表すと，エミッタ電流 I_E は，

$$I_E = I_{pE} + I_{nE} \tag{6.1}$$

で与えられる．③′, ④に対応する電流を，それぞれ I'_{pC}, I_{CBO} と表すと，コレクタ電流 I_C は

$$I_C = I'_{pC} + I_{CBO} \tag{6.2}$$

で与えられる．I_{CBO} は，I_E の大きさに関係なくコレクタ－ベース間を流れる逆方向飽和電流であり，**コレクタ遮断電流** (collector cut off current) とよばれる．I_{CBO} は，通常は非常に小さく（〜1 [μA]），I'_{pC} に比べて無視できることが多い．ベース電流 I_B は，正孔流①との再結合による伝導電子の減少，エミッタへの流出（②）などによるベース領域の伝導電子の減少などを補填するが，キルヒホッフの電流則より，

$$I_E = I_C + I_B \tag{6.3}$$

を満たす．ここで，α を

$$\alpha \equiv \frac{I'_{pC}}{I_E} = \frac{I'_{pC}}{I_{pE} + I_{nE}} \tag{6.4}$$

により定義し，これを**ベース接地電流増幅率** (common base current gain) という．α は通常 1 より小さい値となる．式 (6.2), (6.4) より，コレクタ電流 I_C は，次のように表せる．

$$I_C = \alpha I_E + I_{CBO} \fallingdotseq \alpha I_E \tag{6.5}$$

表 6.1 より，$N_{AE} \gg N_{DB}$ であるから，$I_{pE} \gg I_{nE}$ となり (6.4 節参照)，$W_B \ll L_{pB}$ より，エミッタからベースに注入された正孔流①はほとんど再結合しないでコレクタに流入するため，$I_{pE} \fallingdotseq I_{pC}$（③の電流）$\fallingdotseq I'_{pC}$（増倍がない場合）となる．したがって，式 (6.4), (6.5) より，次式が成り立つ．

$$\alpha \fallingdotseq \frac{I'_{pC}}{I_{pE}} \fallingdotseq \frac{I_{pE}}{I_{pE}} = 1 \tag{6.6}$$

$$I_C \fallingdotseq I_E \tag{6.7}$$

すなわち，α は（1 よりわずかに小さいものの）ほとんど 1 に等しく，ベース接地では電流は増幅されない．一方，V_{EB} は拡散電位より小さな電圧であり，$|V_{CB}|$ は一般に，数 V 以上に設定されるので，入力パワー $I_E V_{EB}$ は，コレクタ側で $I_C (V_{D(C)} + |V_{CB}|)$ 程度に増幅される．$V_{D(C)}$ はコレクタ接合の拡散電位である．したがって，

$$\frac{I_C(V_{D(C)} + |V_{CB}|)}{I_E V_{EB}} \fallingdotseq \frac{V_{D(C)} + |V_{CB}|}{V_{EB}} \gg 1 \tag{6.8}$$

となる．増幅されたパワーはコレクタで消費されて熱になるが，コレクタに負荷（抵抗）を接続すればパワーを取り出すことができる (6.8 節参照)．コレクタ接合は逆バイアスされているため，出力インピーダンスが大きく ($\sim$[MΩ])，負荷抵抗も大きくすることができる．

式 (6.3), (6.5) より，I_E を消去すると次式を得る．

$$I_C = \frac{\alpha}{1-\alpha} I_B + \frac{1}{1-\alpha} I_{CBO} \fallingdotseq \frac{\alpha}{1-\alpha} I_B \equiv \beta I_B \quad \left(\beta \equiv \frac{\alpha}{1-\alpha}\right) \tag{6.9}$$

式 (6.9) は，エミッタ接地における入力電流 I_B と出力電流 I_C の関係を与え，β を**エミッタ接地電流増幅率** (common emitter current gain) という．α は 1 よりわずかに小さい値をもつから，β は一般に大きな値（100 程度の値）となる．すなわち，エミッ

タ接地では大きな電流増幅率が得られる．式 (6.3), (6.5) より，I_C を消去すると次式を得る．

$$I_E = \frac{1}{1-\alpha}I_B + \frac{1}{1-\alpha}I_{CBO} \fallingdotseq \frac{1}{1-\alpha}I_B \tag{6.10}$$

式 (6.10) は，コレクタ接地における入力電流 I_B と出力電流 I_E の関係を与える．$1/(1-\alpha)$ が電流増幅率であり，コレクタ接地でもエミッタ接地と同様に，大きな電流増幅率が得られる．

例題 6.1
(1) ベース接地電流増幅率 $\alpha = 0.99$ のとき，エミッタ接地電流増幅率 β を求めよ．
(2) $\beta = 150$ のとき α を求めよ．

解答 (1) $\beta = \dfrac{0.99}{1-0.99} = 99$

(2) $\alpha = \dfrac{\beta}{1+\beta} = \dfrac{150}{151} \fallingdotseq 0.9934$

6.4 ベース接地電流増幅率

前節の図 6.4 のキャリアの流れと電流（電流密度）を定量的に求め，それに基づいてベース接地電流増幅率 α を求める．pnp トランジスタの少数キャリアに対する境界条件を，図 6.5 に示す．エミッタ，ベース，コレクタの各領域における平衡状態の少数キャリア密度を，それぞれ $n_{p0E}, p_{n0B}, n_{p0C}$ とする．エミッタ接合は順方向バイアス

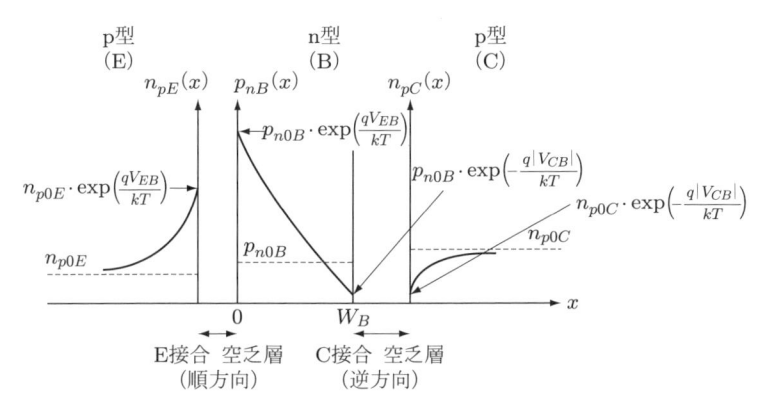

図 6.5　pnp トランジスタの少数キャリアに対する境界条件

($V_{EB} > 0$) であるから，式 (5.26), (5.27) より，エミッタ接合の空乏層境界における伝導電子密度，正孔密度は，それぞれ $n_{p0E} \cdot \exp(qV_{EB}/kT)$, $p_{n0B} \cdot \exp(qV_{EB}/kT)$ となる．コレクタ接合は逆方向バイアス ($V_{CB} < 0$) であるから，コレクタ接合の空乏層境界における正孔密度，伝導電子密度は，それぞれ $p_{n0B} \cdot \exp(-q|V_{CB}|/kT)$, $n_{p0C} \cdot \exp(-q|V_{CB}|/kT)$ となる．エミッタ幅およびコレクタ幅は，少数キャリアの拡散長より十分大きいものとし，エミッタ内の伝導電子密度は n_{p0E} に，コレクタ内の伝導電子密度は n_{p0C} に漸近するものとする．

例題 6.2 シリコン pnp トランジスタにおいて，$N_{AE} = 10^{17} \,[\mathrm{cm}^{-3}]$, $N_{DB} = 10^{15} \,[\mathrm{cm}^{-3}]$, $N_{AC} = 10^{14} \,[\mathrm{cm}^{-3}]$ とし，室温において，ドーパントはすべてイオン化しているとする．$V_{EB} = 0.3 \,[\mathrm{V}]$, $V_{CB} = -1 \,[\mathrm{V}]$ のとき，次の各値を求めよ．ただし，$n_i = 1.45 \times 10^{10} \,[\mathrm{cm}^{-3}]$ とする．

(1) $n_{p0E} \cdot \exp(qV_{EB}/kT)$ (2) $p_{n0B} \cdot \exp(qV_{EB}/kT)$
(3) $p_{n0B} \cdot \exp(-q|V_{CB}|/kT)$ (4) $n_{p0C} \cdot \exp(-q|V_{CB}|/kT)$

解答 (1) $n_{p0E} \cdot \exp\left(\dfrac{qV_{EB}}{kT}\right) = \dfrac{n_i^2}{N_{AE}} \cdot \exp\left(\dfrac{qV_{EB}}{kT}\right) = \dfrac{1.45^2 \times 10^{20}}{10^{17}} \cdot \exp\left(\dfrac{0.3}{0.026}\right)$
$\fallingdotseq 2.10 \times 10^3 \times 1.03 \times 10^5 \fallingdotseq 2.16 \times 10^8 \,[\mathrm{cm}^{-3}]$

(2) $p_{n0B} \cdot \exp\left(\dfrac{qV_{EB}}{kT}\right) = \dfrac{n_i^2}{N_{DB}} \cdot \exp\left(\dfrac{qV_{EB}}{kT}\right) = \dfrac{1.45^2 \times 10^{20}}{10^{15}} \cdot \exp\left(\dfrac{0.3}{0.026}\right)$
$\fallingdotseq 2.10 \times 10^5 \times 1.03 \times 10^5 \fallingdotseq 2.16 \times 10^{10} \,[\mathrm{cm}^{-3}]$

(3) $p_{n0B} \cdot \exp\left(-\dfrac{q|V_{CB}|}{kT}\right) = \dfrac{n_i^2}{N_{DB}} \cdot \exp\left(-\dfrac{q|V_{CB}|}{kT}\right) = \dfrac{1.45^2 \times 10^{20}}{10^{15}} \cdot \exp\left(-\dfrac{1.0}{0.026}\right)$
$\fallingdotseq 2.10 \times 10^5 \times 1.98 \times 10^{-17} \fallingdotseq 4.16 \times 10^{-12} \,[\mathrm{cm}^{-3}]$

(4) $n_{p0C} \cdot \exp\left(-\dfrac{q|V_{CB}|}{kT}\right) = \dfrac{n_i^2}{N_{AC}} \cdot \exp\left(-\dfrac{q|V_{CB}|}{kT}\right) = \dfrac{1.45^2 \times 10^{20}}{10^{14}} \cdot \exp\left(-\dfrac{1.0}{0.026}\right)$
$\fallingdotseq 2.10 \times 10^6 \times 1.98 \times 10^{-17} \fallingdotseq 4.16 \times 10^{-11} \,[\mathrm{cm}^{-3}]$

(1) ベース領域の正孔密度と正孔電流密度

ベース領域の正孔密度 $p_{nB}(x)$ は，例題 4.9 と同様に，拡散方程式より，A, B を定数として次式で与えられる．

$$p_{nB}(x) - p_{n0B} = A \exp\left(\frac{x}{L_{pB}}\right) + B \exp\left(-\frac{x}{L_{pB}}\right) \tag{6.11}$$

図 6.5 より，$p_{nB}(0) = p_{n0B} \cdot \exp(qV_{EB}/kT)$, $p_{nB}(W_B) = p_{n0B} \cdot \exp(-q|V_{CB}|/kT)$

であるが，コレクタ接合の逆方向バイアス ($V_{CB} < 0$) を単に V_{CB} で表すと，次式が成り立つ．

$$p_{n0B}\left\{\exp\left(\frac{qV_{EB}}{kT}\right) - 1\right\} = A + B \tag{6.12}$$

$$p_{n0B}\left\{\exp\left(\frac{qV_{CB}}{kT}\right) - 1\right\} = A\exp\left(\frac{W_B}{L_{pB}}\right) + B\exp\left(-\frac{W_B}{L_{pB}}\right) \tag{6.13}$$

式 (6.12), (6.13) より，A, B を求めて式 (6.11) に代入し，整理すると次式となる（演習問題 6.1 参照．また，双曲線関数 ($\sinh x, \cosh x$ など）とその近似関数については，付録 A.8 参照）．

$$p_{nB}(x) - p_{n0B} = \frac{p_{n0B}}{\sinh(W_B/L_{pB})}\left[\left\{\exp\left(\frac{qV_{EB}}{kT}\right) - 1\right\}\sinh\left(\frac{W_B - x}{L_{pB}}\right)\right.$$
$$\left. + \left\{\exp\left(\frac{qV_{CB}}{kT}\right) - 1\right\}\sinh\left(\frac{x}{L_{pB}}\right)\right] \tag{6.14}$$

$W_B \ll L_{pB}$ として，$\exp(-q|V_{CB}|/kT) \ll 1$ のとき，$\exp(-q|V_{CB}|/kT) \fallingdotseq 0$ と近似すると，式 (6.14) は以下のように近似できる（演習問題 6.2 参照）．

$$p_{nB}(x) \fallingdotseq \frac{p_{n0B}}{\sinh(W_B/L_{pB})} \cdot \exp\left(\frac{qV_{EB}}{kT}\right) \cdot \sinh\left(\frac{W_B - x}{L_{pB}}\right) \tag{6.15}$$

$p_{nB}(0) \fallingdotseq p_{n0B} \cdot \exp(qV_{EB}/kT)$, $p_{nB}(W_B) \fallingdotseq 0$ となるから，式 (6.15) は境界条件を満たす．図 6.6 は，W_B/L_{pB} をパラメータとして，$p_{n0B} \cdot \exp(qV_{EB}/kT)$ で規格化した式 (6.15) の x/W_B ($0 \leqq x/W_B \leqq 1$) 依存性である．W_B/L_{pB} が小さくなるほど直線に近づくことがわかる．これは，W_B が狭くなるほど正孔と伝導電子の再結合が

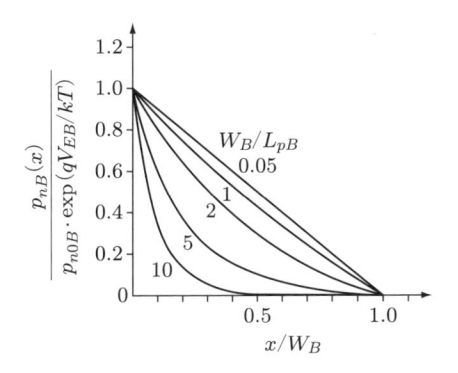

図 6.6 $p_{nB}(x)/\{p_{n0B} \cdot \exp(qV_{EB}/kT)\}$ の x/W_B 依存性 ($0 \leqq x/W_B \leqq 1$)

減少し，正孔はほとんどコレクタに流入することを意味する．

エミッタ接合の空乏層境界における正孔電流密度は，式 (6.14) より次式で与えられる．

$$
\begin{aligned}
J_{pE} &\equiv -qD_{pB}\frac{\partial p_{nB}(x)}{\partial x}\bigg|_{x=0} \\
&= \frac{qD_{pB}p_{n0B}}{L_{pB}\tanh(W_B/L_{pB})}\left[\left\{\exp\left(\frac{qV_{EB}}{kT}\right)-1\right\}\right. \\
&\quad \left. -\left\{\exp\left(\frac{qV_{CB}}{kT}\right)-1\right\}\frac{1}{\cosh(W_B/L_{pB})}\right] \\
&= J_{pE(S)}\left\{\exp\left(\frac{qV_{EB}}{kT}\right)-1\right\} - \zeta J_{pC(S)}\left\{\exp\left(\frac{qV_{CB}}{kT}\right)-1\right\} \quad (6.16)
\end{aligned}
$$

ここで，$J_{pE(S)}, J_{pC(S)}, \zeta$ は，以下のように定義する．

$$
J_{pE(S)} = J_{pC(S)} \equiv \frac{qD_{pB}p_{n0B}}{L_{pB}\tanh(W_B/L_{pB})} \fallingdotseq \frac{qD_{pB}p_{n0B}}{W_B} \quad \left(\frac{W_B}{L_{pB}}\ll 1\right) \tag{6.17}
$$

$$
\zeta \equiv \frac{1}{\cosh(W_B/L_{pB})} \fallingdotseq 1 - \frac{1}{2}\left(\frac{W_B}{L_{pB}}\right)^2 \quad \left(\frac{W_B}{L_{pB}}\ll 1\right) \tag{6.18}
$$

$J_{pE(S)}, J_{pC(S)}$ はベース領域における少数キャリアの飽和電流密度である．式 (6.16) の第 1 項（$\{\exp(qV_{EB}/kT)-1\}$ の項）はエミッタ接合の正孔電流密度であり，図 6.4(b) の正孔流①に対応する．第 2 項（$\{\exp(qV_{CB}/kT)-1\}$ の項）はベース幅が狭いことによるコレクタ接合の正孔電流密度からの寄与分であり，図 6.4(b)④の正孔流の破線部分に対応する．ζ は寄与の度合いを表すパラメータで，**輸送効率** (base transport efficiency)，または**到達率** (transport factor) とよばれる．エミッタ接合は順方向バイアス ($V_{EB} > 0$)，コレクタ接合は逆方向バイアス ($V_{CB} < 0$) であり，実際は $\exp(qV_{EB}/kT) \gg 1$, $\exp(qV_{CB}/kT) \ll 1$ とみなせるので，式 (6.16) は次のように近似される．

$$
J_{pE} \fallingdotseq J_{pE(S)}\left\{\exp\left(\frac{qV_{EB}}{kT}\right)-1\right\} \tag{6.19}
$$

コレクタ接合の空乏層境界における正孔電流密度も，式 (6.14) より次式で与えられる．

$$
J_{pC} \equiv -qD_{pB}\frac{\partial p_{nB}(x)}{\partial x}\bigg|_{x=W_B}
$$

$$
\begin{aligned}
&= \frac{qD_{pB}p_{n0B}}{L_{pB}\tanh(W_B/L_{pB})}\left[\left\{\exp\left(\frac{qV_{EB}}{kT}\right)-1\right\}\frac{1}{\cosh(W_B/L_{pB})}\right.\\
&\qquad\qquad\qquad\qquad\left.-\left\{\exp\left(\frac{qV_{CB}}{kT}\right)-1\right\}\right]\\
&= \zeta J_{pE(S)}\left\{\exp\left(\frac{qV_{EB}}{kT}\right)-1\right\}-J_{pC(S)}\left\{\exp\left(\frac{qV_{CB}}{kT}\right)-1\right\} \quad (6.20)
\end{aligned}
$$

式 (6.20) の第1項は，式 (6.16) 第1項の ζ 倍であり，図 6.4(b) の正孔流③に対応する．第2項は図 6.4(b)④の正孔流に対応し，コレクタ遮断電流 I_{CBO} の正孔成分となる．この成分を第1項に比べて無視すると，式 (6.20) は次のように近似される．

$$
J_{pC}\fallingdotseq \zeta J_{pE(S)}\left\{\exp\left(\frac{qV_{EB}}{kT}\right)-1\right\} \tag{6.21}
$$

(2) コレクタ領域の伝導電子密度と伝導電子電流密度

コレクタ領域の伝導電子密度 $n_{pC}(x)$ は，コレクタ領域と空乏層境界を $x=0$ とすると，拡散方程式より，A, B を定数として，次式で与えられる．

$$
n_{pC}(x)-n_{p0C} = A\exp\left(\frac{x}{L_{nC}}\right)+B\exp\left(-\frac{x}{L_{nC}}\right) \tag{6.22}
$$

$n_{pC}(0)=n_{p0C}\cdot\exp(qV_{CB}/kT), n_{pC}(\infty)=n_{p0C}$ より，次式が成り立つ．

$$
n_{p0C}\left\{\exp\left(\frac{qV_{CB}}{kT}\right)-1\right\}=A+B, \qquad A=0 \tag{6.23}
$$

これらを式 (6.22) に代入すると，次式を得る．

$$
n_{pC}(x)-n_{p0C}=n_{p0C}\left\{\exp\left(\frac{qV_{CB}}{kT}\right)-1\right\}\exp\left(-\frac{x}{L_{nC}}\right) \tag{6.24}
$$

コレクタ接合の空乏層境界における伝導電子電流密度は，式 (6.24) より次式で与えられる．

$$
\begin{aligned}
J_{nC} &\equiv qD_{nC}\left.\frac{\partial n_{pC}(x)}{\partial x}\right|_{x=0}=-\frac{qD_{nC}n_{p0C}}{L_{nC}}\left\{\exp\left(\frac{qV_{CB}}{kT}\right)-1\right\}\\
&= -J_{nC(S)}\left\{\exp\left(\frac{qV_{CB}}{kT}\right)-1\right\} \tag{6.25}
\end{aligned}
$$

$$
J_{nC(S)}\equiv \frac{qD_{nC}n_{p0C}}{L_{nC}} \tag{6.26}
$$

式 (6.25) は，図 6.4(b)④の電子流に対応し，コレクタ遮断電流 I_{CBO} の電子成分となる．

(3) エミッタ領域の伝導電子密度と伝導電子電流密度

エミッタ領域の伝導電子密度 $n_{pE}(x)$ は，エミッタ領域と空乏層境界を $x=0$ とすると，拡散方程式より，A, B を定数として，次式で与えられる．

$$n_{pE}(x) - n_{p0E} = A\exp\left(\frac{x}{L_{nE}}\right) + B\exp\left(-\frac{x}{L_{nE}}\right) \quad (x \leqq 0) \quad (6.27)$$

$n_{pE}(0) = n_{p0E} \cdot \exp(qV_{EB}/kT)$, $n_{pE}(-\infty) = n_{p0E}$ より，次式が成り立つ．

$$n_{p0E}\left\{\exp\left(\frac{qV_{EB}}{kT}\right) - 1\right\} = A + B, \qquad B = 0 \quad (6.28)$$

これらを式 (6.27) に代入すると，次式を得る．

$$n_{pE}(x) - n_{p0E} = n_{p0E}\left\{\exp\left(\frac{qV_{EB}}{kT}\right) - 1\right\}\exp\left(\frac{x}{L_{nE}}\right) \quad (x \leqq 0) \quad (6.29)$$

エミッタ接合の空乏層境界における伝導電子電流密度は，式 (6.29) より次式で与えられる．

$$J_{nE} \equiv qD_{nE}\left.\frac{\partial n_{pE}(x)}{\partial x}\right|_{x=0} = \frac{qD_{nE}n_{p0E}}{L_{nE}}\left\{\exp\left(\frac{qV_{EB}}{kT}\right) - 1\right\}$$

$$= J_{nE(S)}\left\{\exp\left(\frac{qV_{EB}}{kT}\right) - 1\right\} \quad (6.30)$$

$$J_{nE(S)} \equiv \frac{qD_{nE}n_{p0E}}{L_{nE}} \quad (6.31)$$

式 (6.30) は，図 6.4(b) の伝導電子流②に対応する．

(4) ベース接地電流増幅率 α の導出

式 (6.16), (6.19), (6.30) を用いると，式 (6.1) に対応するエミッタ電流密度は，以下のようになる．

$$J_E = J_{pE} + J_{nE}$$

$$= \{J_{pE(S)} + J_{nE(S)}\}\left\{\exp\left(\frac{qV_{EB}}{kT}\right) - 1\right\} - \zeta J_{pC(S)}\left\{\exp\left(\frac{qV_{CB}}{kT}\right) - 1\right\}$$

$$\fallingdotseq \{J_{pE(S)}+J_{nE(S)}\} \left\{\exp\left(\frac{qV_{EB}}{kT}\right)-1\right\} \tag{6.32}$$

図 6.4(b) の正孔流③′ に対応する正孔電流密度を J'_{pC} とすると，ベース接地電流増幅率 α は，式 (6.4) に対応して，以下のように求めることができる．

$$\alpha \equiv \frac{J'_{pC}}{J_E} = \frac{J_{pE}}{J_E} \times \frac{J_{pC}}{J_{pE}} \times \frac{J'_{pC}}{J_{pC}} \tag{6.33}$$

J_{pE}/J_E は**注入効率** (injection efficiency) γ とよばれ，式 (6.19)，(6.32)，および式 (6.17)，(6.31) を用いると，次式となる．

$$\gamma \equiv \frac{J_{pE}}{J_E} \fallingdotseq \frac{J_{pE(S)}}{J_{pE(S)}+J_{nE(S)}} = \frac{1}{1+\dfrac{D_{nE}n_{p0E}W_B}{D_{pB}p_{n0B}L_{nE}}} \tag{6.34}$$

ここで，アインシュタインの関係 $D_{nE}=kT\mu_{nE}/q$ と $n_{p0E} \fallingdotseq n_i{}^2/N_{AE}$ などの関係を用い，また，$\mu_{nE} \fallingdotseq \mu_{nB}, \mu_{pB} \fallingdotseq \mu_{pE}$ とみなすと，次式を得る．

$$\gamma \fallingdotseq \frac{1}{1+\dfrac{\mu_{nE}N_{DB}W_B}{\mu_{pB}N_{AE}L_{nE}}} \fallingdotseq \frac{1}{1+\dfrac{\mu_{nB}N_{DB}W_B}{\mu_{pE}N_{AE}L_{nE}}} = \frac{1}{1+\dfrac{\sigma_B W_B}{\sigma_E L_{nE}}} \fallingdotseq 1-\frac{\rho_E W_B}{\rho_B L_{nE}} \tag{6.35}$$

σ_E は導電率，ρ_E は抵抗率である．$N_{AE} \gg N_{DB}$ であるから，$\rho_B \gg \rho_E$ ($\sigma_E \gg \sigma_B$) であり，また，$W_B \ll L_{nE}$ とみなしてよいから，式 (6.35) の最後の近似が成り立つ．

J_{pC}/J_{pE} は，式 (6.19)，(6.21) を用いると，すでに定義した式 (6.18) の ζ で近似できる．

$$\frac{J_{pC}}{J_{pE}} \fallingdotseq \frac{1}{\cosh(W_B/L_{pB})} \equiv \zeta \tag{6.36}$$

$|V_{CB}|$ が大きいと，図 6.4(b) の正孔流③が雪崩増幅により③′ のように増倍されることがあり，J'_{pC}/J_{pC} を**コレクタ効率** (collector collection efficiency) η という．η は実験式として，次のように与えられる．

$$\eta \equiv \frac{J'_{pC}}{J_{pC}} = \frac{1}{1-(|V_{CB}|/V_B)^n} \fallingdotseq 1 \quad \left(\frac{|V_{CB}|}{V_B} \ll 1, \quad 2 \leqq n \leqq 6\right) \tag{6.37}$$

V_B はコレクタ接合の降伏電圧である．通常 $|V_{CB}| \ll V_B$ の範囲で使用されるので，$\eta \fallingdotseq 1$ とみなしてよい．

式 (6.33) の α に, 式 (6.35), (6.18), (6.37) を代入すると, 次式を得る.

$$\alpha \fallingdotseq \left(1 - \frac{\rho_E W_B}{\rho_B L_{nE}}\right)\left\{1 - \frac{1}{2}\left(\frac{W_B}{L_{pB}}\right)^2\right\} \tag{6.38}$$

$\rho_B \gg \rho_E$ ($N_{AE} \gg N_{DB}$), $W_B \ll L_{nE}$, $W_B \ll L_{pB}$ により, ベース接地電流増幅率 α は, 1 よりわずかに小さい値となる. α を 1 に近づけることにより, 式 (6.9) で定義されるエミッタ接地電流増幅率 β を十分大きくすることができる.

例題 6.3 シリコン pnp トランジスタにおいて, $\rho_E/\rho_B = 0.07$, $W_B = 3\,[\mu\text{m}]$, $L_{nE} = 41\,[\mu\text{m}]$, $L_{pB} = 48\,[\mu\text{m}]$ のとき, 次の各値を求めよ.
(1) 注入効率 γ (2) 輸送効率 ζ
(3) ベース接地電流増幅率 α (4) エミッタ接地電流増幅率 β

解答 (1) 式 (6.35) より, 次のように求まる.

$$\gamma = 1 - \frac{\rho_E W_B}{\rho_B L_{nE}} = 1 - \frac{0.07 \times 3}{41} \fallingdotseq 0.99488$$

(2) 式 (6.18) より, 次のように求まる.

$$\zeta = 1 - \frac{1}{2}\left(\frac{W_B}{L_{pB}}\right)^2 = 1 - 0.5 \times \left(\frac{3}{48}\right)^2 \fallingdotseq 0.99805$$

(3) 式 (6.38) より, 次のように求まる.

$$\alpha = \gamma\zeta = 0.99488 \times 0.99805 \fallingdotseq 0.99294$$

(4) 式 (6.9) より, 次のように求まる.

$$\beta = \frac{\alpha}{1-\alpha} = \frac{0.99294}{1 - 0.99294} \fallingdotseq 141$$

6.5 電流 – 電圧特性

式 (6.20), (6.25) を用いると, コレクタ電流密度は以下のようになる.

$$\begin{aligned}J_C &= J_{pC} + J_{nC} \\ &= \zeta J_{pE(S)}\left\{\exp\left(\frac{qV_{EB}}{kT}\right) - 1\right\} - \{J_{pC(S)} + J_{nC(S)}\}\left\{\exp\left(\frac{qV_{CB}}{kT}\right) - 1\right\}\end{aligned} \tag{6.39}$$

式 (6.39) の第 1 項は，図 6.4(b) の正孔流③に対応するが，雪崩増幅により③′ のように増倍される場合には，J'_{pC} に対応する．したがって，式 (6.33) を用いると，式 (6.39) は次のようになり，

$$\begin{aligned}J_C &= J'_{pC} - \{J_{pC(S)} + J_{nC(S)}\}\left\{\exp\left(\frac{qV_{CB}}{kT}\right) - 1\right\} \\ &= \alpha J_E - \{J_{pC(S)} + J_{nC(S)}\}\left\{\exp\left(\frac{qV_{CB}}{kT}\right) - 1\right\}\end{aligned} \tag{6.40}$$

これは式 (6.2) または式 (6.5) に対応する．これまでは電流密度 J を扱ってきたが，電流通路の断面積 S が定まれば電流 I を求めることができる．**図 6.7**(a) は，I_E の V_{EB} 依存性であり，式 (6.32) の第 1 項の概形に対応する．図 (b) は，I_E をパラメータとする I_C の V_{CB} 依存性（出力特性）であり，式 (6.40) の概形に対応する．図 (b) のような出力特性を，ベース接地の**静特性** (static characteristic curve) という．図 6.7 で用いたパラメータの値は，次のとおりである（演習問題 6.3 参照）．

$$J_{pE(S)} = J_{pC(S)} \fallingdotseq 13.1 \times 10^{-10}\,[\mathrm{A/cm^2}],$$
$$J_{nC(S)} \fallingdotseq 6.66 \times 10^{-10}\,[\mathrm{A/cm^2}],$$
$$J_{nE(S)} \fallingdotseq 1.38 \times 10^{-12}\,[\mathrm{A/cm^2}],$$
$$\alpha \fallingdotseq 0.99298, \quad \zeta \fallingdotseq 0.99808, \quad S = 0.033\,[\mathrm{cm^2}]$$

図 (b) において $V_{EB} > 0, V_{CB} < 0$ で $\exp(qV_{EB}/kT) \gg 1,\ \exp(qV_{CB}/kT) \ll 1$ のとき，式 (6.32), (6.40) より $I_E > 0, I_C \fallingdotseq \alpha I_E \fallingdotseq I_E$ となり，I_C は $|V_{CB}|$ によらずほぼ一定となる．**図 6.8** のように，この領域を**活性領域** (active region) といい，増幅動作ではおもにこの領域を用いる．この領域ではエミッタ接合が順方向バイアス，

（a）I_E の V_{EB} 依存性

（b）I_C の V_{CB} 依存性

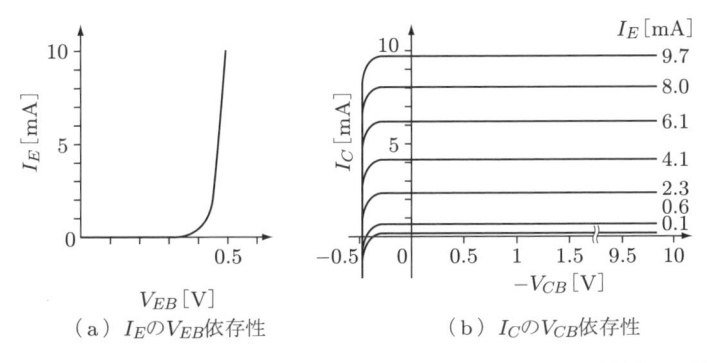

図 6.7 I_E の V_{EB} 依存性と I_E をパラメータとする I_C の V_{CB} 依存性の概形

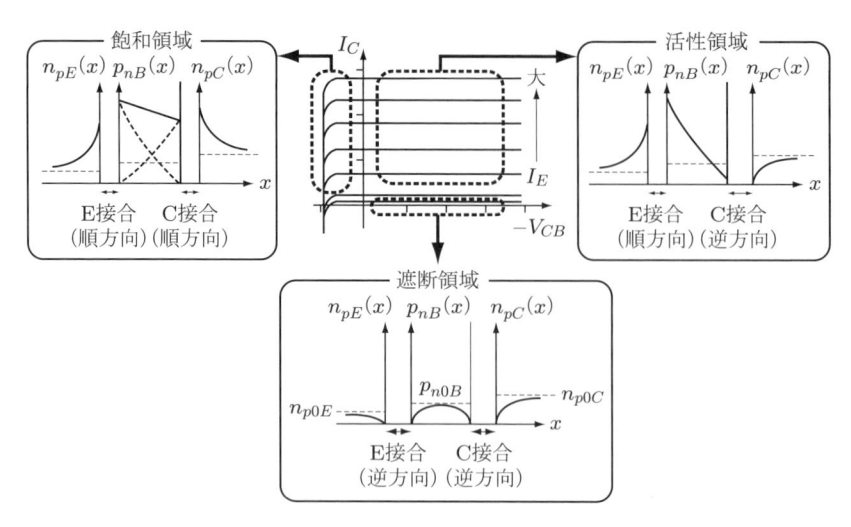

図 6.8 活性領域，遮断領域，飽和領域とそれぞれの少数キャリア密度分布の概形

コレクタ接合が逆方向バイアスであるから，少数キャリア密度分布は，すでに図 6.5 に示した分布と同様になる．

$V_{EB} < 0, V_{CB} < 0$ のとき，エミッタ接合も逆方向バイアスとなるから，$I_E \fallingdotseq 0$ となる．この領域を**遮断領域** (cut off region) といい，少数キャリア密度分布は，図 6.8 のように，エミッタ，ベース，コレクタ領域とも，平衡状態の少数キャリア密度以下となる．この領域では，

$$J_C \fallingdotseq -\{J_{pC(S)} + J_{nC(S)}\}\left\{\exp\left(\frac{qV_{CB}}{kT}\right) - 1\right\}$$

$$= -q\left(\frac{D_{pB}p_{n0B}}{W_B} + \frac{D_{nC}n_{p0C}}{L_{nC}}\right)\left\{\exp\left(\frac{qV_{CB}}{kT}\right) - 1\right\}$$

$$= -J_{CBO}\left\{\exp\left(\frac{qV_{CB}}{kT}\right) - 1\right\} \fallingdotseq J_{CBO}$$

$$\left(J_{CBO} \equiv q\left(\frac{D_{pB}p_{n0B}}{W_B} + \frac{D_{nC}n_{p0C}}{L_{nC}}\right)\right) \quad (6.41)$$

となる．これはコレクタ接合の逆方向特性であり，式 (5.38) に対応する．

$V_{EB} > 0, V_{CB} > 0$ の領域を**飽和領域** (saturation region) という．このとき，エミッタ，コレクタ接合とも順方向バイアスであるから，少数キャリア密度分布は，図 6.8 のようにエミッタ，ベース，コレクタ領域とも平衡状態の少数キャリア密度より大幅に大きくなる．V_{CB} が大きくなるにつれて，式 (6.40) の第 2 項は第 1 項に比べて無視できなくなり，コレクタからベースに注入された正孔流が I_E を打ち消すため，

I_C は急速に 0 に近づく．トランジスタのスイッチング動作では，動作周期の一部でこの状態になる．

図 6.9 は，図 6.7(b) に対応するエミッタ接地静特性の概形である．

$$V_{CE} = V_{CB} + V_{BE}, \qquad V_{CB} = V_{CE} - V_{BE} \tag{6.42}$$

であるから，エミッタ接合が順方向バイアス（$V_{BE} < 0, I_B > 0$）で $|V_{CE}| < |V_{BE}|$ のとき，$V_{CB} > 0$ となり，コレクタ接合も順方向バイアスとなり，飽和領域が出現する．すなわち，図 6.9 の $-V_{CE}$ の 0 [V] 近傍部分がほぼ飽和領域に対応し，ベース接地の飽和領域部分の形状とかなり異なる．

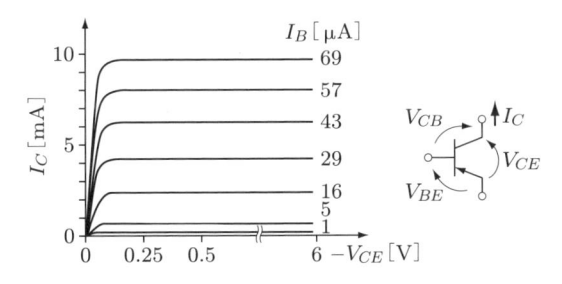

図 6.9 I_B をパラメータとする I_C の V_{CE} 依存性（エミッタ接地静特性）

図 6.10 に，実際の静特性を示す．ベース接地，エミッタ接地とも，V_{CB} または V_{CE} の絶対値が大きくなるにつれて，I_E または I_B が一定でも I_C はわずかに増加する．これは，コレクタ接合の逆バイアスによりコレクタ接合の空乏層幅が広がり，ベースの実効的な幅 W_B が小さくなるため，式 (6.35), (6.18) から明らかなように，注入効率 γ および輸送効率 ζ がわずかに増加し，電流増幅率 α も増加するからである．この現象を，**アーリー効果** (Early effect) という．

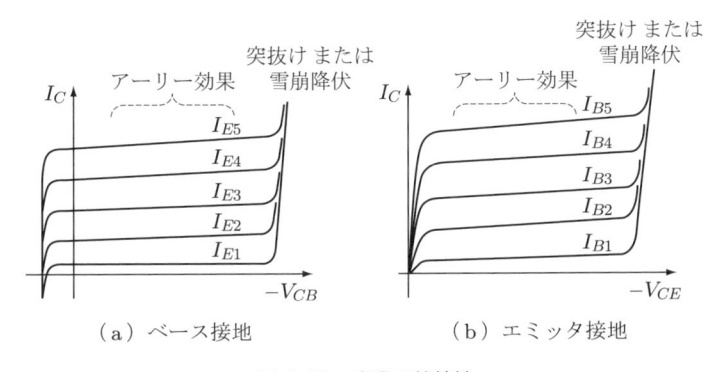

図 6.10 実際の静特性

V_{CB} または V_{CE} の絶対値がさらに大きくなると，I_C が急に増加することがある．これは，コレクタ接合の空乏層幅が広がり，ベース幅 W_B が実効的にゼロになり，ほとんど抵抗なしに大電流が流れる場合であり，**突抜け**（punch through；パンチスルー）とよばれる．この現象を避けるには，コレクタ接合の空乏層幅の広がりをベース側よりコレクタ側で大きくする必要がある．そのため，6.2 節の (b) 項で述べたように，pnp 型では，ドーピングレベルを $N_{DB} \gg N_{AC}$（npn 型では $N_{AB} \gg N_{DC}$）と設定する．突抜けが発生しなくても，V_{CB} または V_{CE} の絶対値が十分大きくなると，5.5 節で述べた電子雪崩降伏の場合と同様に，コレクタ接合の雪崩降伏により，I_C が急に増加する．通常の増幅動作では，コレクタ電圧は突抜けや雪崩降伏が起きる電圧に比べて，十分低い値に設定される．

6.6 ベース走行時間と周波数特性

活性領域におけるベース中の正孔速度を $v_p(x)$ とすると，正孔電流密度は $J_p(x) = qp_{nB}(x)\,v_p(x)$ である．活性領域では，$p_{nB}(x)$ は式 (6.15) で近似できるから，$J_p(x)$ は次式で表せる．

$$J_p(x) = -qD_{pB}\frac{\partial p_{nB}(x)}{\partial x}$$
$$\fallingdotseq \frac{qD_{pB}p_{n0B}}{L_{pB}\sinh(W_B/L_{pB})} \cdot \exp\left(\frac{qV_{EB}}{kT}\right) \cdot \cosh\left(\frac{W_B - x}{L_{pB}}\right) \quad (6.43)$$

したがって，$v_p(x)$ は次式で表せる．

$$v_p(x) = \frac{J_p(x)}{qp_{nB}(x)} \fallingdotseq \frac{D_{pB}}{L_{pB}}\coth\left(\frac{W_B-x}{L_{pB}}\right) \fallingdotseq \frac{D_{pB}}{L_{pB}} \cdot \frac{L_{pB}}{W_B-x} = \frac{D_{pB}}{W_B-x} \quad (6.44)$$

正孔がベースを通過する時間を，**ベース走行時間** t_B とすると，式 (6.44) より，t_B は次式で表せる．

$$t_B = \int_0^{W_B}\frac{dx}{v_p(x)} = \frac{1}{D_{pB}}\int_0^{W_B}(W_B - x)dx = \frac{W_B^2}{2D_{pB}} \quad (6.45)$$

t_B の値は，ベース接地電流増幅率 α の周波数特性に関係し，t_B が短ければ周波数特性もよいことが期待できる．α の（高域）遮断周波数を f_α とすると，f_α と t_B の関係は次式のようになる（付録 A.9 の式 (A.9.6) 参照）．f_α を **α 遮断周波数**（α cut off frequency）という．

$$f_\alpha = \frac{1}{2\pi t_B} \tag{6.46}$$

式 (6.46) は，**図 6.11** のように，周期が t_B の 2π 倍より長い周期 T（f_α より低い周波数）に対してトランジスタが応答可能であることを意味する．

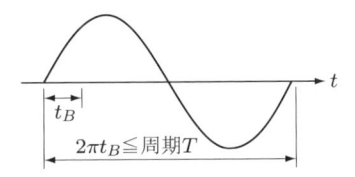

図 6.11 ベース走行時間 t_B と応答可能周波数の周期 T の関係

エミッタ接地電流増幅率 β の（高域）遮断周波数 f_β を，**β 遮断周波数**（β cut off frequency）という．f_β と f_α の関係は，次式のようになる（付録 A.9 の式 (A.9.8) 参照）．

$$f_\beta = f_\alpha(1-\alpha) \tag{6.47}$$

すなわち，$f_\beta \ll f_\alpha$ である．

ベース中の正孔再結合寿命を τ_{pB} とすると，$L_{pB}{}^2 = D_{pB}\tau_{pB}$ であるから，式 (6.18), (6.45) より，

$$\zeta \fallingdotseq 1 - \frac{1}{2}\frac{W_B{}^2}{D_{pB}\tau_{pB}} = 1 - \frac{t_B}{\tau_{pB}} \tag{6.48}$$

となる．$\zeta \fallingdotseq 1$，すなわち $t_B/\tau_{pB} \ll 1$ であり，このとき $\alpha \fallingdotseq \zeta$ とみなしてよいから，次式が成り立つ．

$$\beta = \frac{\alpha}{1-\alpha} \fallingdotseq \frac{\zeta}{1-\zeta} = \frac{1-t_B/\tau_{pB}}{t_B/\tau_{pB}} = \frac{\tau_{pB}}{t_B} - 1 \fallingdotseq \frac{\tau_{pB}}{t_B} \tag{6.49}$$

すなわち，β の概略値は τ_{pB} と t_B の比から見積もることができる．$\beta \gg 1$ であるから，$\tau_{pB} \gg t_B$ となり，正孔はほとんど再結合せずベース領域を通り抜けることになる．

例題 6.4 室温 (300 [K]) におけるシリコン pnp トランジスタにおいて，$W_B = 3\,[\mu\mathrm{m}]$，$\tau_{pB} = 2\,[\mu\mathrm{s}]$，$\mu_{pB} = 450\,[\mathrm{cm}^2/(\mathrm{V}\cdot\mathrm{s})]$ のとき，次の各値を求めよ．
 (1) D_{pB} (2) t_B (3) f_α (4) β (5) α (6) f_β

解答 (1) 式 (4.36) より，次のように求まる．

$$D_{pB} \fallingdotseq 0.026 \times 450 = 11.7\,[\mathrm{cm}^2/\mathrm{s}]$$

(2) 式 (6.45) より，次のように求まる．
$$t_B = \frac{W_B{}^2}{2D_{pB}} = \frac{(3\times 10^{-4})^2}{2\times 11.7} \fallingdotseq 3.85\times 10^{-9}\,[\mathrm{s}]$$

(3) 式 (6.46) より，次のように求まる．
$$f_\alpha = \frac{1}{2\pi t_B} \fallingdotseq \frac{1}{6.28\times 3.85\times 10^{-9}} \fallingdotseq 41.4\times 10^{6}\,[\mathrm{Hz}]$$

(4) 式 (6.49) より，次のように求まる．
$$\beta \fallingdotseq \frac{\tau_{pB}}{t_B} = \frac{2\times 10^{-6}}{3.85\times 10^{-9}} \fallingdotseq 519.5$$

(5) 式 (6.9) より，次のように求まる．
$$\alpha = \frac{\beta}{1+\beta} = \frac{519.5}{520.5} \fallingdotseq 0.99808$$

(6) 式 (6.47) より，次のように求まる．
$$f_\beta = f_\alpha(1-\alpha) \fallingdotseq 41.4\times 10^{6} \times 0.00192 \fallingdotseq 7.9\times 10^{4}\,[\mathrm{Hz}]$$

6.7 電圧増幅率

図 6.12 のように，ベース接地 pnp トランジスタの入力側に信号電圧 v_s が印加され，出力側に負荷抵抗 R_L が接続された場合を考える．この場合，エミッタ - ベース間のバイアス電圧およびコレクタ - ベース間のバイアス電圧は，それぞれエミッタ - ベース間電圧 V_{EB} およびコレクタ - ベース間電圧 V_{CB} とは異なるので，バイアス電源電圧をそれぞれ V_{EE}, V_{CC} と表示する．入力信号はアンテナで受信された信号，計測された信号など，一般に微小な交流電圧であり，バイアス電源電圧はこれらの交流電圧値に比べて十分大きく設定される．したがって，入力信号電圧が印加されると，

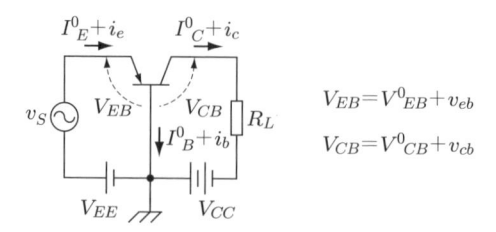

図 6.12 ベース接地トランジスタ（pnp 型）への入力信号電圧 v_s 印加

V_{EB} は直流分 $V_{EB}^0 \, (= V_{EE})$ と微小交流分 $v_{eb} \, (= v_s)$ の和となり，エミッタ電流 I_E は直流バイアス電流 I_E^0 に微小交流成分 i_e が重畳されたものとなる．出力のコレクタ側では，V_{CB} は直流分 V_{CB}^0 と微小交流分 v_{cb} の和となり，コレクタ電流 I_C は直流バイアス電流 I_C^0 に微小交流成分 i_c が重畳されたものとなる．交流出力電圧は $R_L i_c$ で与えられ，これと入力信号電圧 $v_s \, (= v_{eb})$ の比が**電圧増幅率** (voltage amplification factor, voltage gain) である．電圧増幅率を求める方法として，**図式解法**と**小信号等価回路**を用いる方法があるが，図式解法は増幅率を視覚的に理解するのに適しており，かつ小信号等価回路を理解する基礎ともなるので，まず図式解法について述べる．

6.7.1 図式解法

図 6.13 に，図 6.12 においてトランジスタが図 6.7 の静特性をもつとし，$R_L = 1.25 \, [\text{k}\Omega]$，$V_{EE} \fallingdotseq 0.47 \, [\text{V}]$，$|V_{CC}| = 10 \, [\text{V}]$ とした場合の増幅特性の図式解法を示す．$V_{EB}^0 \, (= V_{EE}) \fallingdotseq 0.47 \, [\text{V}]$ となり，振幅約 $0.01 \, [\text{V}]$ の入力信号電圧 v_{eb} を入力すると，エミッタ入力特性より $I_E^0 \fallingdotseq 5 \, [\text{mA}]$ となり，交流成分 i_e の振幅は約 $1 \, [\text{mA}]$ となる．ベース接地では，エミッタ電流とコレクタ電流はほぼ等しいから，$I_C^0 \fallingdotseq 5 \, [\text{mA}]$ となり，交流成分 i_c の振幅も約 $1 \, [\text{mA}]$ となる．コレクタ側にキルヒホッフの電圧則を適用すると，以下の関係式が得られる．

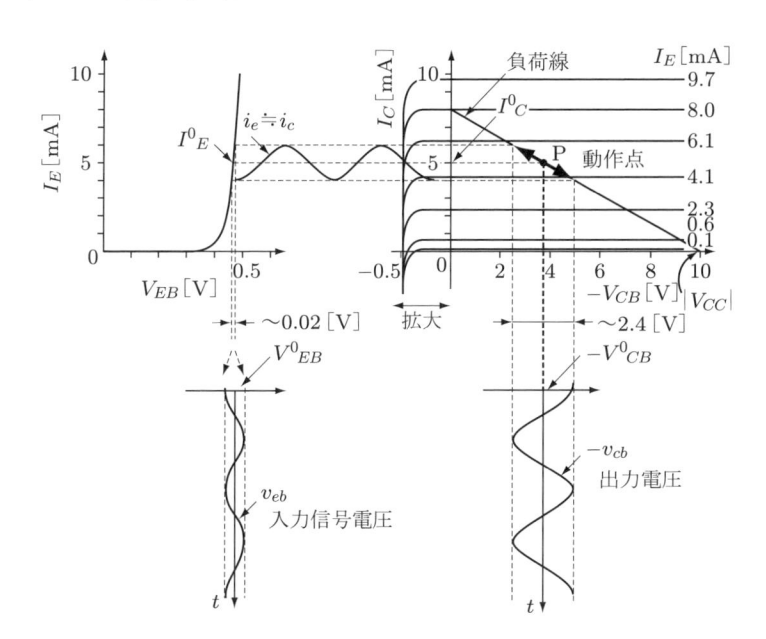

図 6.13 ベース接地回路の電圧増幅特性の図式解法（pnp トランジスタ）

$$-V_{CB} = V_{BC} \tag{6.50}$$

$$V_{BC} + R_L I_C = |V_{CC}| \tag{6.51}$$

$$I_C = -\frac{1}{R_L}V_{BC} + \frac{|V_{CC}|}{R_L} = -\frac{1}{1.25}V_{BC} + 8\,[\mathrm{mA}] \tag{6.52}$$

式 (6.52) は，I_C 軸の $8\,[\mathrm{mA}]$ と $-V_{CB}$ 軸の $10\,[\mathrm{V}]$ を通り，傾きが $-1/R_L$ の直線であり，**負荷線** (load line) とよぶ．図 6.13 では，トランジスタの静特性中に負荷線を描いている．コレクタ電流値と電圧値は，負荷線上を動く点の座標として与えられ，一方，コレクタ直流バイアス電流 $I_C^0 \fallingdotseq 5\,[\mathrm{mA}]$ であるから，$I_C^0 \fallingdotseq 5\,[\mathrm{mA}]$ の線と負荷線の交点 P より，コレクタ直流バイアス電圧 $-V_{CB}^0 \fallingdotseq 3.7\,[\mathrm{V}]\,(=V_{BC}^0)$ が定まる．交点 P を**動作点**といい，コレクタの微小交流成分は，動作点 P を中心として図中の矢印区間を振動する．振幅約 $1\,[\mathrm{mA}]$ の電流成分 i_c に対応して，交流出力電圧 $R_L i_c\,(= v_{cb})$ の振幅は，約 $1.2\,[\mathrm{V}]$ となる．したがって，電圧増幅率 v_{cb}/v_{eb} は以下のようになる．

$$\frac{v_{cb}}{v_{eb}} \fallingdotseq \frac{1.2}{0.01} = 120\,[倍] \tag{6.53}$$

このように，トランジスタの入力特性，出力静特性と負荷線を用いて v_{cb} と v_{eb} の振幅を読み取り，これらの比より電圧増幅率を求める方法を，図式解法という．この方法は，電圧増幅率を直感的に理解するのに適するが，図 6.13 のような図はいつでも描けるとは限らず，また，振幅も概略値しか読み取れないという欠点がある．

6.7.2 小信号等価回路と電圧増幅率

pnp（および npn）トランジスタの等価回路を得るには，まず，図 6.12 のトランジスタ部分を，**図 6.14** のようにダイオード，電流源，抵抗などで近似する．この近似は，遮断周波数より十分低い周波数の交流分に対して成り立つ．図 (a), (b) は，それぞれベース接地 pnp, npn トランジスタの順方向 pn 接合をダイオードに，逆方向 pn 接合をダイオードとそれに並列な電流源に，ベース領域を広がり抵抗 r_b に置き換えたものである．逆方向 pn 接合がダイオードとそれに並列な電流源になるのは，このダイオードを流れる電流はバイアス電圧によらず，ほとんど入力電流（エミッタ電流）で決まるからである．ベース領域を広がり抵抗に置き換えるのは，ベース領域幅が狭く抵抗として働くからである．図 (c), (d) は，それぞれ図 (a), (b) のダイオードを動作点（図 6.13 の点 P）における微分抵抗で置き換えたものである．順方向ダイオードの微分抵抗は小さく，逆方向ダイオードの微分抵抗は非常に大きいので，$r_e \sim$ 数十 Ω，$r_c \sim$ 数 $\mathrm{M}\Omega$ とみなせる．一方，$r_b \sim$ 数百 Ω である．r_c は大きいので，等価回路では開放 $(\infty\,[\Omega])$ と近似することが多い．

(a) pnp　　　(b) npn

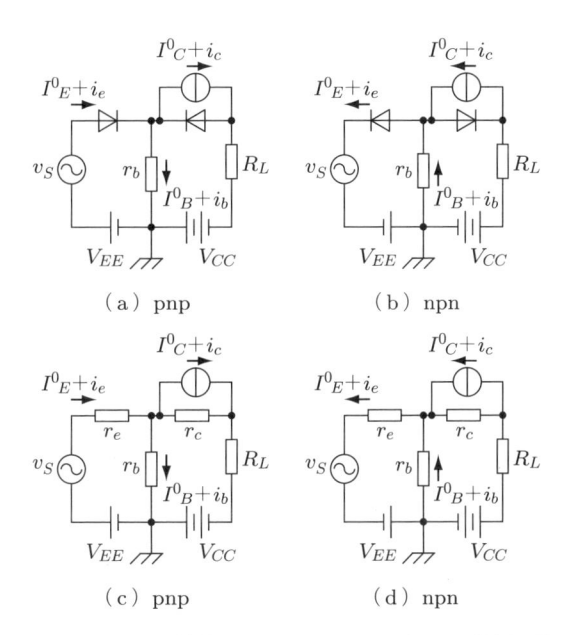

(c) pnp　　　(d) npn

図 6.14 ベース接地 pnp，npn トランジスタの等価回路

交流分に対する等価回路は，図 6.14(c), (d) の電源を短絡 ($V_{EE}, V_{CC} = 0\,[\mathrm{V}]$) し，直流分 ($I_E^0, I_C^0, I_B^0$) を無視することにより得られ，それぞれ**図 6.15**(a), (b) のようになる．これらの回路は，交流分が動作点（図 6.13 の点 P）を中心にして（直流分に比べて）小振幅で動作していることを仮定しており，**小信号等価回路**，または**交流等価回路**とよばれる．図 6.15(a), (b) では，電流の向きが異なるだけで回路自体は同じである．すなわち，小信号等価回路では pnp と npn トランジスタの差はなくなる．電圧増幅率は印加電圧 v_s に対する出力電圧を求めることにより得られる．

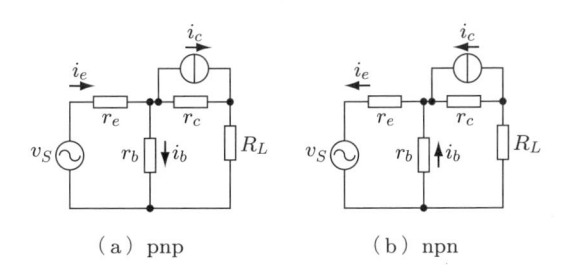

(a) pnp　　　(b) npn

図 6.15 ベース接地 pnp，npn トランジスタの小信号等価回路

(1) ベース接地回路の電圧増幅率

図 6.16 は，ベース接地小信号等価回路である．図 (a) は，図 6.15(a) と本質的には同じものであるが，小信号等価回路では各端子から流入する電流を正の向きとすることが一般的になっているので，ベース電流とコレクタ電流の向きが，図 6.15(a) と逆向きになっている．また，入力電圧（印加電圧）を v_1，出力電圧を v_2 としている．ベース接地では $i_c \fallingdotseq \alpha i_e$ であるから，電流源の向きと大きさは，図示のようになる．図 (b) は，図 (a) の電流源 αi_e と抵抗 r_c の部分を，テブナンの定理を用いて電圧源 $r_m i_e$ とそれに直列な抵抗 r_c に変換したものである．ただし，

$$r_m = \alpha r_c \tag{6.54}$$

であり，これを**相互抵抗** (mutual resistance) という．電圧増幅率は，図 (a) の r_c を開放 ($\infty \,[\Omega]$) とした図 (c) の近似回路を用いて求めることが多い．図 (c) において，

$$i_e + i_b + i_c = 0 \tag{6.55}$$

$$i_c = -\alpha i_e \tag{6.56}$$

が成り立つから，v_1, v_2 および電圧増幅率 v_2/v_1 は，それぞれ次のようになる．

$$v_1 = r_e i_e - r_b i_b = r_e i_e + r_b(i_e + i_c) = \{r_e + (1-\alpha)r_b\}i_e \tag{6.57}$$

$$v_2 = -R_L i_c = \alpha R_L i_e \tag{6.58}$$

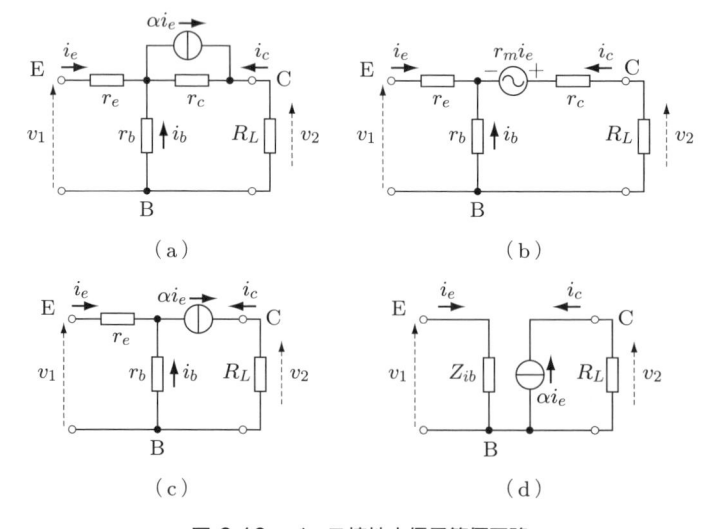

図 6.16　ベース接地小信号等価回路

$$\frac{v_2}{v_1} = \frac{\alpha R_L}{r_e + (1-\alpha)r_b} \tag{6.59}$$

電圧増幅率は正の値となるから，v_2 は v_1 と同位相で増幅される．これは，図 6.15(a) より，i_e が流入するとき，i_c が流出することからわかる．式 (6.57) より，入力インピーダンス（入力抵抗）Z_{ib} は次式で与えられるから，図 (c) の回路は，図 (d) の回路と等価である．

$$Z_{ib} \equiv \frac{v_1}{i_e} = r_e + (1-\alpha)r_b \tag{6.60}$$

(2) エミッタ接地回路の電圧増幅率

図 6.17 は，エミッタ接地小信号等価回路である．図 (a) は，図 6.16(b) のエミッタ端子とベース端子を入れ替えたものである．このままでは出力側の電圧源にエミッタ電流 i_e が残るので，式 (6.55) を用いて i_e を消去すると，電圧源は図 (b) のように，

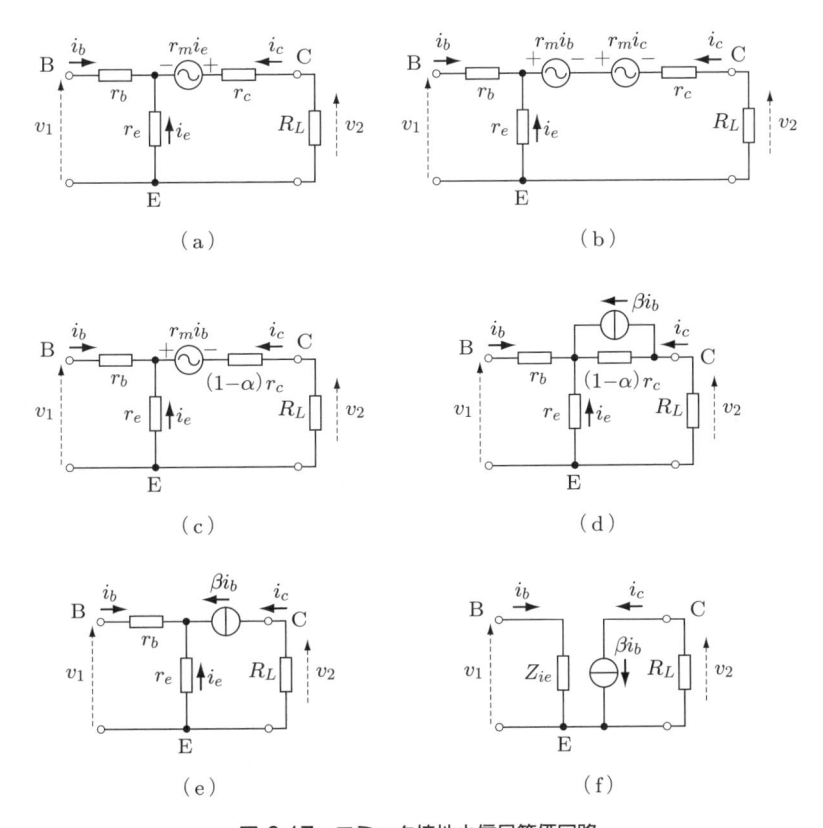

図 6.17 エミッタ接地小信号等価回路

$-r_m(i_b + i_c)$ となる. 電圧源 $-r_m i_c$ と抵抗 r_c の部分は, 一つの抵抗 $(1-\alpha)r_c$ で表せるので, 図 (c) となる. 電圧源 $r_m i_b$ と抵抗 $(1-\alpha)r_c$ の部分にノートンの定理を用いると, 電流源 βi_b とそれに並列な抵抗 $(1-\alpha)r_c$ になるので, 図 (d) となる. 電圧増幅率は, 図 (d) の $(1-\alpha)r_c$ を開放 ($\infty\,[\Omega]$) とした図 (e) の近似回路を用いて求めることが多い. ただし, $(1-\alpha)r_c$ は r_c に比べて2桁程度小さな値になるので, 電圧増幅率の精度はベース接地の場合より悪くなる. 図 (e) では, 式 (6.55) と

$$i_c = \beta i_b \tag{6.61}$$

が成り立つから, v_1, v_2 および電圧増幅率 v_2/v_1 は, それぞれ次のようになる.

$$v_1 = r_b i_b - r_e i_e = r_b i_b + r_e(i_b + i_c) = \{r_b + (1+\beta)r_e\}i_b \tag{6.62}$$

$$v_2 = -R_L i_c = -\beta R_L i_b \tag{6.63}$$

$$\frac{v_2}{v_1} = \frac{-\beta R_L}{r_b + (1+\beta)r_e} = \frac{-\alpha R_L}{r_e + (1-\alpha)r_b} \tag{6.64}$$

電圧増幅率は負の値となるから, v_2 は v_1 と逆位相で増幅される. これは, 図 6.15(a) より, i_b が流出するとき i_c も流出することからわかる. 式 (6.62) より, 入力インピーダンス(入力抵抗) Z_{ie} は次式で与えられるから, 図 (e) の回路は, 図 (f) の回路と等価である.

$$Z_{ie} \equiv \frac{v_1}{i_b} = r_b + (1+\beta)r_e = r_b + \frac{r_e}{1-\alpha} \tag{6.65}$$

(3) コレクタ接地回路の電圧増幅率

図 6.18 は, コレクタ接地小信号等価回路である. 図 (a) は, 図 6.17(d) のエミッタ端子とコレクタ端子を入れ替えたものである. 図 (b) は, 図 (a) の $(1-\alpha)r_c$ を開放 ($\infty\,[\Omega]$) とした近似回路である. 図 (c) は, 図 6.17(f) のエミッタ端子とコレクタ端子を入れ替えたものであり, 図 (b) と等価である. 図 (b) または図 (c) より, 電圧増幅率を求めることができる. たとえば, 図 (c) より, v_2, v_1 および電圧増幅率 v_2/v_1 は, 式 (6.55), (6.65) を用いて, それぞれ次のようになる.

$$v_2 = -R_L i_e = R_L(i_b + i_c) = R_L(1+\beta)i_b = \frac{R_L}{1-\alpha}i_b \tag{6.66}$$

$$v_1 = Z_{ie}i_b + v_2 = (r_b + \frac{r_e + R_L}{1-\alpha})i_b \tag{6.67}$$

$$\frac{v_2}{v_1} = \frac{R_L}{(1-\alpha)r_b + r_e + R_L} \tag{6.68}$$

(a)

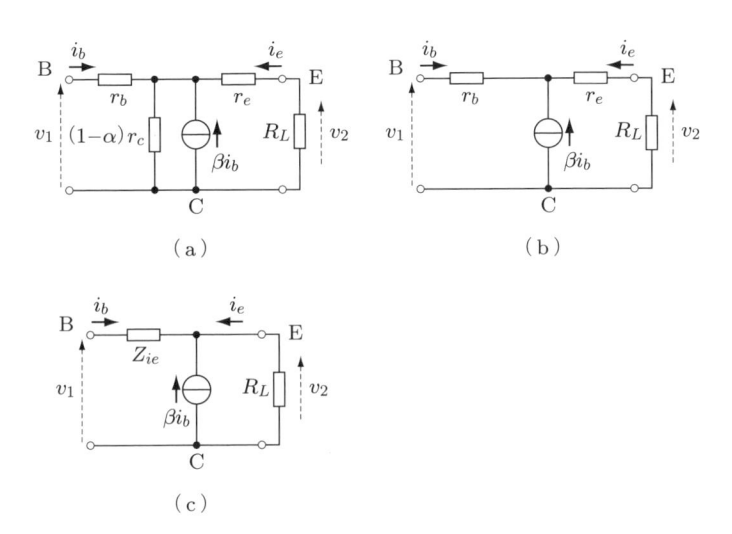

(b)

(c)

図 6.18　コレクタ接地小信号等価回路

電圧増幅率は正の値となるが，つねに 1 より小さい．v_2 は v_1 と同位相であり，これは，図 6.15(a) より i_e が流入するとき，i_b が流出することからわかる．

　表 6.2 は，各接地回路の電流増幅率と電圧増幅率のまとめである．ベース接地とコレクタ接地の電流増幅率が負となるのは，入力電流が流入するとき出力電流は負の向き（流出方向）に流れることを意味する．電流増幅率と電圧増幅率の積（の絶対値）が電力増幅率である．

表 6.2　各接地回路の電流増幅率と電圧増幅率

	ベース接地	エミッタ接地	コレクタ接地
電流増幅率	$-\alpha$	$\dfrac{\alpha}{1-\alpha}$	$-\dfrac{1}{1-\alpha}$
電圧増幅率	$\dfrac{\alpha R_L}{r_e + (1-\alpha)r_b}$	$\dfrac{-\alpha R_L}{r_e + (1-\alpha)r_b}$	$\dfrac{R_L}{(1-\alpha)r_b + r_e + R_L}$

例題 6.5　トランジスタの $r_e = 20\,[\Omega]$，$r_b = 700\,[\Omega]$，$\alpha = 0.993$ のとき，$R_L = 1.25\,[\text{k}\Omega]$ を用いた場合，各接地回路の電流増幅率，電圧増幅率および電力増幅率を求めよ．

解答　表 6.2 より，以下のように求められる．

	電流増幅率 [倍]	電圧増幅率 [倍]	電力増幅率 [倍]
ベース接地：	−0.993	49.8	49.5
エミッタ接地：	141.9	−49.8	7066.6
コレクタ接地：	−142.9	0.98	140.0

エミッタ接地は電力増幅率が大きくなるので，一般によく用いられる．

6.8 出力回路の消費電力

ベース接地 pnp トランジスタ回路を例として，出力回路（コレクタ側）の消費電力がどのようになるかを考える．図 6.12 より，入力電圧が印加されているとき，コレクタと負荷抵抗 R_L で消費される電力は，それぞれ以下の式で表せる．

$$P_C \equiv -V_{CB}I_C = V_{BC}I_C = (V_{BC}^0 + v_{bc}) \times (I_C^0 + i_c) \tag{6.69}$$

$$P_L \equiv R_L I_C^2 = R_L(I_C^0 + i_c)^2 \tag{6.70}$$

簡単のため，i_c の振幅を i_m として，

$$i_c = i_m \sin \omega t \tag{6.71}$$

とすると，図 6.13 より，i_c と $v_{bc} (= -v_{cb})$ は逆位相であるから，v_{bc} は次のように表せる．

$$v_{bc} = -v_m \sin \omega t \tag{6.72}$$

ただし，v_m は v_{bc} の振幅であり，

$$v_m = R_L i_m \tag{6.73}$$

の関係が成り立つ．また，動作点 P は負荷線 (6.52)（または式 (6.51)）上にあるから，

$$V_{BC}^0 + R_L I_C^0 = |V_{CC}| \tag{6.74}$$

が成り立つ．式 (6.71)〜(6.73) を用いると，P_C, P_L は，それぞれ次のようになる．

$$\begin{aligned} P_C &= (V_{BC}^0 - v_m \sin \omega t) \times (I_C^0 + i_m \sin \omega t) \\ &= V_{BC}^0 I_C^0 + V_{BC}^0 i_m \sin \omega t - v_m I_C^0 \sin \omega t - v_m i_m \sin^2 \omega t \\ &= V_{BC}^0 I_C^0 + (V_{BC}^0 - R_L I_C^0) i_m \sin \omega t - R_L i_m^2 \sin^2 \omega t \end{aligned} \tag{6.75}$$

$$\begin{aligned}P_L &= R_L(I_C^0 + i_m \sin\omega t)^2 \\ &= R_L I_C^{0\,2} + 2R_L I_C^0 i_m \sin\omega t + R_L i_m^{\,2} \sin^2\omega t \end{aligned} \quad (6.76)$$

式 (6.75), (6.76) の辺々を加えて式 (6.74) を用いると，次式が成り立つ．

$$\begin{aligned}P_C + P_L &= V_{BC}^0 I_C^0 + R_L I_C^{0\,2} + (V_{BC}^0 + R_L I_C^0) i_m \sin\omega t \\ &= (V_{BC}^0 + R_L I_C^0) \times (I_C^0 + i_m \sin\omega t) = |V_{CC}| I_C \end{aligned} \quad (6.77)$$

式 (6.77) は，式 (6.51) の両辺に I_C をかけた式であり，P_C と P_L は $|V_{CC}|I_C$ が供給していることになる．式 (6.75), (6.76) とも第 1 項は直流消費電力を表す．第 2 項は 1 周期で積分するとゼロとなるので，実質的に消費電力に寄与しない．式 (6.76) の第 3 項は，負荷抵抗 R_L で消費される交流電力であるが，これは，式 (6.75) の第 3 項と相殺する．すなわち，負荷抵抗で消費される交流電力分だけコレクタで消費される電力は減少する．**図 6.19** に示すように，増幅作用はコレクタの直流消費電力 $V_{BC}^0 I_C^0$ の一部（網かけ部）を負荷の交流電力に転化させる作用であるとみなせる．式 (6.76) 第 3 項の時間平均，すなわち，交流電力の実効値と直流消費電力（式 (6.75), (6.76) の第 1 項の和）の比を，**電力効率** η という．

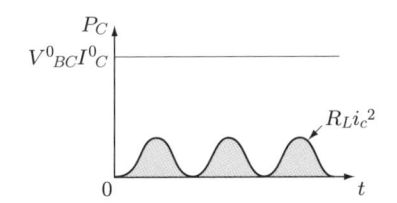

図 6.19 コレクタの直流消費電力と交流電力（網かけ部）の時間依存性

$$\eta \equiv \frac{v_m/\sqrt{2} \times i_m/\sqrt{2}}{V_{BC}^0 I_C^0 + R_L I_C^{0\,2}} = \frac{v_m i_m}{2 \times |V_{CC}| I_C^0} = \frac{R_L i_m^{\,2}}{2 \times |V_{CC}| I_C^0} \quad (6.78)$$

例題 6.6 図 6.13 において，$|V_{CC}| = 10\,[\mathrm{V}]$, $I_C^0 \fallingdotseq 5\,[\mathrm{mA}]$, $i_m \fallingdotseq 1\,[\mathrm{mA}]$, $R_L = 1.25\,[\mathrm{k}\Omega]$ である．電力効率 η を求めよ．

解答 式 (6.78) より，次のようになる．

$$\eta \fallingdotseq \frac{1.25 \times 1 \times 1}{2 \times 10 \times 5} = 0.0125$$

演習問題

6.1 式 (6.14) を導き，境界条件が満たされていることを確認せよ．

6.2 式 (6.15) が近似的に成り立つことを示せ．

6.3 表 6.3 のパラメータをもつシリコン pnp トランジスタにおいて，以下の各値（図 6.7 で用いたパラメータの値）を求めよ．ただし，温度は室温 (300 [K])，$W_B = 3\,[\mu\mathrm{m}]$，$n_i = 1.45 \times 10^{10}\,[\mathrm{cm}^{-3}]$ とし，ドーパントはすべてイオン化しているとする．

(1) $J_{pE(S)}\,(=J_{pC(S)})$ (2) $J_{nC(S)}$ (3) $J_{nE(S)}$ (4) ζ (5) α

表 6.3　シリコン pnp トランジスタのパラメータ

	ドーピングレベル [cm^{-3}]	電子移動度 μ_n [cm^2/(V·s)]	正孔移動度 μ_p [cm^2/(V·s)]	少数キャリア寿命 [s]
エミッタ	$10^{17}\,(N_{AE})$	650	180	$10^{-6}\,(\tau_n)$
ベース	$10^{15}\,(N_{DB})$	1300	450	$2\times 10^{-6}\,(\tau_p)$
コレクタ	$10^{14}\,(N_{AC})$	1500	500	$10^{-5}\,(\tau_n)$

6.4 電力効率 η の最大値は 0.25 であることを示せ．ただし，動作点は負荷線の中央にあるものとする．

6.5 エミッタ接地電流増幅率が，それぞれ β_1，β_2 のトランジスタを図 6.20 のように接続した場合，全体の電流増幅率 i_2/i_1 を求めよ．ただし，コレクタ遮断電流は無視する（この接続を**ダーリントン接続** (Darlington connection) という）．

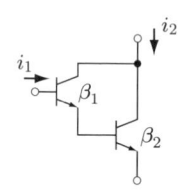

図 6.20　ダーリントン接続

7章 金属，半導体，絶縁物の接触

　前章までは，半導体または半導体どうしの接合を対象としてきたが，半導体と金属，あるいは絶縁膜を挟んで半導体と金属を一体化（接触）した構造を形成すると，これらの構造には以下に述べる特有の現象が生じ，それぞれ，実際の半導体デバイスに応用される．

　金属と半導体を接触させると，両者の**仕事関数**の大小により，電流 – 電圧特性が整流特性または直線的な特性（順・逆方向がない特性）を示す．前者の特性となる場合を，**ショットキー接触**，後者の場合を，**オーミック接触**という．ショットキー接触は高周波用のダイオードに，オーミック接触は半導体デバイスの電極に利用される．

　金属・絶縁物・半導体の3層構造を，MIS（またはMOS）構造という．金属に電圧を印加することにより，半導体表面近傍の導電型を**反転**させることができる．p型半導体の場合は，反転により，半導体表面近傍がn型に反転し，絶縁物・半導体界面に**2次元状の伝導電子層**が発生する．この現象は，8章で述べる電界効果トランジスタに利用される．

　金属・半導体接触やMOS構造は，実際の半導体デバイスには不可欠の構造である．本章では，これらの構造の動作特性について学ぼう．

7.1 半導体の表面準位

　半導体結晶の表面に配列している原子の表面側の共有結合枝は，結合する相手原子がないため，余った状態になる．この共有結合枝を**ダングリングボンド**（dangling bond）という．ダングリングボンドは電子または正孔を捕獲する準位を形成しやすく，半導体表面の禁制帯中に形成されるこれらの準位を，**表面準位**（surface state）という．また，半導体表面には，酸素，水蒸気などの原子や分子が吸着しやすく，これらの原子，分子も電子または正孔を捕獲する準位として働くので，表面準位の一種となる．図7.1は，表面準位が存在することにより**電位障壁**が形成される場合の半導体表面近傍のエネルギー帯の様子を示す．図(a)は，表面準位がn型半導体の電子を捕獲する場合，図(b)は，表面準位がp型半導体の正孔を捕獲する場合の例である．多数キャリアが表面準位に捕獲された表面近傍では空乏層が形成され，イオン化したドナー原子またはアクセプタ原子が空間電荷として残る．これらの空間電荷と，表面準位に捕獲され

112 7章 金属，半導体，絶縁物の接触

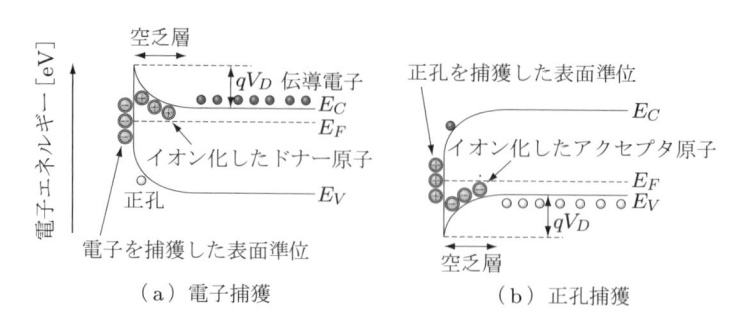

図 7.1 表面準位が存在する場合の半導体表面近傍のエネルギー帯

(a) 電子捕獲　　(b) 正孔捕獲

たキャリアにより電界が発生し，電位障壁 V_D [V] (qV_D [eV]) が形成される．これらの電位障壁に対応して，n 型半導体のエネルギー帯は上に曲がり，p 型半導体のエネルギー帯は下に曲がる．

7.2 金属と半導体の接触

半導体に電極を形成するには，一般に，表面に金属膜を付着（蒸着）させなければならないが，高密度の表面準位の上に金属膜を付けても，電位障壁は残ったままとなる．電位障壁は多数キャリアが半導体外部へ移動するのを阻止するので，良好な電極の妨げとなる．表面準位は半導体を扱う環境の雰囲気や清浄度などに影響されやすく，その密度を制御するのは一般に非常に難しいが，SiO_2 などの良好な絶縁膜を付けることにより，実用上無視できるレベルまで下げることができるとされている．そこで本節以降では，半導体の製造プロセスで良好な絶縁膜を適切に用いることにより，表面準位密度は十分低いレベルに制御されると仮定し，前節の表面準位を無視した理想的な場合を想定して話を進める．

7.2.1 金属と n 型半導体の接触

図 7.2 に，金属と n 型半導体が接触した場合のエネルギー帯の変化の様子を示す．図 (a) は接触前のエネルギー帯であり，E_{FM} は金属のフェルミ準位，ϕ_M は金属の**仕事関数** (work function)，ϕ_S は半導体の仕事関数，χ_S は 2.2 節で述べた**電子親和力**を [eV] で表したものである．金属は導体であるから，図 2.8(a) に示したように，禁制帯が存在せず，伝導帯に多数の伝導電子が励起され，E_{FM} まで電子がつまっていると考えられる（網かけ部分）．ϕ_M および ϕ_S はフェルミ準位にある 1 個の電子を真空準位まで運ぶのに要するエネルギー [eV]，χ_S は E_{Cn} にある 1 個の電子を真空準位まで運ぶのに要するエネルギーである．ϕ_M と ϕ_S の大小により接触後のエネルギー帯

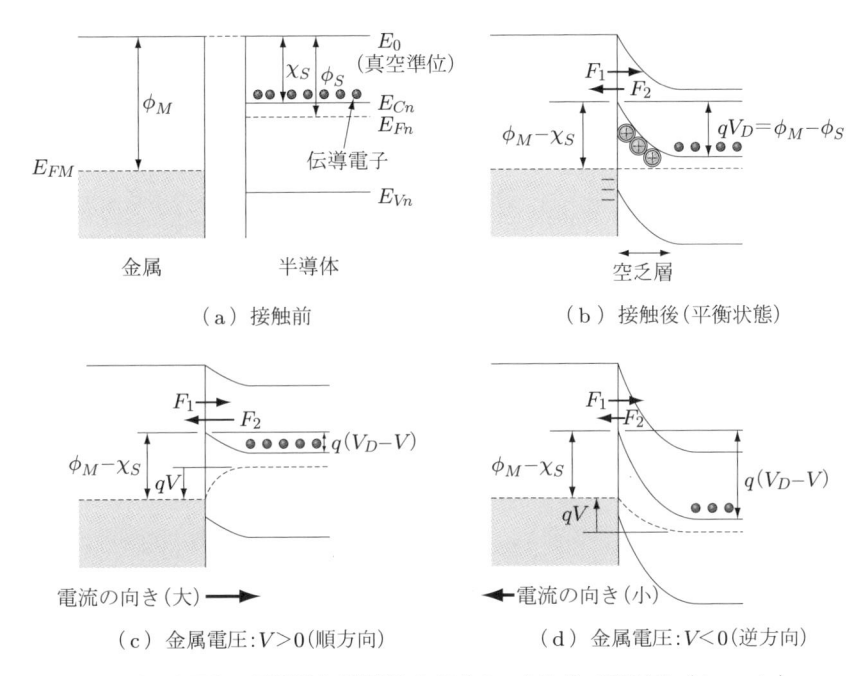

図 7.2 金属とn型半導体が接触した場合のエネルギー帯の変化 ($\phi_M > \phi_S$)

の曲がり方が異なるので，$\phi_M > \phi_S$ の場合と，$\phi_M < \phi_S$ の場合に分けて考える．図 7.2 は，$\phi_M > \phi_S$ の場合である．

(1) $\phi_M > \phi_S$ の場合

図 7.2(b) は，接触後の平衡状態のエネルギー帯図である．接触前は半導体のフェルミ準位が上にあるから，接触後はn型半導体表面近傍の伝導電子が金属側表面近傍に流入し，両方のフェルミ準位が一致して平衡に達する．n型半導体表面近傍は空乏層となり，イオン化したドナー原子が空間電荷層を形成し，金属側表面は負に帯電するから，エネルギー帯は上側に曲がり，伝導電子に対して拡散電位 V_D [V] によるエネルギー障壁 $qV_D (= \phi_M - \phi_S)$ が形成される．このエネルギー障壁は，金属側の電子には $\phi_M - \chi_S$ のエネルギー障壁となり，これを**ショットキー障壁** (Schottky barrier) という．平衡状態では $\phi_M - \chi_S$ を越えて金属側から半導体側に流れる電子流 F_1 と，qV_D を越えて半導体側から金属側に流れる電子流 F_2 は等しいはずであるから，電流はゼロとなる（少数キャリアの移動は無視している）．図 (c) は，金属側に $V > 0$ の電圧を印加した場合のエネルギー帯図である．金属の抵抗率はきわめて小さいので，金属内の電界は無視できるとすると，金属側のエネルギー帯が，水平の状態で半導体側に対

して qV だけ下に移動する．空乏層の抵抗率は大きいので，印加電圧はほとんど空乏層にかかり，伝導電子に対する障壁は $q(V_D - V)$ に低下し，F_2 は急増する．一方，金属側の電子に対するエネルギー障壁は $\phi_M - \chi_S$ のままであるから，$F_2 \gg F_1$ となり，全体として大きな左向きの電子流が生じ，右方向の大きな電流が発生する．したがって，この電流は順方向電流である．図 (d) は，金属側に $V < 0$ の電圧を印加した場合のエネルギー帯図である．金属側のエネルギー帯が，半導体側に対して $|qV|$ だけ上に移動するから，伝導電子に対する障壁は $q(V_D - V)$ に増加し，F_2 は急減する．金属側の電子に対するエネルギー障壁は $\phi_M - \chi_S$ のままであるから，$F_2 < F_1$ となるが，もともと F_1 は小さいから全体として小さな右向きの電子流が生じ，左方向の小さな電流（逆方向飽和電流）が発生する．図 (b)〜(d) の電流と電圧の関係を図示すると，図 7.3（$\phi_M > \phi_S$ の場合）のように，pn 接合（ダイオード）の整流特性（図 5.13）に類似した特性となる．金属と n 型半導体の接触の場合には，金属が p 型半導体の役割を果たす．$\phi_M > \phi_S$ の場合の接触を，**ショットキー接触** (Schottky contact) という．

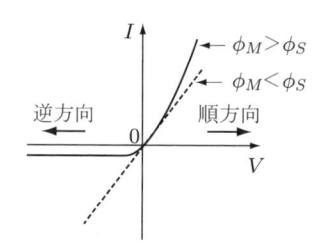

図 7.3　金属と n 型半導体が接触した場合の電流 – 電圧特性

(2) $\phi_M < \phi_S$ の場合

図 7.4 に，$\phi_M < \phi_S$ の場合のエネルギー帯の変化の様子を示す．図 (a) は，接触前のエネルギー帯であり，図 7.2(a) に対応する．図 (b) は，接触後の平衡状態のエネルギー帯図である．金属のフェルミ準位が上にあるから，金属側表面近傍の電子が n 型半導体側表面近傍に流入し，両方のフェルミ準位が一致して平衡に達する．n 型半導体側表面近傍のエネルギー帯は下側に曲がり，表面近傍の電子密度は大きくなるが，金属側表面近傍には電子の不足が生じ，正に帯電する．エネルギー帯の曲がりにより，金属側，半導体側にそれぞれ $\chi_S - \phi_M$，$\phi_S - \phi_M$ の段差ができるが，これらは電子に対する障壁にはならず，全電流もゼロである．図 (c) は，金属側に $V > 0$ の電圧を印加した場合のエネルギー帯図である．金属側のエネルギー帯が，半導体側に対して qV だけ下に移動するが，障壁がないので，印加電圧は n 型半導体の奥行き方向に一様にかかり，フェルミ準位は図のように一様に左下方向に傾く．したがって，一

（a）接触前　　（b）接触後（平衡状態）

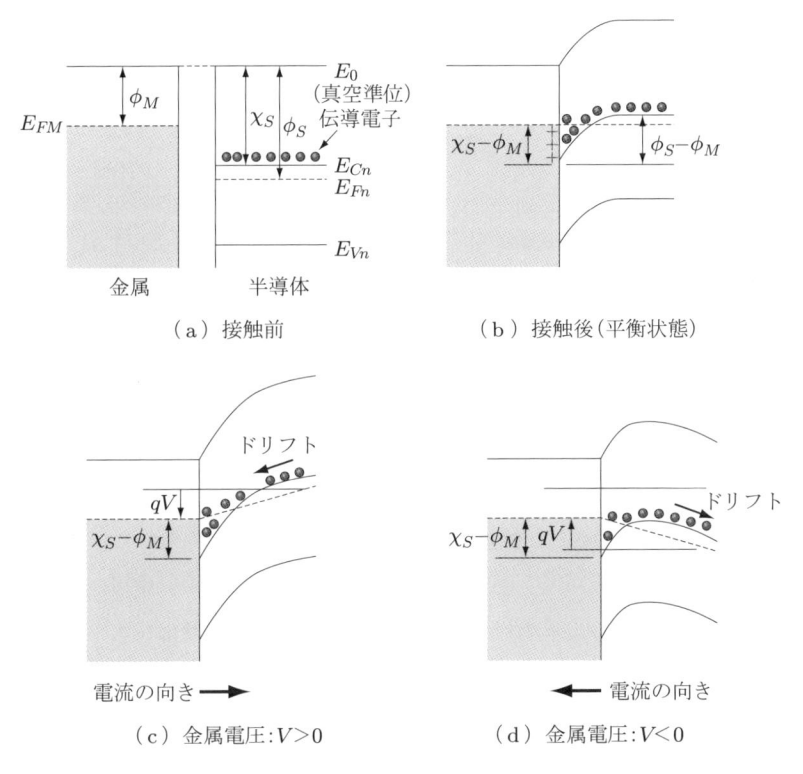

（c）金属電圧：$V>0$　　（d）金属電圧：$V<0$

図 7.4　金属と n 型半導体が接触した場合のエネルギー帯の変化 ($\phi_M < \phi_S$)

様な左方向の電子流，すなわち右方向の電流が発生する．図 (d) は，金属側に $V<0$ の電圧を印加した場合のエネルギー帯図である．金属側のエネルギー帯が，半導体側に対して $|qV|$ だけ上に移動するから，フェルミ準位は図のように一様に右下方向に傾く．したがって，一様な右方向の電子流，すなわち左方向の電流が発生する．図 (b)〜(d) の電流と電圧の関係を図示すると，図 7.3（$\phi_M < \phi_S$ の場合）の破線のようにほぼ直線となり，オーム性の抵抗となるので，$\phi_M < \phi_S$ の場合の接触を，**オーミック接触** (ohmic contact) という．半導体に電極を形成する場合，電極金属と半導体の接触がオーミック接触となることが望ましい．

7.2.2　金属と p 型半導体の接触
(1) $\phi_M > \phi_S$ の場合

図 7.5 に，金属と p 型半導体が接触した場合のエネルギー帯の変化の様子を示す．図 (a) は接触前のエネルギー帯であり，E_G は禁制帯幅である．図 (b) は，接触後の平衡状態のエネルギー帯図である．接触前は半導体のフェルミ準位が上にあるから，接触

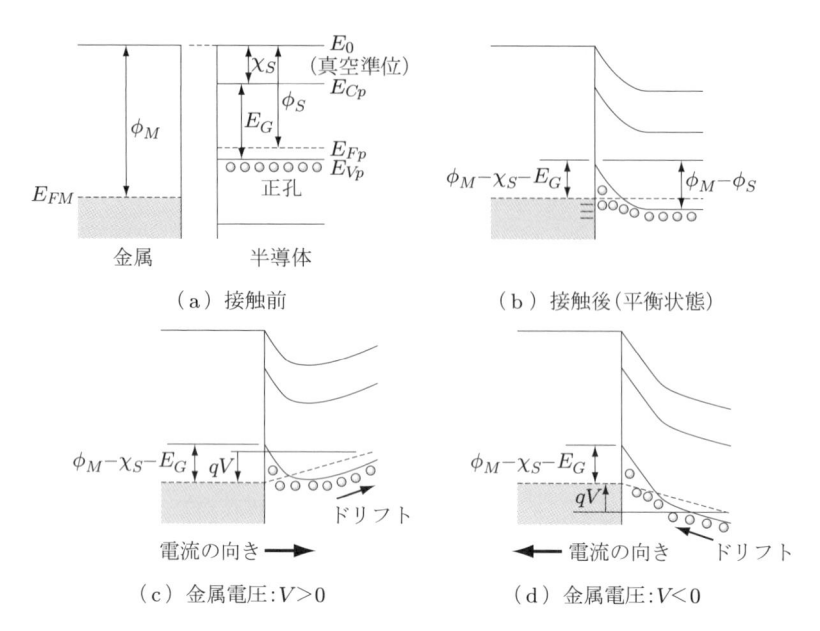

図 7.5　金属と p 型半導体が接触した場合のエネルギー帯の変化 ($\phi_M > \phi_S$)

後は p 型半導体表面近傍の価電子帯の電子が金属側表面近傍に流入し，両方のフェルミ準位が一致して平衡に達する．p 型半導体側表面近傍のエネルギー帯は上側に曲がり，表面近傍の正孔密度は大きくなるが，金属側表面近傍は流入した電子により負に帯電する．エネルギー帯の曲がりにより，金属側，半導体側にそれぞれ $\phi_M - \chi_S - E_G$，$\phi_M - \phi_S$ の段差ができるが，これらは正孔に対する障壁にはならず，全電流もゼロである．

図 (c) は，金属側に $V > 0$ の電圧を印加した場合のエネルギー帯図である．図 7.4(c) と同様に，フェルミ準位は図のように一様に左下方向に傾く．したがって，一様な右方向の正孔流，すなわち右方向の電流が発生する．正孔の供給源は，金属側表面近傍で熱的に発生した電子・正孔対（図示していない）であり，正孔は p 型半導体側に定常的に流入し，電子は左側に移動する．図 (d) は，金属側に $V < 0$ の電圧を印加した場合のエネルギー帯図である．図 7.4(d) と同様に，フェルミ準位は図のように一様に右下方向に傾く．したがって，一様な左方向の正孔流，すなわち左方向の電流が発生する．金属側に流入した正孔は電子と再結合して消滅するので，金属内では電子を補給するため，右方向の電子の流れが発生する．この場合の電流-電圧特性は，図 7.3 の $\phi_M < \phi_S$ の場合と同様にほぼ直線となるので，オーミック接触に対応する．

(2) $\phi_M < \phi_S$ の場合

図 7.6 に，$\phi_M < \phi_S$ の場合のエネルギー帯の変化の様子を示す．図 (a) は接触前のエネルギー帯であり，図 (b) は接触後の平衡状態のエネルギー帯図である．接触前は金属のフェルミ準位が上にあるから，金属側表面近傍の電子が p 型半導体側表面近傍に流入して正孔と再結合し，両方のフェルミ準位が一致して平衡に達する．p 型半導体側表面近傍は空乏層となり，イオン化したアクセプタ原子が空間電荷層を形成し，金属側表面は正に帯電するからエネルギー帯は下側に曲がる．p 型半導体の正孔に対して拡散電位 V_D [V] によるエネルギー障壁 $qV_D (= \phi_S - \phi_M)$ が形成される．このエネルギー障壁は金属側で発生する正孔にはエネルギー障壁（ショットキー障壁）となる．したがって，金属と p 型半導体の接触の場合には，$\phi_M < \phi_S$ の場合にショットキー接触となる．平衡状態では，$\chi_S + E_G - \phi_M$ を越えて金属側から半導体側に流れる正孔流 F_1 と，qV_D を越えて半導体側から金属側に流れる正孔流 F_2 は等しいはずであるから，電流はゼロとなる．

図 (c) は，金属側に $V > 0$ の電圧を印加した場合のエネルギー帯図である．金属側のエネルギー帯が，半導体側に対して qV だけ下に移動するから，p 型半導体の正孔に対する障壁は $q(V_D + V)$ に増加し，F_2 は急減する．一方，金属側の正孔に対するエネルギー障壁は $\chi_S + E_G - \phi_M$ のままであるから，$F_2 < F_1$ となるが，もともと F_1 は

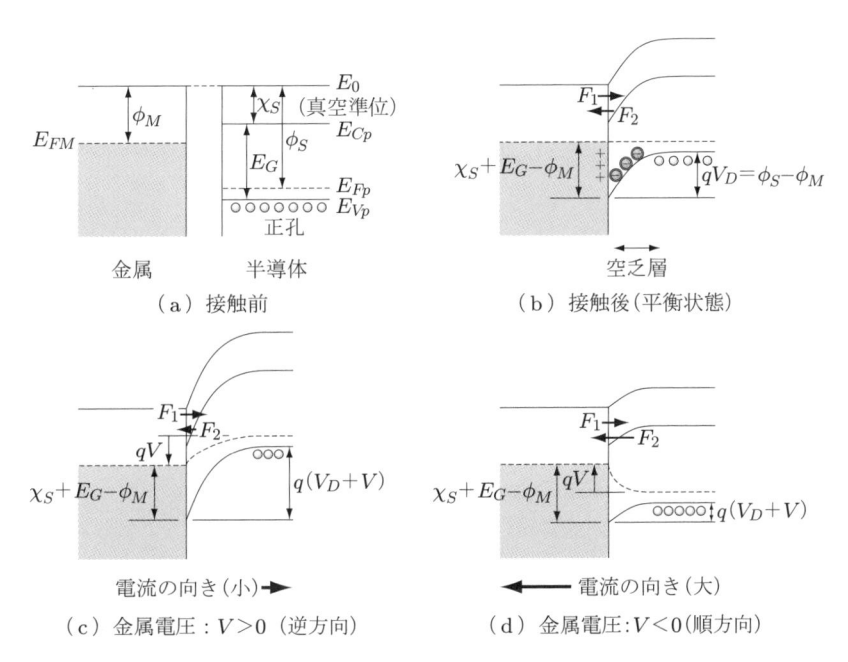

図 7.6 金属と p 型半導体が接触した場合のエネルギー帯の変化 ($\phi_M < \phi_S$)

小さいから全体として小さな右向きの正孔流が生じ，右方向の小さな電流（逆方向飽和電流）が発生する．図 (d) は，金属側に $V<0$ の電圧を印加した場合のエネルギー帯図である．金属側のエネルギー帯が半導体側に対して $|qV|$ だけ上に移動するから，p 型半導体の正孔に対する障壁は $q(V_D+V)$ に減少し，F_2 は急増する．$F_2 \gg F_1$ となり，全体として大きな左向きの正孔流が生じ，左方向の大きな電流が発生する．したがって，この電流は順方向電流である．金属側に流入した正孔は電子と再結合して消滅するので，金属内では右方向の電子の流れが発生する．図 (b)〜(d) の電流と電圧の関係を図示すると，図 7.3（$\phi_M > \phi_S$ の場合）のように，pn 接合の整流特性に類似な特性となる．ただし，金属と p 型半導体の接触の場合には，金属が n 型半導体の役割を果たすので，金属電圧 $V>0$ のときが逆方向，金属電圧 $V<0$ のときが順方向となる．

金属と半導体の接触型と整流特性，オーミック特性の関係をまとめると，**表 7.1** となる．

表 7.1 金属と半導体の接触型と整流特性，オーミック特性の関係

接触型	$\phi_M > \phi_S$	$\phi_M < \phi_S$
金属 – n 型	整流特性	オーミック特性
金属 – p 型	オーミック特性	整流特性

例題 7.1 図 7.7(a) のように，p 型半導体に金属電極 A, B を付けて導線（金属）を接続し，電圧 V を印加して電流 I を流すとき，電子と正孔の役割を述べよ．ただし，金属電極と半導体の接触はオーミック接触とする．

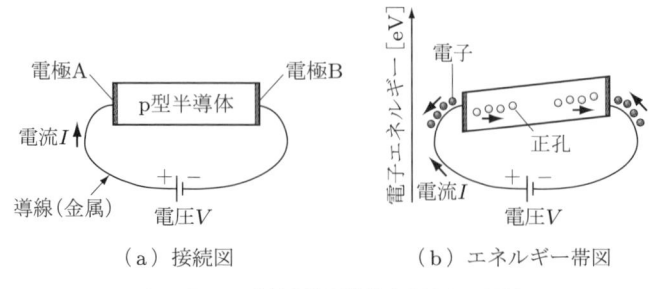

図 7.7 p 型半導体と導線内を流れる電流

解答 電極 A の接触は，図 7.5(c) の場合に相当するから，図 (b) のように電極 A 内で発生した電子・正孔対のうち電子は導線側に，正孔は半導体内にドリフトする．電極 B の接触は，図 7.5(d) の場合に相当するから，図 (b) のように電極 B 内にドリフトした正孔は電子と再結合して消滅する．導線側からは電子が補給される．p 型半導体内では正孔

が電流を担い，導線内では電子が電流を担う．

7.3 ショットキーダイオード

金属と n 型半導体の接触（$\phi_M > \phi_S$；図 7.2）および金属と p 型半導体の接触（$\phi_M < \phi_S$；図 7.6）の場合には，電流 - 電圧特性が pn 接合の整流特性に類似な特性を示すので，これらをダイオードとして用いることができる．これを**ショットキーダイオード** (Schottky diode) または**ショットキーバリアダイオード** (Schottky barrier diode) という．図 7.2(c) の場合に対応して，**図 7.8** のように，金属側から半導体側に流れる電子流 F_1 による電流密度を J_1，半導体側から金属側に流れる電子流 F_2 による電流密度を J_2 とすると，全電流密度 $J = J_2 - J_1$ は以下の式で与えられる（付録 A.10 参照）．

$$J = J_2 - J_1 = A^* T^2 \exp\left(-\frac{\phi_M - \chi_S}{kT}\right) \left\{\exp\left(\frac{qV}{kT}\right) - 1\right\} \tag{7.1}$$

$$A^* \equiv \frac{4\pi q m_n^* k^2}{h^3} \; [\mathrm{A/(m^2 K^2)}] \tag{7.2}$$

T は絶対温度，k はボルツマン定数，m_n^* は電子の有効質量，h はプランク定数であり，A^* は**リチャードソン - ダッシュマン定数** (Richardson-Dashmann constant) とよばれる．

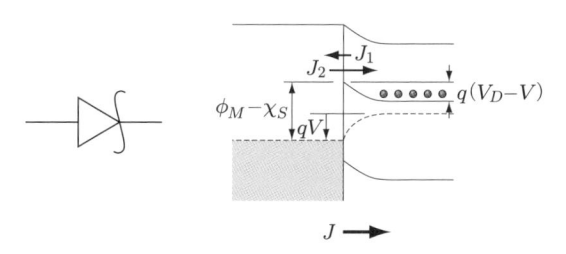

（a）回路記号　　（b）電流密度 J（金属電圧 $V > 0$）

図 7.8　ショットキーダイオード

式 (7.1) は，係数を除いて式 (5.36) と同様な印加電圧 V 依存性を示す．pn 接合の電流とのおもな違いは次の点にある．

(1) ショットキーダイオードの電流は，多数キャリアによるものである．
(2) 順方向バイアスのときに半導体から金属に流入した電子は，短時間（$\sim 10^{-13}$ [s]）

のうちに金属内の電子のエネルギー分布に溶け込む（緩和する）が，逆バイアスになったときに金属側の電子に対するショットキー障壁は $\phi_M - \chi_S$ のままであるから，半導体から金属に流入したほとんどの電子は半導体に戻ることができない．すなわち，pn 接合の場合のような少数キャリアの逆流現象（少数キャリア蓄積効果）がないので，高周波の用途に適する．

空乏層の存在により，ショットキー接触は容量として働く．その値は，5.3 節の結果を用いて求めることができる（演習問題 7.1 参照）．

例題 7.2 $m_n{}^* \fallingdotseq m_0$ として，式 (7.2) の A^* の値を求めよ．

解答
$$A^* \fallingdotseq \frac{4 \times 3.14 \times 1.6 \times 10^{-19} \times 9.1 \times 10^{-31} \times (1.38 \times 10^{-23})^2}{(6.63 \times 10^{-34})^3}$$
$$\fallingdotseq 1.195 \times 10^{-19-31-46+102} \fallingdotseq 1.20 \times 10^6 \,[\mathrm{A/(K^2 m^2)}]$$

7.4 金属，絶縁物，半導体の接触と理想 MOS 構造

図 7.9(a) のように，金属 (Metal) と半導体 (Semiconductor) の間に絶縁物（絶縁膜）(Insulator) を挟んだ構造を，それぞれの層の頭文字をとって，**MIS 構造**という．絶縁物として，実際は SiO_2 などの**酸化物** (Oxide) の膜を用いることが多く，その場合は **MOS 構造**という．MIS 構造より MOS 構造という用語の方が多く用いられる傾向にあるので，本書でもそれに従う．

図 7.9(b) は，以下に述べる理想 MOS 構造の平衡状態におけるエネルギー帯を示したものである．半導体は p 型であり，E_i は真性フェルミ準位である．7.2 節で述べた

(a) 一般的な構造　　（b）理想 MOS 構造のエネルギー帯図（p 型半導体）

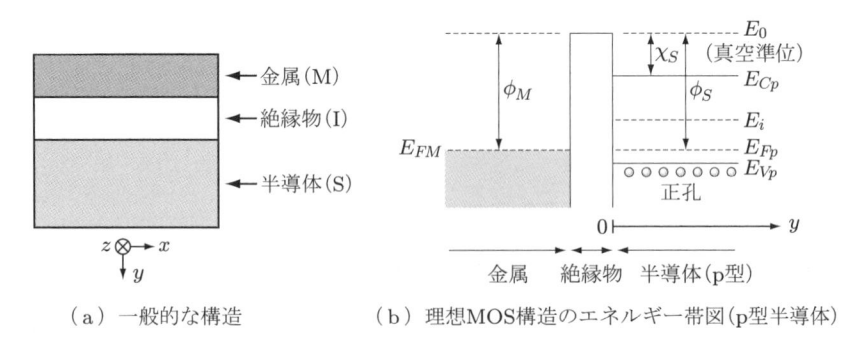

図 7.9　MIS (MOS) 構造

ように，金属の仕事関数 ϕ_M と半導体の仕事関数 ϕ_S は一般には異なるが，本節および 7.5〜7.7 節では，$\phi_M = \phi_S$ とする．これを含めて，以下の 3 条件を満たす MOS 構造を，**理想 MOS 構造**という．

(a) $\phi_M = \phi_S$ が成り立つ．この場合，図 7.9(b) のように，平衡状態でフェルミ準位と同様にエネルギー帯も一直線となる**フラットバンド** (flat band) 条件が成り立つ．

(b) 絶縁物の抵抗率は ∞ とする．すなわち，絶縁物は電流を通さない．

(c) 絶縁物と半導体の境界を $y = 0$ として，図 7.9(b)（または図 7.9(a)）のように，半導体の内部方向に y 軸をとるとき，物理現象は y のみに依存する．これは，MOS 構造が図 7.9(a) の zx 面方向に十分広く，一様であるとみなせることと等価である．

理想 MOS 構造は厳密には実在しないが，当面は理想 MOS 構造を対象とし，7.8 節で理想 MOS 構造でない場合の補正を行う．

7.5 蓄積，空乏，反転

図 7.10 は，図 7.9(b) の理想 MOS 構造の半導体側を接地し，金属に V_G [V] の電圧を印加したときのエネルギー帯の変化を示す．V_G が $V_G < 0, V_G > 0, V_G \gg 0$ となるとき，それぞれの場合に対応して特徴的な現象が生じるので，それらを定性的に述べる．

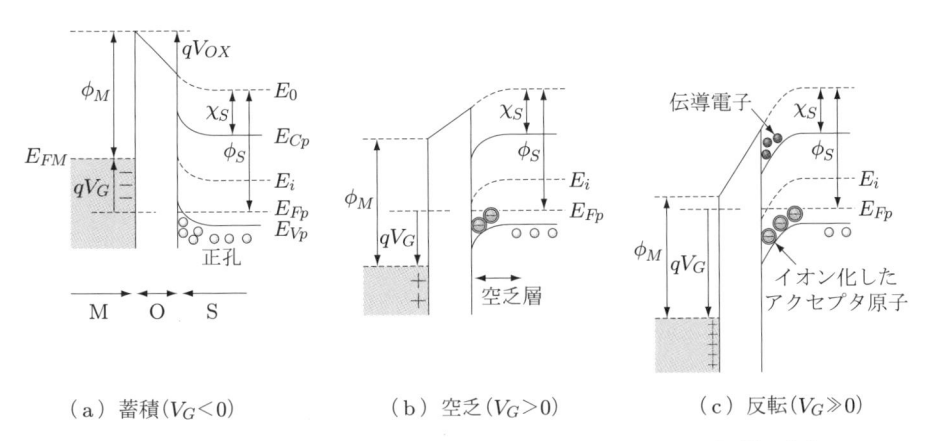

(a) 蓄積 ($V_G < 0$)　　(b) 空乏 ($V_G > 0$)　　(c) 反転 ($V_G \gg 0$)

図 7.10　理想 MOS 構造の金属に電圧を印加したときのエネルギー帯の変化

(1) $V_G < 0$ の場合（蓄積）

図7.10(a) のように，金属側が $q|V_G|$ だけ上に上がる．絶縁物にかかる電圧を V_{OX} とすると，$|V_G| > |V_{OX}|$ であり，残りの電圧は半導体にかかるから，半導体表面近傍のエネルギー帯は上に曲がる．絶縁物は電流を流さないので，半導体は平衡状態のまま，すなわち，フェルミ準位も水平のままである．したがって，半導体表面近傍の正孔密度が増加し，これに対応して金属側表面には負の電荷が誘起される．半導体表面近傍に正孔がたまるので，この場合を**蓄積** (accumulation) とよぶ．

(2) $V_G > 0$ の場合（空乏）

図7.10(b) のように，金属側が qV_G だけ下がる．半導体表面近傍のエネルギー帯は下に曲がる．したがって，半導体表面近傍の正孔密度が減少し，空乏層，すなわち負の空間電荷層（イオン化したアクセプタ原子の層）が生じる．これに対応して，金属側表面には正の電荷が誘起される．半導体表面近傍が空乏層となるので，この場合を**空乏** (depletion) とよぶ．

(3) $V_G \gg 0$ の場合（反転）

図7.10(c) のように，半導体表面近傍のエネルギー帯が (2) の場合に比べてさらに下に曲がり，真性フェルミ準位 E_i が E_{Fp} より下になる場合である．これは，p型半導体表面近傍がn型半導体になることを意味するので，この場合を**反転** (inversion) とよぶ．p型半導体表面近傍に伝導電子層が出現し，金属側表面に誘起される正の電荷は，空乏の場合よりさらに増加する．この現象は，8章で述べる電界効果トランジスタに利用される．

7.6 理想 MOS の反転しきい値電圧

7.6.1 電荷面密度の V_G 依存性

$V_G > 0$ の場合に，空乏層幅，金属およびp型半導体表面近傍の電荷密度が，V_G にどのように依存するかを定量的に考察する．**図7.11** は，理想 MOS 構造のエネルギー帯，電荷分布，電界分布，電位分布である．絶縁物と半導体の境界を $y = 0$ として，半導体の内部方向に y 軸をとり，絶縁物の幅を t_{OX}，空乏層幅を y_d とする．

図(b) の電荷分布において，金属表面近傍の正の電荷，および反転で生じたp型半導体表面近傍の負の電荷（伝導電子）はシート状とみなし，幅は無視する．そこで，正の電荷の面密度を Q_G [C/cm^2]，負の電荷（伝導電子）の面密度を $-Q_n$ [C/cm^2] とする．一方，アクセプタ密度を N_A [cm^{-3}] とすると，空乏層内の電荷密度は $-qN_A$ [C/cm^3]

7.6 理想 MOS の反転しきい値電圧

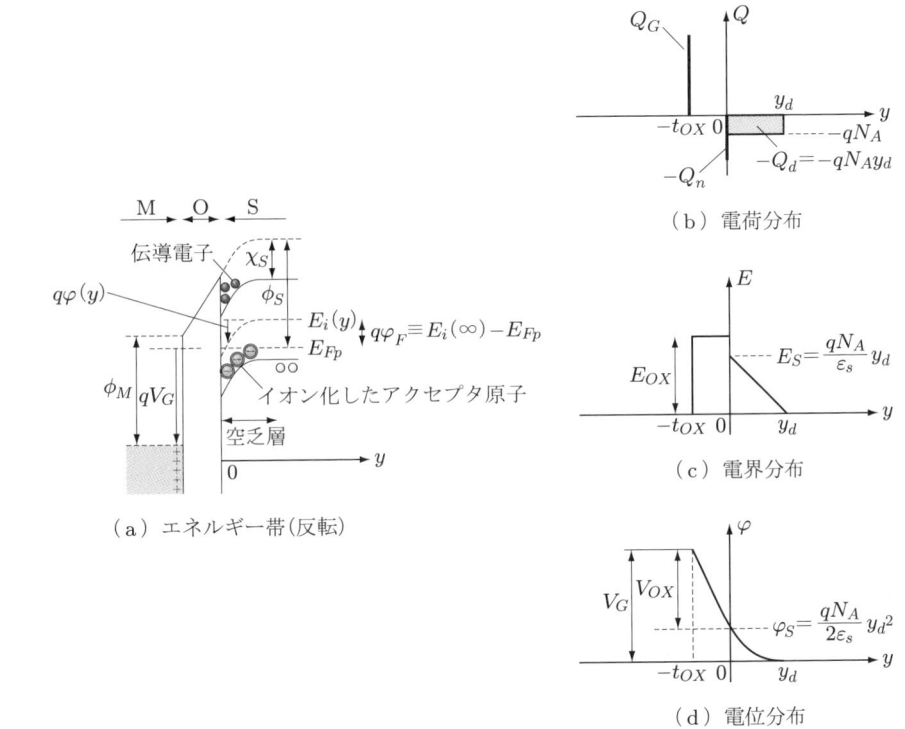

図 7.11 理想 MOS 構造のエネルギー帯，電荷・電界・電位分布

となるが，空乏層内の全電荷を面密度 $-Q_d$ で表すと，$-Q_d = -qN_A y_d\,[\mathrm{C/cm^2}]$ となる．正の電荷から出たすべての電気力線は，負の電荷（伝導電子とアクセプタイオン）で終端されるから，次式が成り立つ．

$$Q_G = Q_n + Q_d \tag{7.3}$$

ただし，反転に達しない場合は $Q_n = 0$ である．

図 (a) において，$E_i(\infty)$ を基準として，$E_i(y)$ の曲がりを $q\varphi(y)$，すなわち，電位の y 依存性を $\varphi(y)$ で表すと，$\varphi(y)$ は次のポアソン方程式を満たす．

$$\frac{d^2\varphi(y)}{dy^2} = \frac{qN_A}{\varepsilon_s} \qquad (0 < y < y_d) \tag{7.4}$$

5.3.1 項と類似の考え方により，$y = y_d$ で電界 $E(y_d) = 0$ であるから，図 (c) のように，$E(y)$ は次式を満たす．

$$E(y) \equiv -\frac{d\varphi(y)}{dy} = \frac{qN_A}{\varepsilon_s}(y_d - y) \qquad (0 < y < y_d) \tag{7.5}$$

$y=0$ における表面電界を E_S とすると, E_S は次式で与えられる.

$$E(0) \equiv E_S = \frac{qN_A}{\varepsilon_s} y_d \tag{7.6}$$

絶縁物の誘電率を ε_{OX} とすると, ガウスの定理より, 絶縁物内の電界 E_{OX} は次式で与えられる (演習問題 7.2 参照).

$$E_{OX} = \frac{Q_G}{\varepsilon_{OX}} \tag{7.7}$$

ただし, 絶縁物内には電荷はないとする. 図 (c) において, $y=0$ で電界に生じる段差は Q_n による ($Q_n = 0$ なら段差は生じない).

式 (7.5) より, $\varphi(y)$ は次式で与えられる (図 (d)).

$$\varphi(y) = \frac{qN_A}{2\varepsilon_s}(y_d - y)^2 \quad (0 < y < y_d) \tag{7.8}$$

$y=0$ における表面電位を φ_S とすると, φ_S は次式で与えられる.

$$\varphi(0) \equiv \varphi_S = \frac{qN_A}{2\varepsilon_s} y_d^2 \tag{7.9}$$

図 (d) を参照し, $V_{OX} = E_{OX} \cdot t_{OX}$, 式 (7.7), (7.3) を用いると, V_G と電荷面密度の関係は, 次式のようになる.

$$V_G = \varphi_S + V_{OX} = \varphi_S + E_{OX}t_{OX} = \varphi_S + \frac{Q_G}{\varepsilon_{OX}}t_{OX}$$

$$= \varphi_S + \frac{Q_n + Q_d}{C_{OX}} \quad \left(C_{OX} \equiv \frac{\varepsilon_{OX}}{t_{OX}} \text{[F/cm}^2\text{]}\right) \tag{7.10}$$

C_{OX} は, 絶縁物の単位面積あたりの容量である.

7.6.2 反転しきい値電圧

式 (7.10) において, V_G が増加するにつれて φ_S, Q_n, Q_d も増加するが, ある電圧以上で Q_n が急増する. この電圧を反転しきい値電圧 V_{th} といい, 本項では V_{th} を求める. 図 7.11(a) において,

$$q\varphi(y) \equiv E_i(\infty) - E_i(y) \tag{7.11}$$

$$q\varphi_F \equiv E_i(\infty) - E_{Fp} \tag{7.12}$$

であり, 式 (7.11), (7.12) と演習問題 3.3 の関係を用いると, 半導体のキャリア密度の

y 依存性は次式で表せる.

$$p(y) = n_i \exp\left\{\frac{E_i(y) - E_{Fp}}{kT}\right\} = n_i \exp\left\{\frac{q\varphi_F - q\varphi(y)}{kT}\right\} \tag{7.13}$$

$$n(y) = n_i \exp\left\{\frac{q\varphi(y) - q\varphi_F}{kT}\right\} \tag{7.14}$$

式 (7.9), (7.13), (7.14) を用いると，半導体表面のキャリア密度は次式で表せる.

$$p_S \equiv p(0) = n_i \exp\left\{\frac{q(\varphi_F - \varphi_S)}{kT}\right\} \tag{7.15}$$

$$n_S \equiv n(0) = n_i \exp\left\{\frac{q(\varphi_S - \varphi_F)}{kT}\right\} \tag{7.16}$$

式 (3.37) より，

$$\varphi_F = \frac{kT}{q} \ln\left(\frac{N_A}{n_i}\right) \tag{7.17}$$

であり，φ_F は V_G に依存しないが，φ_S は V_G と共に増加するので，p_S, n_S の大小関係を，次の三つの場合に分けて考える.

(1) $\varphi_S = 0$ ($V_G = 0$) の場合

式 (7.15)〜(7.17) を用いると，p_S, n_S はそれぞれ次のようになる.

$$p_S = n_i \exp\left(\frac{q\varphi_F}{kT}\right) = N_A \tag{7.18}$$

$$n_S = n_i \exp\left(-\frac{q\varphi_F}{kT}\right) = \frac{n_i^2}{N_A} = n_{p0} \ll p_S \tag{7.19}$$

(2) $\varphi_S = \varphi_F$ ($V_G > 0$) の場合

$$p_S = n_S = n_i \tag{7.20}$$

これは表面が真性半導体となる場合である.

(3) $\varphi_S = 2\varphi_F$ ($V_G \gg 0$) の場合

$$n_S = n_i \exp\left(\frac{q\varphi_F}{kT}\right) = N_A \tag{7.21}$$

$$p_S = n_i \exp\left(-\frac{q\varphi_F}{kT}\right) = \frac{n_i^2}{N_A} = n_{p0} \ll n_S \tag{7.22}$$

以上の三つの場合を考慮すると，p_S, n_S の φ_S 依存性の概略は，図 7.12 のようになる.

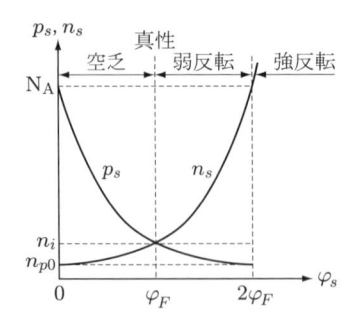

図 7.12 p_S, n_S の φ_S 依存性

$\varphi_F < \varphi_S < 2\varphi_F$ では，$p_S < n_S < N_A$ となるため，この区間は弱反転とよばれる．$2\varphi_F \leqq \varphi_S$ では，$n_S \geqq N_A$ となり，空乏層のイオン化したアクセプタ原子密度以上となるため強反転とよばれ，通常，「反転」とよばれるのはこの区間である．このとき，p 型半導体表面はキャリア密度 $n_S \geqq N_A$ の n 型半導体と等価になる．$2\varphi_F \leqq \varphi_S$ のとき，n_S（すなわち Q_n）は指数関数的に増加し，Q_G からの電気力線はほとんど Q_n に終端するので，空乏層幅 y_d はそれ以上広がらなくなる．そこで，式 (7.9) を用いて y_d の最大値 y_{dm} を，次式で近似する．

$$2\varphi_F \fallingdotseq \frac{qN_A}{2\varepsilon_s}y_{dm}^2 \quad \therefore \quad y_{dm} \fallingdotseq 2\sqrt{\frac{\varepsilon_s\varphi_F}{qN_A}} \tag{7.23}$$

したがって，Q_d の最大値は次式で与えられる．

$$Q_{dm} \fallingdotseq qN_A y_{dm} = 2\sqrt{\varepsilon_s qN_A\varphi_F} \tag{7.24}$$

$2\varphi_F \leqq \varphi_S$ では，φ_S, Q_d はそれぞれ $2\varphi_F, Q_{dm}$ に固定されると考えてよいから，式 (7.10) は次式で近似できる．

$$V_G \fallingdotseq 2\varphi_F + \frac{Q_n + Q_{dm}}{C_{OX}} \tag{7.25}$$

したがって，反転（強反転）で発生する伝導電子の面密度 Q_n は，次式で与えられる．

$$Q_n \fallingdotseq C_{OX}\left(V_G - 2\varphi_F - \frac{Q_{dm}}{C_{OX}}\right) = C_{OX}(V_G - V_{th}) \quad (V_G \geqq V_{th}) \tag{7.26}$$

ここで，V_{th} は**反転しきい値電圧**であり，次式で定義される．

$$V_{th} \equiv 2\varphi_F + \frac{Q_{dm}}{C_{OX}} \fallingdotseq 2\varphi_F + \frac{qN_A y_{dm}}{C_{OX}} \tag{7.27}$$

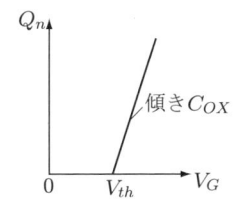

図 7.13 Q_n の V_G 依存性

式 (7.26) より，図 7.13 のように，Q_n は $V_G \geqq V_{th}$ で C_{OX} の傾きをもって直線的に増加する．

例題 7.3 金属 - SiO_2 - Si からなる理想 MOS 構造において，Si の比誘電率 $\varepsilon_r = 11.9$，真空の誘電率 $\varepsilon_0 = 8.854 \times 10^{-14}$ [F/cm]，アクセプタ密度 $N_A = 10^{16}$ [cm^{-3}]，真性キャリア密度 $n_i = 1.45 \times 10^{10}$ [cm^{-3}]，SiO_2 の比誘電率 $\varepsilon_r = 3.9$，厚さ $t_{OX} = 100$ [nm] とするとき，室温（300 [K]）において次の各値を求めよ．

(1) φ_F　(2) y_{dm}　(3) Q_{dm}　(4) C_{OX}　(5) V_{th}

解答　(1) 式 (7.17) より，次のように求まる．

$$\varphi_F = 0.026 \ln\left(\frac{10^{16}}{1.45 \times 10^{10}}\right) \fallingdotseq 0.026 \times (\ln 6.70 + 5 \ln 10) \fallingdotseq 0.349 \,[\text{V}]$$

(2) 式 (7.23) より，次のように求まる．

$$y_{dm} = 2\sqrt{\frac{11.9 \times 8.854 \times 10^{-14} \times 0.349}{1.6 \times 10^{-19} \times 10^{16}}} \fallingdotseq 2\sqrt{22.98 \times 10^{-11}}$$
$$\fallingdotseq 3.03 \times 10^{-5} \,[\text{cm}]$$

(3) 式 (7.24) より，次のように求まる．

$$Q_{dm} = 1.6 \times 10^{-19} \times 10^{16} \times 3.03 \times 10^{-5} \fallingdotseq 4.85 \times 10^{-8} \,[\text{C/cm}^2]$$

(4) 式 (7.10) より，次のように求まる．

$$C_{OX} = \frac{3.9 \times 8.854 \times 10^{-14}}{10^{-5}} \fallingdotseq 3.45 \times 10^{-8} \,[\text{F/cm}^2]$$

(5) 式 (7.27) より，次のように求まる．

$$V_{th} = 2 \times 0.349 + \frac{4.85}{3.45} \fallingdotseq 2.10 \,[\text{V}]$$

7.7 理想 MOS の容量

MOS 構造は金属と絶縁物の接触を含むから，容量分をもち，その値は次式で求められる．

$$C \equiv \frac{dQ_G}{dV_G} = \frac{dQ_G}{d\varphi_S + \dfrac{dQ_G}{C_{OX}}} = \frac{1}{\dfrac{1}{\dfrac{dQ_G}{d\varphi_S}} + \dfrac{1}{C_{OX}}} \quad [\text{F/cm}^2] \tag{7.28}$$

ただし，式 (7.10) を用いた．式 (7.28) の $dQ_G/d\varphi_S$ について，次の二つの場合を考える．

(1) $\varphi_S < 2\varphi_F$ では，$Q_n \ll Q_d$ として Q_n を無視する．このとき，式 (7.3), (7.9) より，$dQ_G/d\varphi_S$ は次式のようになる．

$$\begin{aligned}\frac{dQ_G}{d\varphi_S} &\fallingdotseq \frac{dQ_d}{d\varphi_S} = \frac{d}{d\varphi_S}\sqrt{2\varepsilon_s q N_A \varphi_S} = \sqrt{2\varepsilon_s q N_A} \frac{1}{2\sqrt{\varphi_S}} \\ &= \sqrt{2\varepsilon_s q N_A} \cdot \frac{1}{2} \cdot \sqrt{\frac{2\varepsilon_s}{q N_A}} \cdot \frac{1}{y_d} \\ &= \frac{\varepsilon_s}{y_d} \equiv C_d \geq \frac{\varepsilon_s}{y_{dm}} \equiv C_{d\min}\end{aligned} \tag{7.29}$$

これは空乏層部分の単位面積あたりの容量であるから，これを C_d で表す．C_d は y_d が最大値 y_{dm} をとるとき最小になるから，最小値を $C_{d\min}$ とする．式 (7.28), (7.29) より，

$$C = \frac{1}{\dfrac{1}{C_d} + \dfrac{1}{C_{OX}}} = \frac{C_{OX} C_d}{C_{OX} + C_d} \geq \frac{C_{OX} C_{d\min}}{C_{OX} + C_{d\min}} \equiv C_{\min} \tag{7.30}$$

となる（演習問題 7.3 参照）．これは MOS の容量 C が，C_{OX} と C_d の直列容量となる場合である．

(2) $2\varphi_F \leqq \varphi_S$ では，$Q_d \ll Q_n$ として Q_d を無視する．このとき，式 (7.3) より，$dQ_G/d\varphi_S$ は次式のようになる．

$$\frac{dQ_G}{d\varphi_S} \fallingdotseq \frac{dQ_n}{d\varphi_S} \tag{7.31}$$

図 7.12 の強反転区間を参照すると，φ_S がほとんど一定をとるのに対して，Q_n は指数関数的に増加するから，式 (7.31) の右辺は近似的に無限大とみなせる．すなわち，$C_d \to \infty$ であるから，式 (7.28) より $C \fallingdotseq C_{OX}$ となる．これは，式

(7.29) で $y_d \to 0$ とすることと等価である．Q_n が大きくなるので，空乏層の働きが隠れてしまうことになる．

以上の二つの場合を考慮すると，容量 C の V_G 依存性の概略は，**図 7.14** のようになる．高周波測定（数 kHz 程度以上）では低い容量が観測されるが，低周波測定（10 Hz 程度）では，V_{th} 以上で C_{OX} に近い値が観測される．これは，低周波では反転層にキャリアが供給されるが，高周波では反転層のキャリア供給が周波数に追随できない（空乏層のままである）ためである．

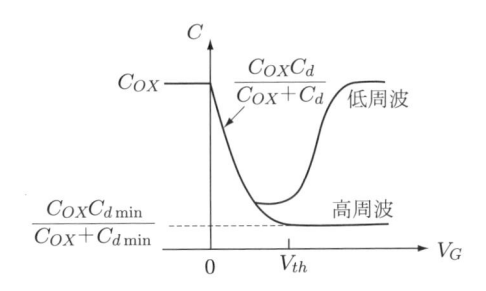

図 7.14 MOS 構造の容量 C の V_G 依存性

例題 7.4 例題 7.3 と同じ条件で，式 (7.29) の $C_{d\min}$ および式 (7.30) の $C_{\min}$ を求めよ．

解答 例題 7.3(2) より，

$$C_{d\min} = \frac{11.9 \times 8.854 \times 10^{-14}}{3.03 \times 10^{-5}} \fallingdotseq 3.48 \times 10^{-8} \,[\text{F/cm}^2]$$

となる．また，例題 7.3(4) と上記の値より，次のように求まる．

$$C_{\min} = \frac{3.45 \times 3.48 \times 10^{-8}}{3.45 + 3.48} \fallingdotseq 1.73 \times 10^{-8} \,[\text{F/cm}^2]$$

7.8 理想 MOS でない場合の補正

7.8.1 $\phi_M \neq \phi_S$ の場合

7.4 節の理想 MOS の条件 (a) が崩れ，条件 (b)，(c) は成り立っているものとする．金属の仕事関数 ϕ_M と半導体の仕事関数 ϕ_S は，一般には異なる．たとえば，アルミニウム（Al）と p 型 Si の場合は，$\phi_M < \phi_S$ である．**図 7.15** は，$\phi_M < \phi_S$ の場合のエネルギー帯図である．平衡状態ではフェルミ準位が一致するので，金属側が $\phi_S - \phi_M$

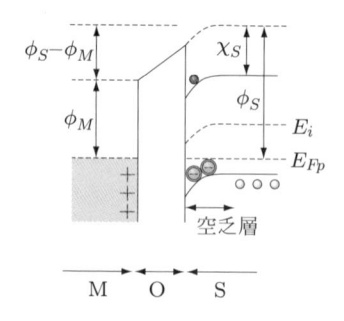

図 7.15 $\phi_M < \phi_S$ の場合のエネルギー帯図（平衡状態）

だけ下がり，半導体表面近傍のエネルギー帯は下に曲がる．フラットバンドにするためには，金属に

$$\frac{\phi_{MS}}{q} = \frac{\phi_M - \phi_S}{q} (<0) \, [\mathrm{V}] \tag{7.32}$$

の電圧を印加して，金属側を $\phi_S - \phi_M$ だけ上げなければならない．フラットバンドになった後，反転しきい値 V_{th} を求めるのは式 (7.27) を導出した手順と同様になるので，V_{th} は次式で与えられる．

$$V_{th} \fallingdotseq 2\varphi_F + \frac{qN_A y_{dm}}{C_{OX}} + \frac{\phi_{MS}}{q} \tag{7.33}$$

すなわち，平衡状態でエネルギー帯はすでに下に曲がっているので，V_{th} は $|\phi_{MS}/q|$ だけ減少する．

7.8.2 界面電荷がある場合

図 7.16 は，絶縁物と p 型半導体界面に，$Q_{SS} \, [\mathrm{C/cm^2}]$ の正の界面電荷がある場合のエネルギー帯図である．図 (a) は，$V_G = 0$ の場合であり，図 7.1(b) と同様に，半導体表面近傍のエネルギー帯は下に曲がる．図 (b) は，金属に $V_G = -Q_{SS}/C_{OX} \, [\mathrm{V}]$ を印加した場合である．Q_{SS} の正電荷の電気力線が金属の負電荷に終端するため，電圧は絶縁物にかかり，半導体のエネルギー帯はフラットバンドになる．半導体の仕事関数が $\phi_S + \phi_{SS}$（ただし $\phi_{SS} = qQ_{SS}/C_{OX} \, [\mathrm{eV}]$）になったことと等価になるため，金属と半導体のフェルミ準位が一致した状態（平衡状態）をフラットバンドにするには，金属に

$$\frac{\phi_M - (\phi_S + \phi_{SS})}{q} = \frac{\phi_{MS}}{q} - \frac{Q_{SS}}{C_{OX}} (<0) \, [\mathrm{V}] \tag{7.34}$$

を印加しなければならないことがわかる．したがって，式 (7.33) と同様に，V_{th} は次

7.8 理想 MOS でない場合の補正

(a) $V_G = 0$ 　　　**(b)** $V_G = -Q_{SS}/C_{OX}$

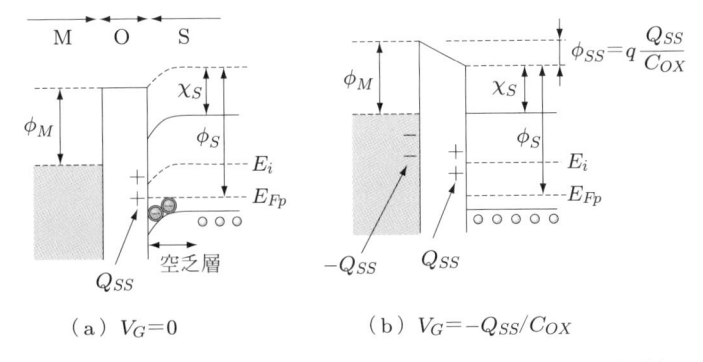

図 7.16　界面電荷がある場合のエネルギー帯図（$\phi_M < \phi_S$ の場合）

式で与えられる．

$$V_{th} \fallingdotseq 2\varphi_F + \frac{qN_A y_{dm}}{C_{OX}} + \frac{\phi_{MS}}{q} - \frac{Q_{SS}}{C_{OX}} \tag{7.35}$$

界面電荷を用いれば，しきい値を変化させることができる．

例題 7.5　Al‐SiO$_2$‐Si（p 型）からなる MOS 構造において，Al の仕事関数 $\phi_M = 4.25\,[\text{eV}]$，Si の比誘電率 $\varepsilon_r = 11.9$，真空の誘電率 $\varepsilon_0 = 8.854 \times 10^{-14}\,[\text{F/cm}]$，電子親和力（[eV] で表したもの）$\chi_S = 4.05\,[\text{eV}]$，禁制帯幅 $E_G = 1.12\,[\text{eV}]$，アクセプタ密度 $N_A = 10^{16}\,[\text{cm}^{-3}]$，真性キャリア密度 $n_i = 1.45 \times 10^{10}\,[\text{cm}^{-3}]$，SiO$_2$ の比誘電率 $\varepsilon_r = 3.9$，厚さ $t_{OX} = 100\,[\text{nm}]$ とするとき，室温（300 [K]）において V_{th} の値を求めよ．

解答　理想 MOS 構造としての V_{th} は，例題 7.3(5) の V_{th} と等しいから，2.10 [V] である．

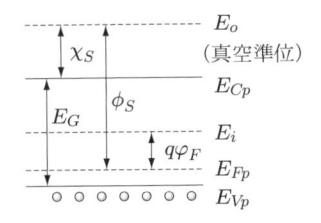

図 7.17　p 型シリコンのエネルギー帯図

図 7.17 より，

$$\chi_S + E_G \fallingdotseq \phi_S + \left(\frac{E_G}{2} - q\varphi_F\right)$$

$$\phi_S = \chi_S + \frac{E_G}{2} + q\varphi_F = 4.05 + 0.56 + 0.349 = 4.959\,[\text{eV}]$$

であるから，式 (7.33) より，V_{th} は次のように求められる．

$$V_{th} = 2.10 + (4.25 - 4.959) \fallingdotseq 1.39\,[\text{V}]$$

● ● 演習問題 ● ○

7.1 金属と n 型半導体がショットキー接触しているとき，空乏層幅 d と容量 C の印加電圧 V 依存性を求めよ．ただし，n 型半導体のドナー密度を N_D，誘電率を ε_s，金属の仕事関数を ϕ_M，半導体の仕事関数を ϕ_S とする．

7.2 絶縁物内の電界 E_{OX} が式 (7.7) で与えられることを示せ．

7.3 式 (7.30) の不等号が成り立つことを示せ．

7.4 $0 \leqq V_G \leqq V_{th}$ において，式 (7.30) の C の V_G 依存性は，次式で表せることを示せ．

$$C = \frac{C_{OX}}{\sqrt{1 + \dfrac{2\varepsilon_{OX}{}^2}{\varepsilon_s q N_A t_{OX}{}^2} V_G}}$$

7.5 例題 7.5 において，絶縁物と p 型半導体界面に $5 \times 10^{11}\,[\text{cm}^{-2}]$ の面密度をもつ正の電荷があるとき，V_{th} を求めよ．

8章 電界効果トランジスタ

　pn接合またはMOS構造を用いると，6章で述べたバイポーラトランジスタとは動作原理が異なる増幅デバイス，すなわち，**電界効果トランジスタ** (FET) を構成することができる．

　FETは，**ソース**から**ドレイン**に流れる多数キャリアによる電流を，**ゲート**電圧で制御するデバイスである．制御の方法として，キャリアの通路幅を変化させるもの（接合型）と，キャリアの密度を変化させるもの（絶縁膜型またはMOS型）に大別される．

　接合型では，pn接合の空乏層幅の電圧（逆バイアス）依存性，**MOS型**では，7章で述べたMOS構造の反転状態の電圧依存性を利用する．ソース端子を入出力共通にして，ゲートを入力端子，ドレインを出力端子とすることにより，バイポーラトランジスタと同様に**増幅動作**などを行わせることができる．

　本章では，接合型およびMOS型FETの基本構造と動作特性，増幅動作について学ぼう．

8.1 電界効果トランジスタの分類

　6.1節で述べたように，**電界効果トランジスタ** (field effect transistor; **FET**) は，多数キャリアが動作の主役を演じるトランジスタである．電界効果トランジスタを動作原理で分類すると，**図8.1**のように，**接合型FET** (junction FET)，**ショットキー障壁型FET** (Schottky barrier FET)，**絶縁膜型FET** (metal-insulator-semiconductor FET) に分かれ，接合型FETはさらに横形と縦形に分かれる．通常，接合型FET (**J-FET**) とよばれるのは横形であり，縦形は**静電誘導トランジスタ** (static induction transistor; **SIT**) とよばれる．FETは**ソース** (source)，**ゲート** (gate)，**ドレイン** (drain) の3領域からなる．動作原理を大別すると，接合型FETおよびショットキー障壁型FETでは，ゲートに印加される逆バイアスにより空乏層幅，すなわち**チャネル** (channel; 多数キャリアの通路) 幅を変化させ，電流を制御する．一方，絶縁膜型FETでは，ゲート電圧により絶縁膜・半導体界面の反転状態（多数キャリア密度）を変化させて電流を制御する．いずれもソースからドレインに流れる多数キャリアのチャネル幅またはキャリア密度がゲート電圧により制御されるため，ゲート領域（電極）が制御電極となる．本章では，FETの代表例として接合型FET（横形）および絶縁膜型FETを取

```
電界効果Tr ─┬─ 接合型FET ─┬─ 横形（J-FET）
(ユニポーラTr)│            └─ 縦形（SIT）
              ├─ ショットキー障壁型FET
              └─ 絶縁膜型FET
                 （MIS FET または MOS FET）
```

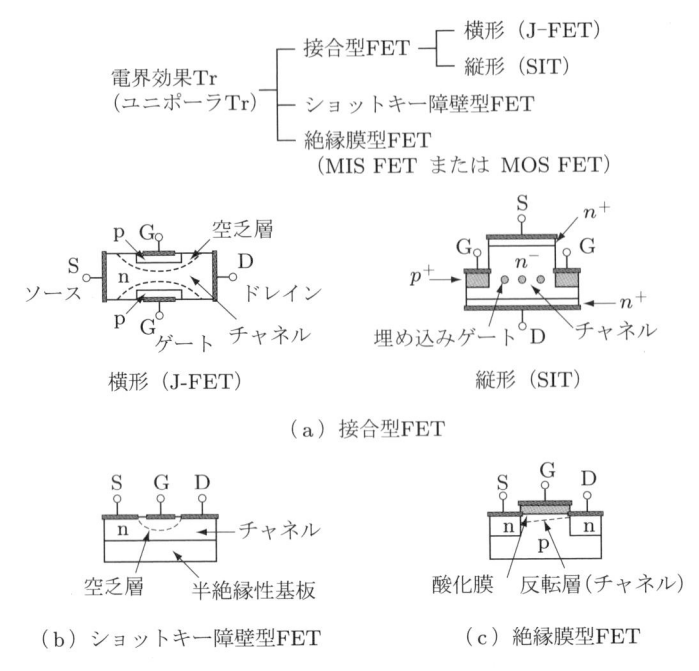

図 8.1 電界効果トランジスタの分類

(a) 接合型FET — 横形（J-FET）、縦形（SIT）
(b) ショットキー障壁型FET
(c) 絶縁膜型FET

り上げ，次節以降で詳説する．

ショットキー障壁型FETは，7.2節で述べたショットキー接触の空乏層幅の変化を利用するデバイスである．金属と半導体の接触を用いているので，**MES-FET** (metal semiconductor FET) ともよばれる．接合型FETに比べてゲート面積を小さくすることができるので，高周波特性を良くすることが容易となる．移動度が大きい化合物半導体（GaAs, InPなど）を用いて，高周波用途に用いられることが多い．

静電誘導トランジスタは，チャネルの断面積を大きく，長さを小さくできるので，抵抗が小さくなる．チャネル部のキャリア密度を低く設定しているため，埋め込みゲートによる空乏層が広がりやすく，つねにチャネルが消失した状態になっている．すなわち，埋め込みゲート近傍はキャリアに対して障壁として働き，障壁の高さはゲートの逆バイアスにより増加し，ドレイン電圧により低下する．このため，ドレイン電流−電圧特性は電圧に対して右上がりの特性を示し，接合型FET（横形）や絶縁膜型FETにみられるような飽和特性（次節以降参照）を示さない．この特徴を利用して，高周波・高出力増幅器などに用いられる．

8.2 接合型 FET の構造と動作原理

8.2.1 接合型 FET（横形：J-FET）の分類

表 8.1 に，接合型 FET（横形：J-FET）の構造，回路記号，バイアス法などを示す．多数キャリアはソース（発生源）から出て，多数キャリアの通路となるチャネル内をドリフトし，ドレイン（流出口）に達する．ゲート（門）の逆バイアスにより pn 接合の空乏層幅を変化させ，ドレイン電流を制御する．チャネルが n 型半導体の場合を n チャネル，p 型の場合を p チャネルという．図 8.1 に示した J-FET は，n チャネルの例である．空乏層幅を変化させるため，ゲート電圧 V_{GS} は逆バイアスとする．多数キャリアをソースから引き出すため，ドレイン電圧 V_{DS} は，n チャネルの場合は正，p チャネルの場合は負である．表 8.1 の「動作の型」欄は 8.3 節で述べる絶縁膜型 FET との対応を取るために入れたものであり，$V_{GS} = 0 \,[\mathrm{V}]$ のときでも V_{DS} を印加すればドレイン電流 I_D が流れる場合を，デプレッション型という．

表 8.1 接合型 FET（横形）の構成

動作の型	チャネル	構造	回路記号	バイアス法
デプレッション	n 型			
	p 型			

8.2.2 電流 – 電圧特性の導出

n チャネルと p チャネルは，多数キャリアが異なるだけで動作原理は同一であるので，本節では n チャネル J-FET のドレイン電流 – 電圧特性を求める．図 8.2 は，n チャネル J-FET の上側半分の断面と，対応する電位分布である．ソースからドレイン方向に x 軸をとり，チャネル長を L，上側半分の幅を a とする．pn 接合界面に垂直に下方向に y 軸をとり，界面を $y = 0$ とする．z 軸は紙面に垂直に奥方向にとり，奥行きの幅を W とする．すなわち，ゲート面積は $L \times W$ である．x におけるチャネル電位 $V(x)$ は右上がりとなるから，ゲートの右側ほど逆バイアスの値が大きくなり，空乏層幅 $y_d(x)$ も大きくなる．なお，空乏層幅は W に比べて十分小さいものとし，z 方

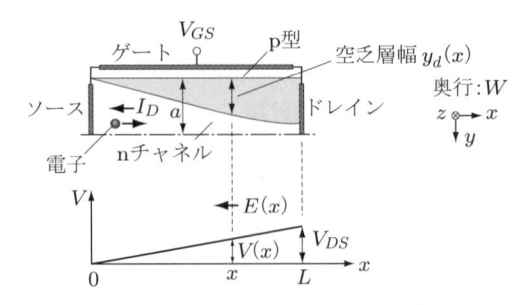

136   8章　電界効果トランジスタ

図 8.2 J-FET の断面構造と電位分布（n チャネル J-FET）

向には一様であるとする．x における電界を $E(x)$ とすると，実効的なチャネル幅は $a - y_d(x)$ であるから，ドレイン電流 I_D（ドレイン端子に流入する電流を正とする）は，次式で与えられる．

$$I_D = -q\mu_n N_D E(x) \cdot W \{a - y_d(x)\} = q\mu_n N_D \frac{dV(x)}{dx} \cdot W \{a - y_d(x)\} \tag{8.1}$$

μ_n は電子の移動度，N_D はドナー密度であり，ドナーはすべてイオン化しているとする．p 型のアクセプタ密度 N_A は N_D より十分大きいとすると，空乏層はほとんど n 型側に広がるから，式 (5.18) を用いると，$y_d(x)$ は次式で与えられる．

$$y_d(x) \simeq \sqrt{\frac{2\varepsilon_s \{V_D + V(x) - V_{GS}\}}{qN_D}} \tag{8.2}$$

V_D は pn 接合の拡散電位であり，$V \to V_{GS} - V(x)$ としている．式 (8.2) を式 (8.1) に代入し，両辺を x について 0 から L まで，$V(x)$ について 0 から V_{DS} まで積分すると，次のようになる．

$$\int_0^L I_D dx = q\mu_n N_D W \int_0^{V_{DS}} \left[a - \sqrt{\frac{2\varepsilon_s \{V_D + V(x) - V_{GS}\}}{qN_D}} \right] dV(x) \tag{8.3}$$

電流の連続性により，I_D は x に依存しないから左辺は $I_D \times L$ となり，I_D は次式で与えられる．

$$I_D = \frac{q\mu_n N_D W}{L} \left[aV_{DS} - \frac{2}{3}\sqrt{\frac{2\varepsilon_s}{qN_D}} \left\{ (V_D + V_{DS} - V_{GS})^{\frac{3}{2}} - (V_D - V_{GS})^{\frac{3}{2}} \right\} \right]$$

$$= \frac{q\mu_n N_D W a}{L}\left[V_{DS} - \frac{2}{3}\frac{1}{\sqrt{a^2 q N_D/2\varepsilon_s}}\left\{(V_D + V_{DS} - V_{GS})^{\frac{3}{2}}\right.\right.$$
$$\left.\left.- (V_D - V_{GS})^{\frac{3}{2}}\right\}\right]$$
$$= g_0\left[V_{DS} - \frac{2}{3}\frac{1}{\sqrt{V_a}}\left\{(V_D + V_{DS} - V_{GS})^{\frac{3}{2}} - (V_D - V_{GS})^{\frac{3}{2}}\right\}\right] \tag{8.4}$$

式 (8.4) が I_D - V_{DS} 特性である．ここで，g_0, V_a はそれぞれ次のように定義する．

$$g_0 \equiv \frac{q\mu_n N_D W a}{L} \tag{8.5}$$

$$V_a \equiv \frac{a^2 q N_D}{2\varepsilon_s} \tag{8.6}$$

式 (8.5) において，$q\mu_n N_D$ は導電率であるから抵抗率の逆数の次元をもち，aW/L は長さの次元をもつから，g_0 の次元は次のようになる．

$$\left[\frac{1}{\Omega \cdot \text{cm}} \times \text{cm}\right] = [\Omega^{-1}] \tag{8.7}$$

$[\Omega^{-1}]$ を，ジーメンス [S] という．すなわち，g_0 は空乏層幅ゼロの場合のチャネルコンダクタンス（の半分）である．$y_d(x) = a$ となり，実効的なチャネル幅がゼロとなる場合を，**ピンチオフ** (pinch off) という．ピンチオフが発生するときの $V_{DS} \equiv V_p$ と表示し，**ピンチオフ電圧** (pinch off voltage) という．$x = L$ でピンチオフとすると，式 (8.2), (8.6) より，$V(L) = V_{DS} = V_p$ において次式が成り立つ．

$$y_d(L) = a = \sqrt{\frac{2\varepsilon_s(V_D + V_p - V_{GS})}{qN_D}} \tag{8.8}$$

$$V_a = \frac{a^2 q N_D}{2\varepsilon_s} = V_D + V_p - V_{GS} \tag{8.9}$$

通常，$V_{GS} < 0$ であり，$V_{GS} > 0$ となる場合でも $V_{GS} < V_D$ であるから，$V_{GS} = V_D$ となることはないが，仮に $V_{GS} = V_D$ とすると $V_a = V_p$ となるから，V_a は，$V_{GS} = V_D$ のとき $x = L$ でチャネルを完全に空乏化（ピンチオフ）するのに必要なドレイン電圧である．

8.2.3 電流 – 電圧特性

ドレイン電流 – 電圧特性（出力特性）は，式 (8.4) で与えられる．その概形を知るた

め，以下の三つの場合に注目する．

(1) $V_{DS} = 0$ のとき，式 (8.4) より $I_D = 0$ であるから，I_D‑V_{DS} 曲線は原点を通る．また，式 (8.9) より，

$$\left.\frac{\partial I_D}{\partial V_{DS}}\right|_{V_{DS}=0} = g_0 \left(1 - \sqrt{1 - \frac{V_p}{V_a}}\right) \begin{cases} > 0 & (0 < V_p \leqq V_a) \\ = 0 & (V_p = 0) \end{cases} \tag{8.10}$$

であるから，$V_p = 0$ の場合を除いて，$V_{DS} = 0$ では右上がりとなる．

(2) $V_{DS} = V_p$ のとき，式 (8.4), (8.9) より，次式が成り立つ．

$$\left.\frac{\partial I_D}{\partial V_{DS}}\right|_{V_{DS}=V_p} = g_0 \left(1 - \frac{1}{\sqrt{V_a}} \sqrt{V_D + V_p - V_{GS}}\right) = g_0 \left(1 - \sqrt{\frac{V_a}{V_a}}\right) = 0 \tag{8.11}$$

I_D は $V_{DS} = V_p$ において飽和する．飽和電流を I_{Dsat} とすると，式 (8.4) より，I_{Dsat} は次式で与えられる．

$$\begin{aligned} I_{Dsat} &= g_0 \left[V_p - \frac{2}{3} \frac{1}{\sqrt{V_a}} \left\{ (V_D + V_p - V_{GS})^{\frac{3}{2}} - (V_D - V_{GS})^{\frac{3}{2}} \right\} \right] \\ &= g_0 V_a \left[\frac{V_p}{V_a} - \frac{2}{3} \left\{ 1 - \left(\frac{V_a - V_p}{V_a}\right)^{\frac{3}{2}} \right\} \right] \\ &= \frac{g_0 V_a}{3} \left\{ 1 - 3\left(1 - \frac{V_p}{V_a}\right) + 2\left(1 - \frac{V_p}{V_a}\right)^{\frac{3}{2}} \right\} \end{aligned} \tag{8.12}$$

式 (8.12) の { } 内は $(V_p/V_a)^2$ で近似できるので（付録 A.11 参照），次式が成り立つ．

$$I_{Dsat} \fallingdotseq \frac{g_0 V_a}{3} \left(\frac{V_p}{V_a}\right)^2 = \frac{g_0}{3V_a} V_p^2 \tag{8.13}$$

電流が飽和する点は，$V_p (= V_{DS})$ の 2 次関数で近似できる．

(3) 式 (8.9) より $V_p = V_a - V_D + V_{GS}$ であり，V_a, V_D は J-FET の構造が定まれば定数となるから，V_{GS} の減少により V_p も減少し，$V_{GS} = V_D - V_a$ において $V_p = 0$ となる．このとき，式 (8.12) または式 (8.13) より，$I_{Dsat} = 0$ となる．すなわち，I_D‑V_{GS} 特性は，$V_{GS} = V_D - V_a$ において $I_D = 0$ である．

以上の三つの場合を考慮すると，電流－電圧特性の概形は，**図 8.3** のようになる．図 (a) は $V_{DS} = $ 一定 の場合の I_D-V_{GS} 特性（伝達特性）の概形，図 (b) は，I_D-V_{DS} 特性（出力静特性）の概形である．図 (b) において $V_{GS} = $ 一定，たとえば $V_{GS} = 0$ のとき，式 (8.9) より V_p が定まり，V_{DS} が V_p に達するまで I_D は増加し，$V_{DS} = V_p$ においてピンチオフとなり，$I_D = I_{Dsat}$ となる（演習問題 8.2, 8.3 参照）．式 (8.4) が適用できるのは $0 \leq V_{DS} \leq V_p$ の範囲であり，$V_{DS} > V_p$ では式 (8.4) は適用できないが，実際には I_D は I_{Dsat} の値を維持してフラットとなる．ピンチオフ電圧以上では，V_{DS} の増加分は上下の空乏層が触れ合ったピンチオフ部（から右側）にほとんどかかるからである．

(a) I_D-V_{GS} 特性 (b) I_D-V_{DS} 特性

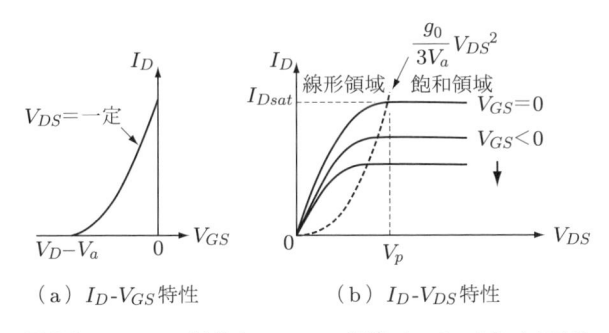

図 8.3 I_D-V_{GS} 特性と I_D-V_{DS} 特性（n チャネル J-FET）

この様子を，**図 8.4** に示す．$V_{GS} = $ 一定 の場合，$V_{DS} < V_p$ のとき，図 (a) のようにピンチオフ点は発生しない．この状態は，図 8.2 に対応する．$V_{DS} = V_p$ のとき，図 (b) のように，$x = L$ でピンチオフとなる．$V_{DS} > V_p$ のとき，図 (c) のように，V_{DS} の増加分は空乏化して高抵抗となったピンチオフ点 P（より右側の領域）にほとんどかかるが，ピンチオフ点はほとんど動かない．チャネルをドリフトしてピンチオフ点に達した電子は，ドレインの電界に引かれて流入するため，I_D はほぼ I_{Dsat} の値

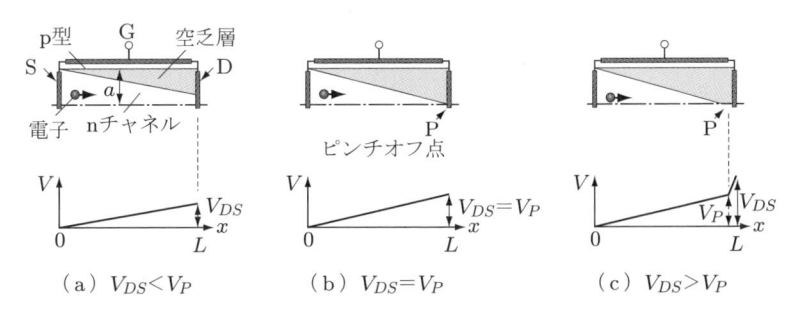

(a) $V_{DS} < V_P$ (b) $V_{DS} = V_P$ (c) $V_{DS} > V_P$

図 8.4 空乏層とピンチオフ点の V_{DS} 依存性（n チャネル J-FET, $V_{GS} = $ 一定）

を維持する．これは，接合トランジスタのコレクタ電流の飽和特性に類似している．

V_{GS} の減少により V_p は減少し，式 (8.13) より I_{Dsat} も減少するから，V_{GS} をパラメータとする出力特性曲線は，図 8.3(b) のように下に移動する．ピンチオフ電圧 V_p の軌跡は式 (8.13) の 2 次関数（図 8.3(b) の破線）で表され，破線より左側で式 (8.4) が成り立つから，この領域を**線形領域** (linear region)，または**未飽和領域**という．これに対して，破線より右側を**飽和領域**という．ドレイン電流 – 電圧特性（出力特性）は，接合トランジスタのコレクタ電流 – 電圧特性に類似な飽和特性を示すが，前者の場合，その飽和特性を制御するパラメータはゲート電圧 V_{GS} であり，後者の場合は，エミッタ電流 I_E（ベース接地の場合，図 6.7 参照）である．このことから，FET は一般に**電圧駆動形デバイス**，接合トランジスタは**電流駆動形デバイス**ともよばれる．

実際の J-FET の出力静特性では，**図 8.5** のように，ピンチオフ電圧以上で V_{DS} の増加につれて I_D はわずかに増加する．これは，V_{DS} の増加につれて，ピンチオフ点が実際はわずかに左に移動し，チャネル長 L が等価的に減少するからである．これは**チャネル長変調** (channel length modulation) とよばれ，接合トランジスタのアーリー効果（図 6.10 参照）に類似の現象である．さらに V_{DS} が大きくなると，I_D が急に増加することがある．これは，チャネル長 L がさらに減少して実効的にゼロになり，ほとんど抵抗なしに大電流が流れる場合であり，接合トランジスタの場合と同様に**突抜け**とよばれる．突抜けが発生しなくても，V_{DS} の値が十分大きくなると，空乏層で発生する**雪崩降伏**により，I_D が急に増加することがある．通常は，これらの現象が起きる電圧（〜V_B）に比べて十分低い値で使用される．

これまでは，n チャネル J-FET の電流 – 電圧特性を述べたが，図 8.3 に対応する p チャネル J-FET の電流 – 電圧特性の概形を，n チャネルの場合と共にまとめると，**表 8.2** のようになる．p チャネルの場合は V_{GS}, V_{DS}, I_D の向きが n チャネルの場合と逆となる．

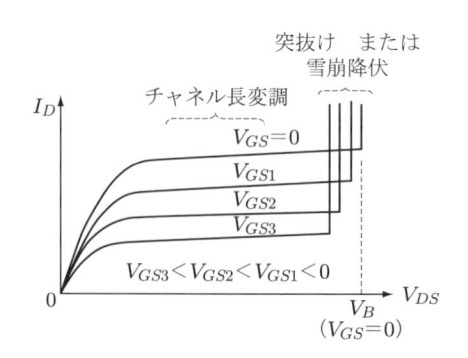

図 8.5　実際の出力静特性（n チャネル J-FET）

表 8.2 J-FET の伝達特性および出力特性の概形

動作の型	チャネル	伝達特性	出力特性
デプレッション	n型	I_D vs V_{GS} のグラフ	I_D vs V_{DS} のグラフ（$V_{GS}=0$, $V_{GS}<0$）
デプレッション	p型	I_D vs V_{GS} のグラフ	I_D vs V_{DS} のグラフ（$V_{GS}>0$, $V_{GS}=0$）

例題 8.1 シリコンからなる図 8.2 の構造の n チャネル J-FET において，p 型のアクセプタ密度 $N_A = 10^{18}\,[\mathrm{cm}^{-3}]$，n 型（n チャネル）のドナー密度 $N_D = 10^{16}\,[\mathrm{cm}^{-3}]$ とし，室温（300 [K]）において，ドーパントはすべてイオン化しているとする．また，電子の移動度 $\mu_n = 1500\,[\mathrm{cm}^2/(\mathrm{V}\cdot\mathrm{s})]$，真性キャリア密度 $n_i = 1.45 \times 10^{10}\,[\mathrm{cm}^{-3}]$，比誘電率 $\varepsilon_r = 11.9$，真空の誘電率 $\varepsilon_0 = 8.854 \times 10^{-14}\,[\mathrm{F/cm}]$ とする．チャネル長 $L = 5\,[\mathrm{\mu m}]$，チャネル幅 $W = 100\,[\mathrm{\mu m}]$，上側半分の幅 $a = 1\,[\mathrm{\mu m}]$，$V_{GS} = -2\,[\mathrm{V}]$ のとき，次の各値を求めよ．

(1) g_0　　(2) V_a　　(3) V_D　　(4) V_p　　(5) I_{Dsat}

解答　(1) 式 (8.5) より，以下のように求められる．

$$g_0 = \frac{1.6 \times 10^{-19} \times 1500 \times 10^{16} \times 1 \times 10^{-4} \times 100 \times 10^{-4}}{5 \times 10^{-4}}$$

$$\fallingdotseq 1.6 \times 1.5 \times 20 \times 10^{-4} = 4.8 \times 10^{-3}\,[\mathrm{S}]$$

下側半分の幅 a を含めると，チャネル全体のコンダクタンスはこの値の 2 倍となる．

(2) 式 (8.6) より，以下のように求められる．

$$V_a = \frac{1 \times 10^{-8} \times 1.6 \times 10^{-19} \times 10^{16}}{2 \times 11.9 \times 8.854 \times 10^{-14}} = \frac{1.6 \times 10^3}{2 \times 11.9 \times 8.854} \fallingdotseq 7.6\,[\mathrm{V}]$$

(3) 式 (5.4) より，以下のように求められる．

$$V_D = 0.026 \ln\left(\frac{10^{18} \times 10^{16}}{1.45^2 \times 10^{20}}\right) \fallingdotseq 0.026 \ln(4.76 \times 10^{13}) \fallingdotseq 0.82\,[\mathrm{V}]$$

(4) 式 (8.9) と上記 (2)，(3) より，以下のように求められる．

$$V_p \fallingdotseq 7.6 - 0.82 - 2 = 4.78\,[\mathrm{V}]$$

(5) 式 (8.13) と上記 (1)，(2)，(4) より，以下のように求められる．

$$I_{Dsat} = \frac{4.8 \times 10^{-3} \times 4.78^2}{3 \times 7.4} \fallingdotseq 4.81 \times 10^{-3}\,[\mathrm{A}] = 4.81\,[\mathrm{mA}]$$

下側半分の幅 a を含めると，チャネル全体の I_{Dsat} はこの値の 2 倍となる．

8.3 絶縁膜型 FET の構造と動作原理

8.3.1 絶縁膜型 FET の分類

表 8.3 に絶縁膜型 FET の構造，回路記号，バイアス法などを示す．絶縁膜型 FET は，ゲート部の構造が 7 章に述べた MIS (MOS) 構造からなり，絶縁膜・半導体界面近傍の半導体部分を反転状態にしてチャネルを形成するものである．半導体が p 型の場合が n チャネル，n 型の場合が p チャネルである．$V_{GS} = 0\,[\mathrm{V}]$ では反転状態になっていないものが「動作の型」欄の**エンハンスメント型** (enhancement type) に対応し，$V_{GS} = 0\,[\mathrm{V}]$ ですでに反転状態になっているものが**デプレッション型** (depletion type) である．したがって，絶縁膜型 FET には，表 8.3 のように 4 種類がある．図 8.1 に示した絶縁膜型 FET は，エンハンスメント型・n チャネルの例である．エンハンスメント型は，**E 型**または**ノーマリー・オフ型** (normally-off type)，デプレッション型

表 8.3 絶縁膜型 FET の構成

動作の型	チャネル	構造	回路記号	バイアス法
エンハンスメント	n型			
	p型			
デプレッション	n型			
	p型			

は，**D 型**または**ノーマリー・オン型** (normally-on type) ともよばれる．エンハンスメント型は 7.6 節で述べた反転しきい値電圧が正の場合，デプレッション型は反転しきい値電圧が負の場合に相当する．エンハンスメント型の場合は反転状態にするため，n チャネルなのか p チャネルなのかにより，V_{GS} は大きな正の値または負の値にする必要がある．デプレッション型の場合は $V_{GS} = 0\,[\mathrm{V}]$ で動作するが，$V_{GS} < 0$ または $V_{GS} > 0$ として I_D を変化させることができる．ドレイン電圧 V_{DS} はソースから多数キャリアを引き出す役割を果たすから，J-FET と同様に，n チャネルの場合は正，p チャネルの場合は負である．

8.3.2 電流 – 電圧特性の導出

表 8.3 の 4 種類の絶縁膜型 FET の動作原理は，反転しきい値電圧と多数キャリアの種類が異なるだけで基本的に同一であるので，本節では，代表例としてエンハンスメント型・n チャネルのドレイン電流 – 電圧特性を求める．J-FET の場合と同様に，図 8.6 のようにソースからドレイン方向に x 軸をとり，チャネル長を L とする．絶縁膜・半導体界面に垂直に下方向に y 軸をとり，界面を $y = 0$ とする．z 軸は紙面に垂直に奥方向にとり，奥行きの幅を W とする．x における電位 $V(x)$ は右上がりとなるから，ゲートの右側ほどゲートバイアス V_{GS} との差が小さくなり，反転層幅 $y_I(x)$ も小さくなる．x における反転層内の電子密度を $n(x)$，電界を $E(x)$ とすると，ドレイン電流 I_D（ドレイン端子に流入する電流を正とする）は次式で与えられる．

$$I_D = -q\mu_n n(x) E(x) \cdot y_I(x) W = q\mu_n n(x) y_I(x) W \frac{dV(x)}{dx} \tag{8.14}$$

μ_n は表面電子移動度である．$qn(x)y_I(x)$ の部分は電荷の面密度 $[\mathrm{C/cm^2}]$ の次元をもち，式 (7.26) の Q_n に対応するから，次式が成り立つ．

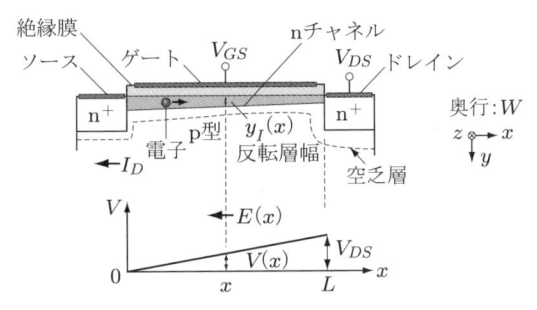

図 8.6 絶縁膜型 FET の断面構造と電位分布
（エンハンスメント型・n チャネル）

$$I_D = \mu_n W Q_n(x) \frac{dV(x)}{dx} \tag{8.15}$$

ただし，$Q_n(x)$ は式 (7.26) において $V_G \to \{V_{GS} - V(x)\}$ の置き換えをした次式で与えられ，

$$Q_n(x) = C_{OX}\{V_{GS} - V_{th} - V(x)\} \tag{8.16}$$

である．I_D は，次のように表せる．

$$I_D = \mu_n W C_{OX} \{V_{GS} - V_{th} - V(x)\} \frac{dV(x)}{dx} \tag{8.17}$$

式 (8.17) の両辺を x について 0 から L まで，$V(x)$ について 0 から V_{DS} まで積分すると，以下の式が得られる．

$$\int_0^L I_D dx = \mu_n W C_{OX} \int_0^{V_{DS}} \{V_{GS} - V_{th} - V(x)\} dV(x) \tag{8.18}$$

式 (8.3) と同様に，左辺は $I_D \times L$ となり，I_D は以下のように求められる．

$$I_D = \frac{\mu_n W C_{OX}}{L} \left\{(V_{GS} - V_{th})V_{DS} - \frac{1}{2}V_{DS}^2\right\} \tag{8.19}$$

$V(x) = 0$ ($V_{DS} = 0$) で強反転が発生するためには，式 (8.16) より，$V_{GS} > V_{th}$ となる必要がある．そこで，V_p を以下のように定義する．

$$V_p \equiv V_{GS} - V_{th} \tag{8.20}$$

$V(x) = V_p$ のとき $Q_n(x) = 0$ となるから，x においてピンチオフが発生したことになる．したがって，V_p はピンチオフ電圧である．V_p を用いると，式 (8.19) は次のようになる．

$$I_D = \frac{\mu_n W C_{OX}}{2L} V_{DS}(2V_p - V_{DS}) \tag{8.21}$$

式 (8.21) が，エンハンスメント型・n チャネル FET の I_D - V_{DS} 特性である．

8.3.3 電流 - 電圧特性

式 (8.21) の概形は，図 8.7 のようになる．図 (a) は，$V_{DS} = $ 一定 の場合の I_D - V_{GS} 特性（伝達特性）であり，I_D は $V_{GS} \geqq V_{th}$ で立ち上がる（演習問題 8.4 参照）．図 (b) は，I_D - V_{DS} 特性（出力静特性）である．I_D - V_{DS} 特性は $V_{DS} = V_p$ を軸とする下に開いた 2 次曲線であり，$V_{GS} = $ 一定 のとき V_{DS} が V_p に達するまで I_D は増

加し，$V_{DS} = V_p$ においてピンチオフとなり飽和する．飽和電流 I_{Dsat} は，式 (8.21) を用いて次式のように求められる．

$$I_{Dsat} = \frac{\mu_n W C_{OX}}{2L} V_p^2 \tag{8.22}$$

式 (8.21) の適用範囲は，$0 \leq V_{DS} \leq V_p$（実線部分）であり，$V_{DS} > V_p$（破線部分）では式 (8.21) は成り立たないが，実際には，I_D は I_{Dsat} の値を維持してフラットとなる．これは，J-FET の場合と同様に，ピンチオフ電圧以上では，V_{DS} の増加分は強反転層が消滅したピンチオフ部（から右側）にほとんどかかるからである．

（a）I_D-V_{GS} 特性　　（b）I_D-V_{DS} 特性

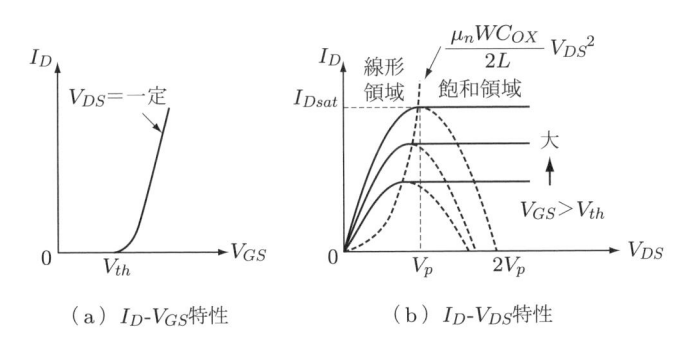

図 8.7 I_D - V_{GS} 特性と I_D - V_{DS} 特性（エンハンスメント型・n チャネル FET）

J-FET の場合と同様に，この様子を**図 8.8** に示す．$V_{GS} = $ 一定 の場合，$V_{DS} < V_p$ のとき，図 (a) のようにピンチオフ点は発生しない．この状態は，図 8.6 に対応する．$V_{DS} = V_p$ のとき，図 (b) のように $x = L$ でピンチオフとなる．$V_{DS} > V_p$ のとき，V_{DS} の増加分は，空乏化して高抵抗となったピンチオフ点 P（より右側の領域）にほとんどかかるが，ピンチオフ点はほとんど動かない．チャネル（強反転層内）をドリフトしてピンチオフ点に達した電子は，ドレインの電界に引かれて流入するため，I_D

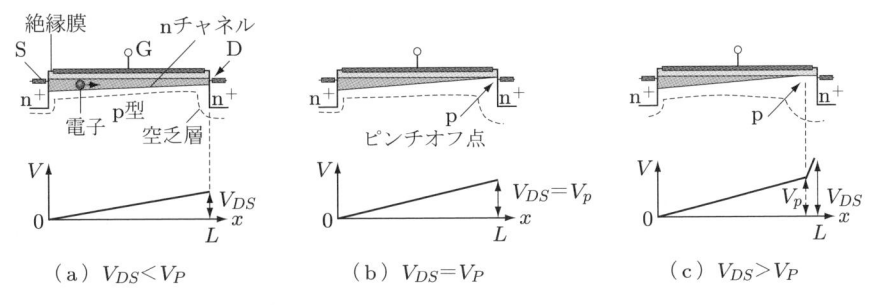

（a）$V_{DS} < V_P$　　（b）$V_{DS} = V_P$　　（c）$V_{DS} > V_P$

図 8.8　強反転層とピンチオフ点の V_{DS} 依存性
（エンハンスメント型・n チャネル FET，$V_{GS} = $ 一定）

はほぼ I_{Dsat} の値を維持する．

V_{GS} の増加により V_p も増加し，式 (8.22) より I_{Dsat} も増加するから，V_{GS} をパラメータとする出力特性曲線は，図 8.7(b) のように上に移動する．ピンチオフ電圧 V_p の軌跡は式 (8.22) の 2 次関数（図 8.7(b) の破線）で表され，破線より左側を**線形領域**，右側を**飽和領域**という．

絶縁膜型 FET でも，V_{DS} がピンチオフ電圧より大きくなると，J-FET の場合（図 8.5 参照）と同様に，I_D がわずかに増加する**チャネル長変調**，I_D が急に増加する**突抜け**または**雪崩降伏**などの現象が発生する．

表 8.2 の場合と同様に，表 8.3 の 4 種類の絶縁膜型 FET の電流－電圧特性の概形をまとめると，**表 8.4** のようになる．p チャネルの場合は，V_{GS}, V_{DS}, I_D の向きが n チャネルの場合と逆となる．デプレッション型では，反転しきい値電圧が負（n チャネルの場合）となる．

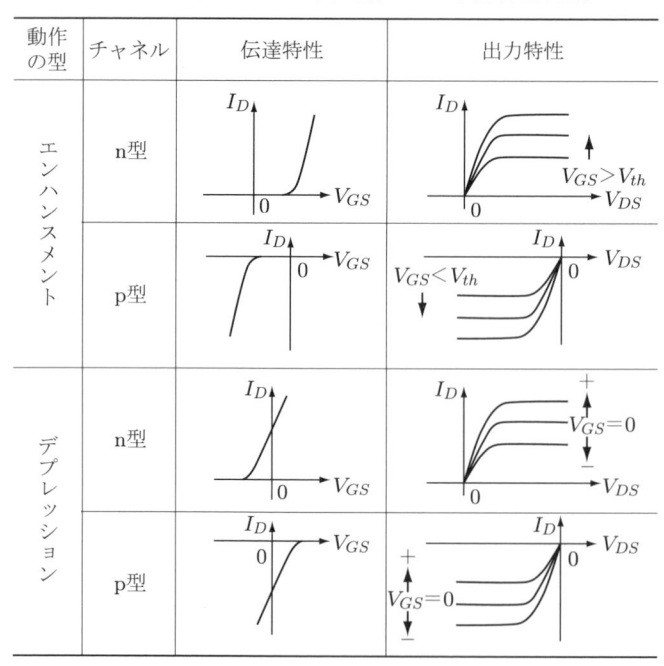

表 8.4 絶縁膜型 FET の伝達特性および出力特性の概形

動作の型	チャネル	伝達特性	出力特性
エンハンスメント	n型		$V_{GS}>V_{th}$
エンハンスメント	p型		$V_{GS}<V_{th}$
デプレッション	n型		$V_{GS}=0$
デプレッション	p型		$V_{GS}=0$

例題 8.2 ゲート部が例題 7.3 の理想 MOS からなる絶縁膜型 FET（エンハンスメント型・n チャネル FET）において，チャネル長 $L = 5\,[\mu\mathrm{m}]$，チャネル幅 $W = 100\,[\mu\mathrm{m}]$，表面電子移動度 $\mu_n = 500\,[\mathrm{cm}^2/(\mathrm{V\cdot s})]$，$V_{GS} = 5\,[\mathrm{V}]$ のとき，次の各値を求めよ．

(1) V_p (2) I_{Dsat} (3) $V_{DS} = 2\,[\text{V}]$ のときの I_D

解答 (1) 例題 7.3(5), 式 (8.20) より, 次のように求まる.

$$V_p = 5 - 2.10 = 2.90\,[\text{V}]$$

(2) 例題 7.3(4), 式 (8.22) と上記 (1) より, 次のように求まる.

$$I_{Dsat} = \frac{500 \times 100 \times 3.45 \times 10^{-8} \times 2.9^2}{2 \times 5} \fallingdotseq 1.45 \times 10^{-3}\,[\text{A}] = 1.45\,[\text{mA}]$$

(3) 例題 7.3(4), 式 (8.21) と上記 (1) より, 次のように求まる.

$$I_D = \frac{500 \times 100 \times 3.45 \times 10^{-8} \times 2 \times (2.9 \times 2 - 2)}{2 \times 5} \fallingdotseq 1.31 \times 10^{-3}\,[\text{A}]$$
$$= 1.31\,[\text{mA}]$$

8.4 チャネル走行時間と遮断周波数

本節では, 絶縁膜型 FET (エンハンスメント型・n チャネル FET) を例として, キャリア (電子) のチャネル走行時間 t_G を求め, 遮断周波数を見積もる. チャネル内 (強反転層内) の電子のドリフト速度を $v_n(x)$, 電子密度を $n(x)$ とすると, 電流密度 $J_n(x)$ は次式で与えられる.

$$J_n(x) = qn(x)v_n(x) = \frac{I_D}{y_I(x)W} \tag{8.23}$$

ただし, $y_I(x)$ は図 8.6 の反転層幅, W はゲートの奥行きの幅である. $v_n(x)$ は, 次式で与えられる.

$$v_n(x) = \frac{I_D}{qn(x)y_I(x)W} = \frac{I_D}{Q_n(x)W} = \mu_n \frac{dV(x)}{dx} \tag{8.24}$$

Q_n は電荷の面密度, $V(x)$ は x における電位であり, 3番目の等号の関係は, 式 (8.15) と同一である. 式 (8.16), (8.20), (8.24) より, チャネル走行時間 t_G は次式のようになる.

$$t_G \equiv \int_0^L \frac{dx}{v_n(x)} = \frac{W}{I_D} \int_0^L Q_n(x)dx = \frac{WC_{OX}}{I_D} \int_0^L \{V_p - V(x)\}dx \tag{8.25}$$

簡単のため, ここでは $x = L$ でピンチオフになっているものとし, そのときの t_G を

求める．ピンチオフのとき $I_D = I_{Dsat}$ であり，式 (8.24) または式 (8.17) より，次式が成り立つ．

$$I_{Dsat} = \mu_n W C_{OX} \{V_p - V(x)\} \frac{dV(x)}{dx} \tag{8.26}$$

式 (8.26) の両辺を x について 0 から x まで，$V(x)$ について 0 から $V(x)$ まで積分すると，I_{Dsat} は x に依存しないから，次式が得られる．

$$\begin{aligned} I_{Dsat} \cdot x &= \mu_n W C_{OX} \left\{ V_p V(x) - \frac{1}{2} V(x)^2 \right\} \\ &= \frac{\mu_n W C_{OX}}{2} \left\{ V_p{}^2 - (V_p - V(x))^2 \right\} \end{aligned} \tag{8.27}$$

式 (8.27) に式 (8.22) の I_{Dsat} を代入すると，次式が得られる．

$$\frac{x}{L} V_p{}^2 = V_p{}^2 - \{V_p - V(x)\}^2, \qquad V_p - V(x) = V_p \sqrt{1 - \frac{x}{L}} \tag{8.28}$$

式 (8.25) の積分項に式 (8.28) を用いると，t_G が求められる．

$$t_G = \frac{W C_{OX}}{I_{Dsat}} \cdot \frac{2}{3} V_p L = \frac{W C_{OX}}{\mu_n W C_{OX} V_p{}^2 / 2L} \cdot \frac{2}{3} V_p L = \frac{4L^2}{3\mu_n V_p} \tag{8.29}$$

式 (6.46) と類似の考え方で遮断周波数 f_c を見積もると，f_c は次式で与えられる．

$$f_c = \frac{1}{2\pi t_G} = \frac{3\mu_n V_p}{8\pi L^2} \tag{8.30}$$

f_c を大きくするには L を小さく，μ_n, V_p を大きくしなければならない．

式 (8.24), (8.28) を用いると，$x = L$ でピンチオフになっているときの $V(x)$ と $Q_n(x), v_n(x)$ の x 依存性は，それぞれ次のようになる．

$$V(x) = V_p \left(1 - \sqrt{1 - \frac{x}{L}} \right) \tag{8.31}$$

$$Q_n(x) = C_{OX} V_p \sqrt{1 - \frac{x}{L}} \tag{8.32}$$

$$v_n(x) = \frac{I_{Dsat}}{W C_{OX} V_p \sqrt{1 - x/L}} = \frac{\mu_n W C_{OX} V_p{}^2 / 2L}{W C_{OX} V_p \sqrt{1 - x/L}} = \frac{\mu_n V_p}{2L\sqrt{1 - x/L}} \tag{8.33}$$

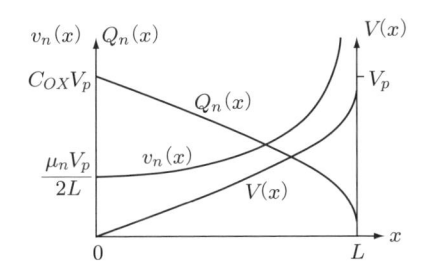

図 8.9　$V(x), Q_n(x), v_n(x)$ の x 依存性の概形

図 8.9 は，$V(x), Q_n(x), v_n(x)$ の x 依存性の概形である．$x = L$ で $Q_n(L) = 0$ となるが，$v_n(L) \to \infty$ となることにより，I_{Dsat} は x に依存しない一定値を維持する．

例題 8.3　例題 8.2 の理想 MOS からなる絶縁膜型 FET（エンハンスメント型・n チャネル FET）に対して，遮断周波数 f_c を求めよ．

解答　式 (8.30) と例題 8.2(1) より，次のように求まる．

$$f_c \fallingdotseq \frac{3 \times 500 \times 2.9}{8 \times 3.14 \times (5 \times 10^{-4})^2} \fallingdotseq 6.93 \times 10^8 \,[\text{Hz}] \fallingdotseq 0.69 \,[\text{GHz}]$$

8.5　小信号等価回路

接合トランジスタの場合（6.7 節）と同様に，電圧増幅率を求めることを想定して，FET の小信号等価回路を得る方法を述べる．図 8.3（n チャネル J-FET），図 8.7（エンハンスメント型・n チャネル FET）でみたように，$V_{DS} > V_p$ では，I_D は V_{DS} によらずほぼ一定（$I_D \fallingdotseq I_{Dsat}$）であり，$V_{GS}$ が変化すると I_{Dsat} も変化する．そこで，微小ゲート電圧変化 dV_{GS} による I_{Dsat} の変化分を dI_{Dsat} とする．表 8.2 と表 8.4 の出力特性より，FET の種類にかかわらず dV_{GS} と dI_{Dsat} は同符号であるから，次式により**相互コンダクタンス** (mutual conductance) を定義する．

$$g_m \equiv \left.\frac{dI_{Dsat}}{dV_{GS}}\right|_{V_{DS}=一定} = \left.\frac{dI_{Dsat}}{dV_p}\right|_{V_{DS}=一定} \tag{8.34}$$

式 (8.9) または式 (8.20) より，$dV_{GS}=dV_p$ となることを用いた．絶縁膜型 FET（エンハンスメント型・n チャネル FET）の場合には，式 (8.22) より，g_m は次式のようになる．

$$g_m = \frac{\mu_n W C_{OX}}{L} V_p = \frac{2 I_{Dsat}}{V_p} \tag{8.35}$$

今後，dV_{GS} および dI_{Dsat} を，それぞれゲート電圧とドレイン電流の微小交流分に相当するものとみなし，v_{gs}, i_d と表示すると，式 (8.34) より，$V_{DS} > V_p$ では V_{DS} によらず次式が成り立つと考えられる．

$$i_d = g_m v_{gs} \tag{8.36}$$

これは，ゲート電圧の変動が g_m を通してドレイン側の電流源となることを意味する．したがって，ゲート電圧を入力信号，ドレイン電流を出力信号とする増幅器を構成できる．

図 8.5 で示したように，実際には $V_{DS} > V_p$ に対して V_{DS} の増加により I_D もわずかに増加するので，次式で与えられる有限の**ドレイン抵抗** r_d がある．

$$\frac{1}{r_d} \equiv \left. \frac{dI_{Dsat}}{dV_{DS}} \right|_{V_{GS}=一定} \tag{8.37}$$

$I_D = $ 一定 の場合は，式 (8.37) の右辺 $= 0$ となるから，$r_d \to \infty \, [\Omega]$（開放）となる．

式 (8.36), (8.37) より，全体のドレイン電流は次式で与えられる．

$$i_d = g_m v_{gs} + \frac{v_{ds}}{r_d} \tag{8.38}$$

ただし，v_{ds} はドレイン電圧の交流分であり，第 2 項は v_{ds} によりドレイン回路に流れる電流である．式 (8.38) に対応する小信号等価回路は，図 8.10(a) のようになる．この等価回路は，図 6.15 と同様に動作点は正しく設定されているものと仮定し，バイアス電源，電流，電圧の直流分を除いたものである．この等価回路は，遮断周波数より十分低い周波数において，FET の特性を近似するものとしてよく用いられる．ゲート端子が孤立しているが，これは低周波ではゲート電流は流れない，すなわち，入力インピーダンスがきわめて大きいことを意味し，FET の特徴である．

（a）低周波等価回路　　（b）高周波等価回路

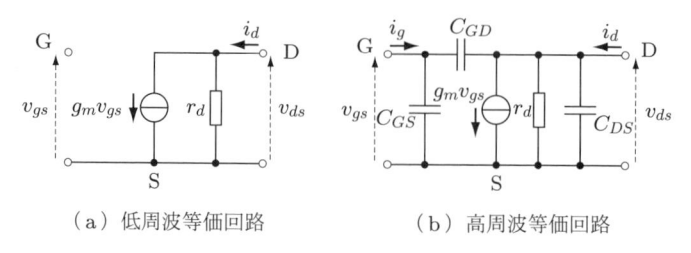

図 8.10　FET の小信号等価回路

実際は，ゲート電圧が変化すると反転状態も変化するので，チャネル内の電荷量も変化し，それに対応した容量が存在する．これは，ゲート–ソース間の入力容量 C_{GS} に相当し，高周波では C_{GS} を流れる電流が無視できなくなる．高周波ではほかに，ゲート–ドレイン間容量 C_{GD}，ドレイン–ソース間容量 C_{DS} も無視できなくなり，小信号等価回路は図 8.10(b) のようになる．

しかし，これらの容量の値は一般に小さく（絶縁膜型 FET（エンハンスメント型・n チャネル FET）の C_{GS} については，演習問題 8.5 参照），低周波ではそのインピーダンスが無視できる（インピーダンス $\to \infty\,[\Omega]$（開放）とみなせる）場合が多いので，本書では，図 (a) の低周波等価回路を対象とする．

例題 8.4 例題 8.2 の理想 MOS からなる絶縁膜型 FET（エンハンスメント型・n チャネル FET）に対して，相互コンダクタンス g_m を求めよ．

解答 式 (8.35) と例題 8.2(1), (2) より，次のように求まる．

$$g_m \fallingdotseq \frac{2 \times 1.45 \times 10^{-3}}{2.9} = 1\,[\mathrm{mS}]$$

8.6 電圧増幅率

6.7.2 項と同様に，FET の低周波小信号等価回路を用いて，出力側に負荷抵抗 R_L を接続したときの電圧増幅率を求める．入力電圧は v_1，出力電圧は v_2 とする．

(1) ソース接地回路の電圧増幅率

図 8.11 はソース接地小信号等価回路であり，図 8.10(a) のドレイン–ソース間に負荷抵抗 R_L を接続したものである．式 (8.38) を含めて，次式が成り立つ．

$$i_d = g_m v_{gs} + \frac{v_{ds}}{r_d} \tag{8.39}$$

$$v_1 = v_{gs} \tag{8.40}$$

$$v_2 = v_{ds} = -R_L i_d \tag{8.41}$$

v_{gs}, v_{ds}, i_d を消去すると，電圧増幅率 v_2/v_1 は次のようになる．

$$\frac{v_2}{v_1} = -\frac{g_m}{1/R_L + 1/r_d} = -\frac{g_m r_d R_L}{r_d + R_L} = -\frac{\mu R_L}{r_d + R_L} \quad (\mu \equiv g_m r_d) \tag{8.42}$$

ここで，μ は**増幅率** (amplification factor) とよばれる．電圧増幅率が負の値となるので，v_2 は v_1 と逆位相で増幅される．これは，v_{gs} が増加するとドレイン端子に流入する i_d も増加するためである．ソース接地回路は，接合トランジスタのエミッタ接地回路に相当し，もっともよく使用される．

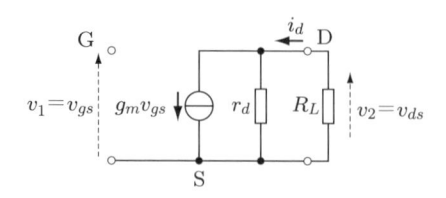

図 8.11　ソース接地小信号等価回路

(2) ドレイン接地回路の電圧増幅率

図 8.12 はソース接地回路のソースとドレインを入れ替えたものであり，次式が成り立つ．

$$i_d = g_m v_{gs} + \frac{v_{ds}}{r_d} \tag{8.43}$$

$$v_1 = v_{gs} + v_2 \tag{8.44}$$

$$v_2 = -v_{ds} = R_L i_d \tag{8.45}$$

v_{gs}, v_{ds}, i_d を消去すると，電圧増幅率 v_2/v_1 は次のようになる．

$$\frac{v_2}{v_1} = \frac{g_m}{1/R_L + 1/r_d + g_m} = \frac{g_m r_d R_L}{r_d + R_L + g_m r_d R_L} = \frac{\mu R_L}{r_d + (1+\mu) R_L} \tag{8.46}$$

電圧増幅率は正の値となるが，つねに 1 より小さい．ドレイン接地回路は，接合トランジスタのコレクタ接地回路に相当する．

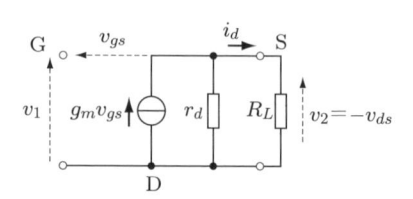

図 8.12　ドレイン接地小信号等価回路

(3) ゲート接地回路の電圧増幅率

図 8.13 はソース接地回路のソースとゲートを入れ替えたものであり，次式が成り立つ．

$$i_d = g_m v_{gs} + \frac{v_{ds}}{r_d} \tag{8.47}$$

$$v_1 = -v_{gs} \tag{8.48}$$

$$v_2 = v_1 + v_{ds} = -R_L i_d \tag{8.49}$$

v_{gs}, v_{ds}, i_d を消去すると，電圧増幅率 v_2/v_1 は次のようになる．

$$\frac{v_2}{v_1} = \frac{g_m + 1/r_d}{1/R_L + 1/r_d} = \frac{(g_m r_d + 1)R_L}{r_d + R_L} = \frac{(1+\mu)R_L}{r_d + R_L} \tag{8.50}$$

電圧増幅率は正の値となる．ゲート接地回路は，接合トランジスタのベース接地回路に相当する．

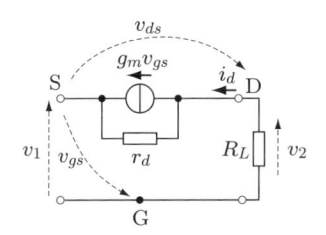

図 8.13 ゲート接地小信号等価回路

例題 8.5 $g_m = 1.5\,[\mathrm{mS}], r_d = 30\,[\mathrm{k\Omega}]$ の FET に対し，$R_L = 10\,[\mathrm{k\Omega}]$ とするとき，ソース接地，ドレイン接地，ゲート接地における電圧増幅率を求めよ．

解答 それぞれ式 (8.42), (8.46), (8.50) を用いる．

ソース接地：$-\dfrac{1.5 \times 30 \times 10}{30 + 10} \fallingdotseq -11.3$

ドレイン接地：$\dfrac{1.5 \times 30 \times 10}{30 + 10 + 1.5 \times 30 \times 10} = \dfrac{450}{490} \fallingdotseq 0.92$

ゲート接地：$\dfrac{(1.5 \times 30 + 1) \times 10}{30 + 10} = \dfrac{460}{40} = 11.5$

演習問題

8.1 例題 8.1 の n チャネル J-FET に対して，相互コンダクタンス g_m を求めよ．

8.2 図 8.3(a) の J-FET の I_D - V_{GS} 特性（伝達特性）の形状は，下に凸となることを示せ．

8.3 図 8.3(b) の J-FET の I_D - V_{DS} 特性（出力静特性）において，$V_{GS} =$ 一定，$0 < V_{DS} < V_p$ のとき，V_{DS} が V_p に達するまで I_D は増加することを示せ．

8.4 エンハンスメント型・n チャネル FET の I_D - V_{GS} 特性（伝達特性）の概形は，図 8.7(a) のようになるが，その関数形（V_{GS} 依存性）について述べよ．

8.5 例題 8.2 の理想 MOS からなる絶縁膜型 FET（エンハンスメント型・n チャネル FET）に対して，$x = L$ でピンチオフになっているときの入力容量 C_{GS} を求めよ．また，$f = 10\,[\text{kHz}]$ における C_{GS} のインピーダンスを求めよ．

8.6 例題 8.1 の n チャネル J-FET において，x によらず $V(x) = 2\,[\text{V}]$ とみなすとき，入力容量 C_{GS} を求めよ．

9章 集積回路概論

前章までは，バイポーラトランジスタやMOS-FETなど，単体としての構造，動作特性などを学んだが，現在，実用になっている大部分の半導体デバイスは，一つひとつが別々に作られているわけではなく，デバイスどうしを接続する配線も含めて，ウエハ（半導体基板）上に大量に一括作製されている．これを，**モノリシック集積回路**（モノリシックIC）とよぶ．

モノリシックICは，バイポーラトランジスタやMOS-FETなどを，ウエハ上に平面的に作り込み，電極をウエハ上面にのみ配置した構造をとる．このような製法を，**プレーナ技術**という．これによりモノリシックICの大量生産が可能になり，低価格で高性能なICが実現されることになった．

バイポーラICの代表例としては，オペアンプ（アナログ回路），TTL（論理回路）などがある．また，MOS-ICの代表例としては，CMOSを用いた各種の論理回路や，RAMやROMなどのメモリがあり，それぞれ広く実用化されている．

本章では，モノリシックICの素子（デバイス）構造，製法，動作概要などを学ぼう．

9.1 集積回路の分類

接合トランジスタ，抵抗，コンデンサなどを一つのチップまたは基板上に集積し，これらを金属薄膜などで配線した電子回路を，**集積回路** (integrated circuit; IC) という．ICを構成法でおおまかに分類すると，図9.1に示すように，**モノリシックIC** (monolithic IC) と**ハイブリッド（混成）IC** (hybrid IC) に分けられる．

モノリシックICは，「単一の石」（または「1枚の石」）からなるICという意味である．「単一の石」は**ウエハ** (wafer) ともよばれ，図9.1に示すように，直径数cm〜30cm，厚さ0.5mm程度の半導体基板である．基板材料として圧倒的に多く用いられているものは，シリコンである．モノリシックICは，半導体基板上（または基板内部）に，5.1, 6.2節などで述べた結晶成長，拡散，絶縁膜形成などの手法を用いて，接合トランジスタ，FET，抵抗，コンデンサ，ダイオードなどを一括して作り込み，これらを金属薄膜などで配線して電子回路を構成したものである．ウエハ内では数mm角の小区画ごとに，同種（または類似）の電子回路が繰り返し作り込まれており，小区画ごとに分離されて，それぞれがICとして使用される．この分離された小区画を**チッ**

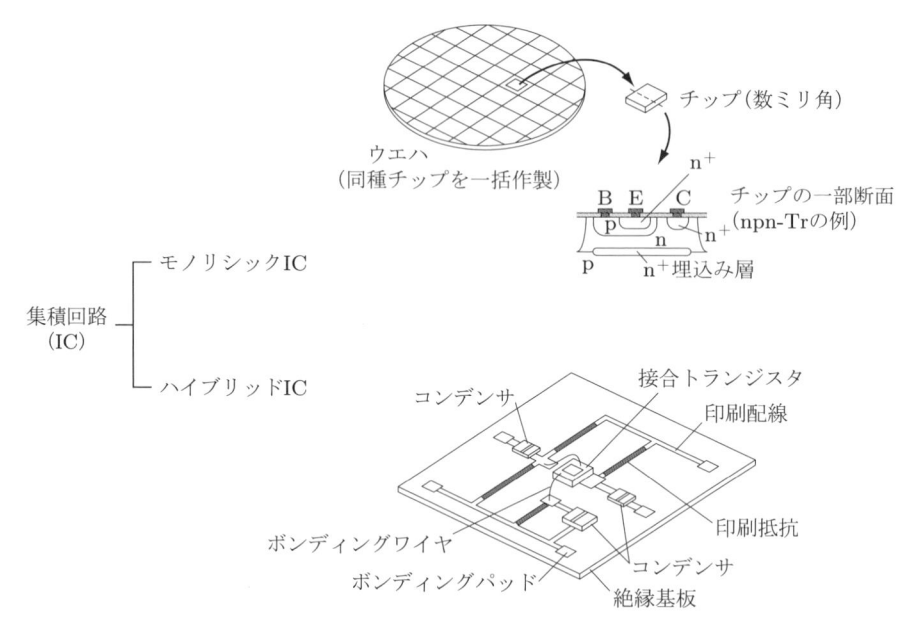

図 9.1　集積回路の分類

プ (chip) という．1 枚のウエハは，一般に多数のチップを含むので，モノリシック IC は同種の電子回路を大量に作るのに適した構造をもっている．

　ハイブリッド（混成）IC は，絶縁基板（セラミック，プラスチック，ガラスなど）上に，接合トランジスタ，コンデンサなどの単体の素子（**個別素子** (discrete device)）を印刷配線やワイヤで相互に接続した回路である．「混成」とは，種々の個別素子を集積するという意味である．ハイブリッド IC は，モノリシック IC に比べて集積度を大きくするのは困難であるが，モノリシック IC では実現が難しい大電力，超高周波などの用途に用いられる．

　本章では，モノリシック IC を対象として，素子構造，製法，動作概要などを述べる．

9.2　モノリシック IC の素子構造と製法

　図 9.2 は，モノリシック IC の素子構造の断面の例である．図 (a)～(d) は，素子分離のため，p 型基板内に島状に分離された n 型層内に素子が作り込まれており，それぞれ npn トランジスタ，抵抗，容量，ダイオードである．基板の p 型と島状に分離された n 型層には逆バイアスが印加され，個々の素子が電気的に分離される．図 (e) は，n チャネル MOS-FET（エンハンスメント型），図 (f) は，npn トランジスタである．

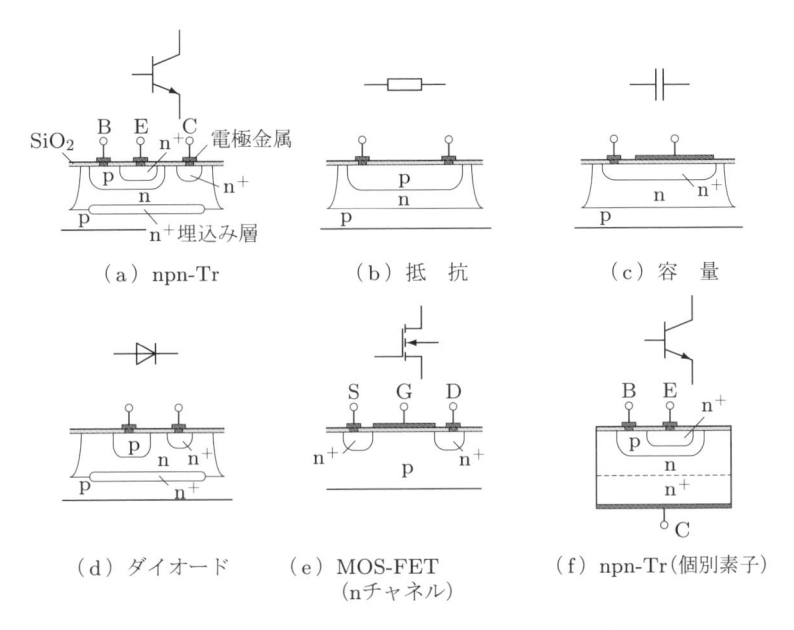

9.2 モノリシック IC の素子構造と製法　157

(a) npn-Tr
(b) 抵　抗
(c) 容　量
(d) ダイオード
(e) MOS-FET (nチャネル)
(f) npn-Tr（個別素子）

図 9.2　モノリシック IC の素子構造の断面の例

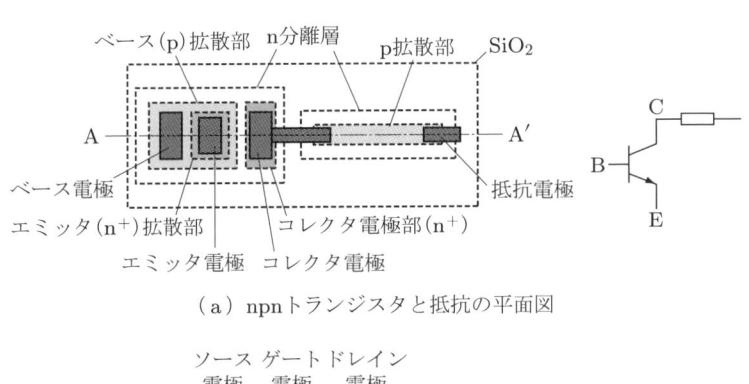

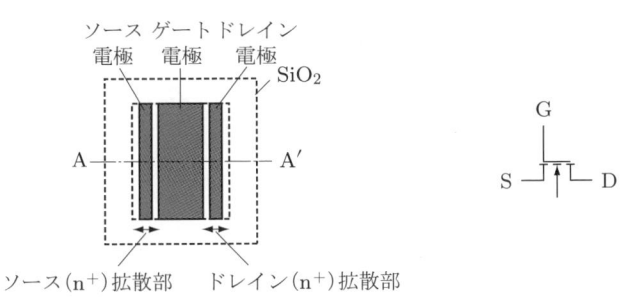

(a) npnトランジスタと抵抗の平面図

(b) nチャネルMOS-FET（E型）の平面図

図 9.3　モノリシック IC の平面図

図 (f) は，図 6.2 の pnp トランジスタの導電型を反転させたものである．これは，電気的には図 (a) と同じものであるが，コレクタ電極が基板側になっている．この構造は，大電力用などの個別素子に用いられることが多い．

図 9.3(a) は，図 9.2(a) の npn トランジスタのコレクタと，図 (b) の抵抗を接続した素子の平面図の例であり，AA′ 断面が図 9.2(a) と (b) に対応する．図 9.3(b) は，図 9.2(e) の n チャネル MOS-FET の平面図であり，AA′ 断面が図 9.2(e) に対応する．いずれも，電極がウエハ上面に平面的に配置されている．これらの素子を作製する手順を，以下に述べる．

9.2.1 バイポーラトランジスタの製法

図 9.4 は，図 9.3(a) の npn トランジスタと抵抗を同時に作製する手順を示す．これは，基本構造を作製するのに不可欠な工程のみを示したものであり，実際の素子では安定した特性を実現するため，もっと多くの工程が導入される．以下，各工程を簡単に説明する．

① p 型の Si 基板を準備する（破線部分の断面を②以降に示す）．
② Si 基板表面を高温下で酸化することにより，（拡散マスク用の）SiO_2 膜を形成する．
③ **フォトリソグラフィ**（photolithography；写真製版）により，n^+ 拡散を行う部分の SiO_2 膜を除去する．フォトリソグラフィの手順は，後で説明する．
④ SiO_2 膜をマスク（保護膜）として n^+ 拡散を行う．SiO_2 膜が除去された部分の基板が n^+ となる．n^+ 領域を導入する主目的は，コレクタ領域（ダイオードの場合は n 領域）を流れる電流路の抵抗を小さくすることである．
⑤ Si 基板表面の SiO_2 膜を，エッチング液によりすべて除去する．
⑥ Si 基板上に，n-Si 層を結晶成長させる．結晶成長法としては，気相成長法が多く用いられる．
⑦ n-Si 層上に，SiO_2 膜を形成する．
⑧ フォトリソグラフィにより，p 拡散を行う部分の SiO_2 膜を除去する．
⑨ SiO_2 膜をマスクとして p 拡散を行い，n-Si 層を島状に分離する．
⑩ フォトリソグラフィにより，p 拡散を行う部分の SiO_2 膜を除去する．⑨の拡散は酸化雰囲気中の高温で行われるので，拡散後の SiO_2 膜開口部には再び SiO_2 膜が形成され，全面が SiO_2 膜で覆われる．開口部の SiO_2 膜厚は，もともと SiO_2 膜があった部分の膜厚に比べて薄くなるが，本書では膜厚の段差は無視する．⑩では，拡散中に全面を覆った SiO_2 膜を用いてフォトリソグラフィを行う．⑫，⑭のフォトリソグラフィも同様である．

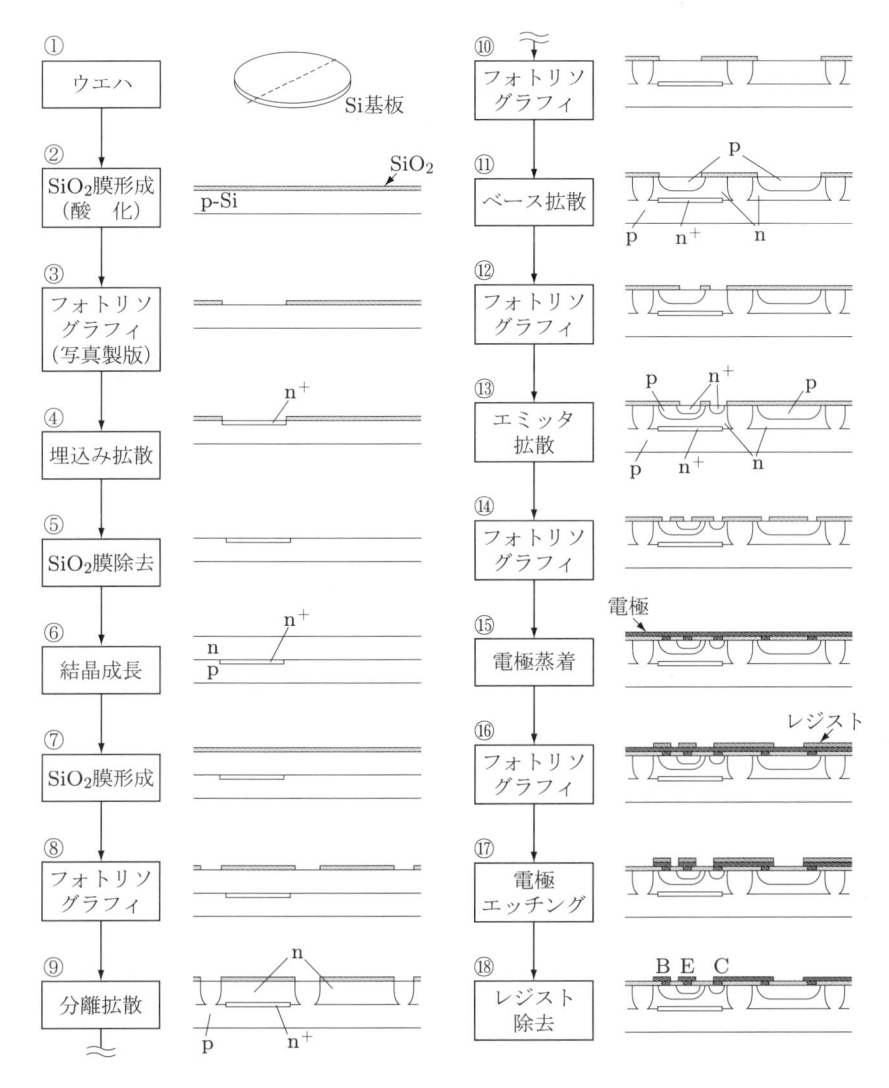

9.2 モノリシックICの素子構造と製法　159

図9.4　npnトランジスタと抵抗を同時に作製する手順

処理工程：
① ウエハ（Si基板）
② SiO₂膜形成（酸化）（p-Si, SiO₂）
③ フォトリソグラフィ（写真製版）
④ 埋込み拡散（n⁺）
⑤ SiO₂膜除去
⑥ 結晶成長（n⁺, n, p）
⑦ SiO₂膜形成
⑧ フォトリソグラフィ
⑨ 分離拡散（n, p, n⁺）
⑩ フォトリソグラフィ
⑪ ベース拡散（p, n⁺, n）
⑫ フォトリソグラフィ
⑬ エミッタ拡散（p, n⁺, n）
⑭ フォトリソグラフィ
⑮ 電極蒸着（電極）
⑯ フォトリソグラフィ（レジスト）
⑰ 電極エッチング
⑱ レジスト除去（B E C）

⑪ SiO₂膜をマスクとしてp拡散を行い，ベース領域と抵抗領域を形成する（抵抗は要求される抵抗値に応じてn層をそのまま用いることもできる）．

⑫ フォトリソグラフィにより，n⁺拡散を行う部分のSiO₂膜を除去する．

⑬ SiO₂膜をマスクとしてn⁺拡散を行い，エミッタ領域とコレクタ電極領域を形成する．

⑭ フォトリソグラフィにより，電極コンタクト部分のSiO₂膜を除去する．

⑮ 真空蒸着法により，全面に電極（おもに Al）を蒸着する．真空蒸着法は，高真空中で電極材料を加熱して蒸発させ，ウエハ上に成膜させる方法である．
⑯ フォトリソグラフィにより，電極となる部分のレジストを残して，ほかのレジストを除去する（レジストについては，後述のフォトリソグラフィの説明参照）．
⑰ レジストをマスクとして，電極金属をエッチング液（りん酸系）により除去する．レジストをマスクに用いることができるのは，耐エッチング性があり，また，この工程が室温程度の低温で行われるからである．
⑱ レジストを除去する．

図9.5 は，フォトリソグラフィ（写真製版）の手順である．図 9.4 にはフォトリソグラフィ工程が 6 回あるが，各工程とも使用するマスクが異なるだけで，手順は図 9.5 とほぼ同一である．以下，各工程を簡単に説明する．

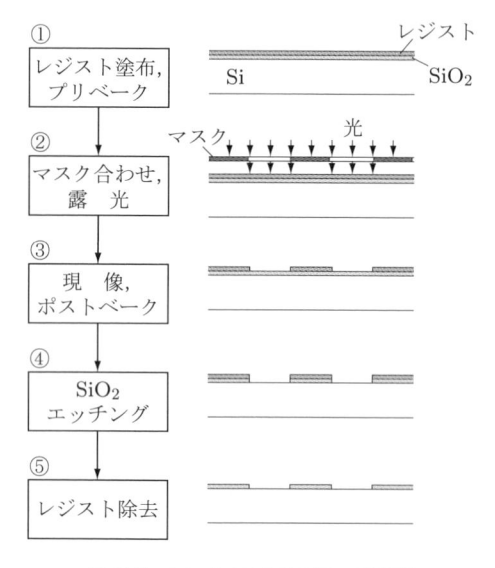

図 9.5　フォトリソグラフィの手順

① SiO_2 膜上に**レジスト**（resist；感光性樹脂）を均一に塗布し，80℃ 程度の温度でレジストの溶剤を蒸発させ，レジストを固める（プリベーク）．
② 素子パターンに対応して，光（紫外光）を透過するマスク（フォトマスク）を所定の位置に合わせ，レジストに光を照射（露光）する．
③ 露光された部分（光が当たった部分）のレジストを溶剤により除去し（現像），150℃ 程度の温度で残ったレジストの溶剤を蒸発させ，固める（ポストベーク）．露光部分

が溶けるレジストをポジ型，未露光部分が溶けるレジストをネガ型という．③はポジ型の例である．
④ レジストをマスクとして，SiO_2 膜をエッチング液（フッ酸系）により除去する．
⑤ 溶剤によりレジストを除去する．これで拡散マスク用の SiO_2 膜が形成される．レジスト膜が拡散マスクにならないのは，拡散温度（1000°C 前後）に対する耐性がないからである．

図 9.4 のように，SiO_2 膜形成，フォトリソグラフィ，拡散などを繰り返すことにより，所望の素子を平面的に作り込む技術を**プレーナ技術** (planar technology) といい，プレーナ技術により作製した素子を，プレーナトランジスタ，プレーナダイオードなどという．プレーナ技術により，IC の大量生産が可能となった．

9.2.2 MOS-FET（E型）の製法

図 9.6 は，図 9.3(b) の n チャネル MOS-FET を作製する手順を示す．図 9.4 と同様に，各工程を簡単に説明する．

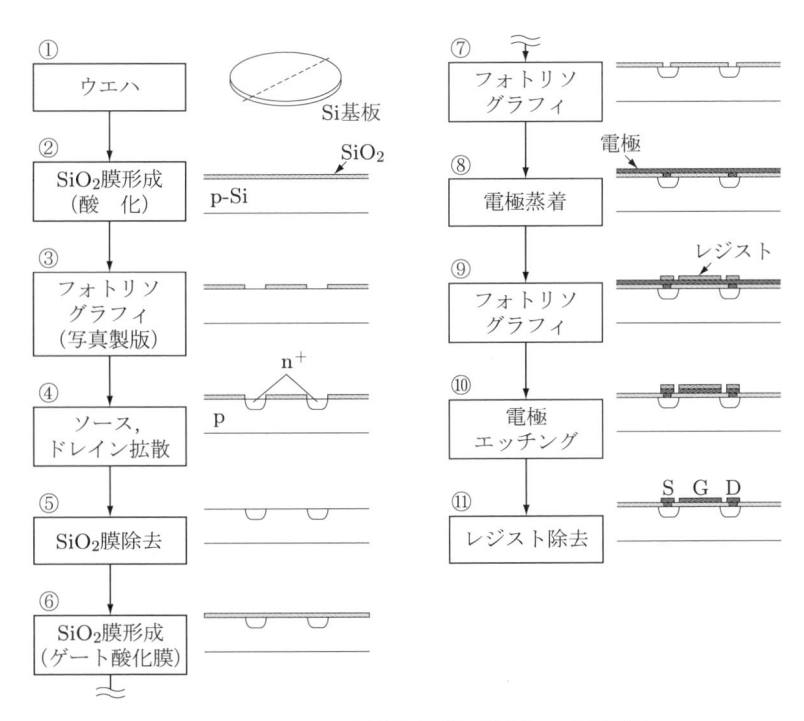

図 9.6　n チャネル MOS-FET（E型）の作製手順

① p 型の Si 基板を準備する（破線部分の断面を②以降に示す）．
② Si 基板表面を酸化することにより，SiO_2 膜を形成する．
③ フォトリソグラフィにより，n^+ 拡散を行う部分の SiO_2 膜を除去する．
④ SiO_2 膜をマスクとして n^+ 拡散を行い，ソースとドレイン領域を形成する．
⑤ ウエハ表面の SiO_2 膜をすべて除去する．
⑥ ウエハ表面上に新たに SiO_2 膜を形成する．新たに形成するのは，内部に不要な電荷がない（拡散源にさらされていない）高品質なゲート酸化膜が必要なためである．
⑦ フォトリソグラフィにより，電極コンタクト部分の SiO_2 膜を除去する．
⑧ 真空蒸着法により，全面に電極金属を蒸着する．
⑨ フォトリソグラフィにより，電極となる部分のレジストを残して，ほかのレジストを除去する．
⑩ レジストをマスクとして，電極金属をエッチングし，電極を形成する．
⑪ レジストを除去する．

1 回のフォトリソグラフィでは，通常 1 枚のフォトマスクが用いられるから，フォトリソグラフィ回数とマスク枚数は同じである．マスク枚数が少ない構造ほど作りやすいとみなせるから，図 9.4，図 9.6 より，マスク枚数が多いバイポーラトランジスタに比べて，MOS-FET の方が作りやすい素子である．このことと，ディジタル用（9.3 節参照）に対する MOS-FET の相性の良さから，実際の IC では MOS-FET が大量に使用されている．

> **例題 9.1** 図 9.2(b) の構造をもつ抵抗を作るのに必要なマスクは何枚か．
>
> **解答** 図 9.4 において，⑨分離拡散，⑪ベース（抵抗）拡散，⑮電極蒸着，⑰電極エッチングのためのマスクがあればよいから 4 枚である．すなわち，⑧，⑩，⑭，⑯のフォトリソグラフィで各 1 枚のマスクが必要である．

9.3　モノリシック IC の動作概要

IC は，信号処理の形式により**アナログ IC**（analog IC）と**ディジタル IC**（digital IC）に大別される．アナログ IC は，連続的に変化する電流・電圧信号を処理する回路である．6.7, 8.5 節で対象とした回路はアナログ回路の例である．ディジタル IC は，二つの値（「0」と「1」，または「低レベル」と「高レベル」）をとる（とみなせる）信号を

処理する回路である．アナログ IC の代表的なものに，演算増幅器，定電圧電源回路などがある．ディジタル IC の代表的なものに，各種の論理回路，記憶回路（メモリ）などがある．また，A-D・D-A コンバータ（アナログ–ディジタル・ディジタル–アナログ変換回路）などは，混合 IC という．アナログ IC や混合 IC にはバイポーラトランジスタが，ディジタル IC には MOS-FET が多く用いられる．

9.3.1 バイポーラ IC

アナログ IC の代表例として，**演算増幅器**（operational amplifier；**オペアンプ**）について簡単に説明する．オペアンプは，もともとアナログ計算機の演算素子として開発された 2 入力端子，1 出力端子をもつ増幅器であり，図 9.7(a) はその回路記号である．入力側初段に図 (b) の差動増幅器を用いた直流増幅回路を IC 化したもので，理想増幅器（増幅率が無限大とみなせる増幅器）に近い特性をもつ．このため汎用性が高く，広く用いられている．図 (b) の差動増幅器出力 v_o が後段でさらに増幅されて，オペアンプ出力となる（後段の回路は複雑になるので省略する）．差動増幅器の基本構造は，図 9.3(a) の npn トランジスタと抵抗の直列回路が並列に接続されたものである．

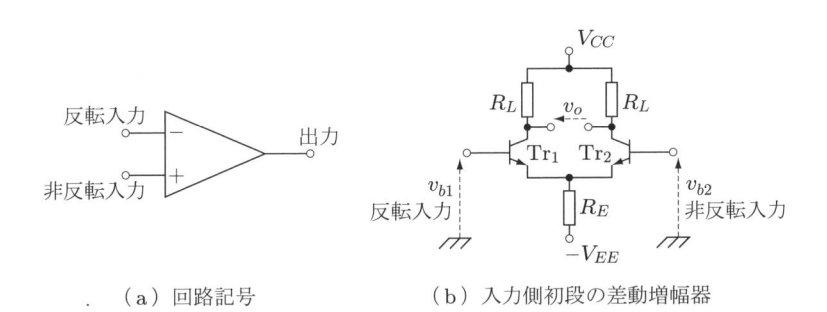

（a）回路記号　　　　　（b）入力側初段の差動増幅器

図 9.7　オペアンプ

バイポーラトランジスタを用いたディジタル IC の説明に入る前に，バイポーラトランジスタのディジタル動作について述べる．図 9.8(a) は，図 9.3(a) の npn トランジスタと抵抗の直列回路を用いたエミッタ接地回路，図 (b) は，エミッタ接地回路のディジタル動作の原理図である．エミッタ接地回路のコレクタ電流 I_C，電圧 V_{CE} は次式を満たす．

$$R_L I_C + V_{CE} = V_{CC} \tag{9.1}$$

したがって，これらの値は図 (b) の負荷線上を動く．入力ベース電圧 V_{BE} は，低レベル L $(\fallingdotseq 0\,[\mathrm{V}])$ と，高レベル H $(\fallingdotseq V_{CC}\,[\mathrm{V}])$ の 2 値をとる矩形波の電圧信号とす

(a) エミッタ接地回路
　　（NOT回路）

(b) ディジタル動作の原理図

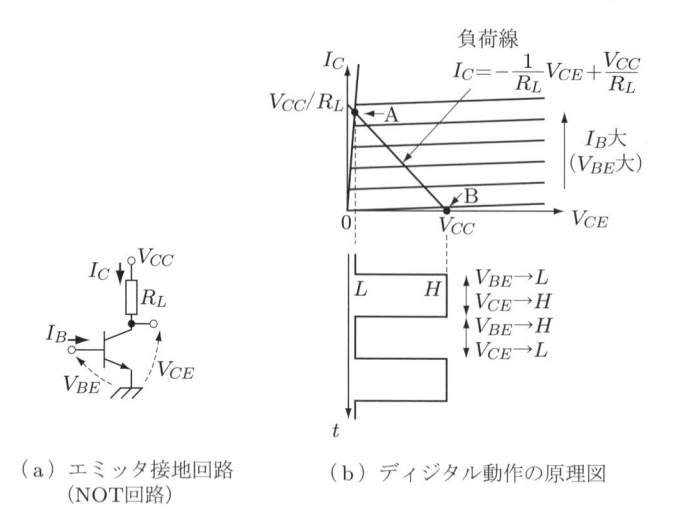

図 9.8　エミッタ接地回路のディジタル動作

る．$V_{BE} \to H$ のとき，トランジスタは飽和状態（図 6.8 参照）となり，図 (b) の A 点の状態となるから，出力コレクタ電圧 $V_{CE} \to L$ となる．逆に，$V_{BE} \to L$ のとき，トランジスタは遮断状態（図 6.8 参照）となり，図 (b) の B 点の状態となるから，出力電圧 $V_{CE} \to H$ となる．このように，トランジスタを遮断と飽和状態の間で大振幅動作させることを，ディジタル動作という．エミッタ接地回路では入力電圧と出力電圧の高低が逆転するので，論理回路として見た場合には，**否定回路**（NOT 回路）となる．NOT 回路は**インバータ** (inverter) ともよばれる．

　ディジタル IC は，2 値信号を用いて論理演算を行う回路であるが，あらゆる論理回路は **NAND** (NOT-AND) 回路，または **NOR** (NOT-OR) 回路だけで構成できるので，ここでは NAND 回路について述べる（NOR 回路は演習問題 9.2 参照）．NAND 回路は，AND 回路の出力を否定する回路である．バイポーラトランジスタを用いたディジタル IC の代表的なものとして，**TTL** (transistor transistor logic) があるが，**図 9.9**(a) に，TTL の基本回路となる二つの入力をもつ NAND 回路の例を示す．AND 回路部分に，二つのエミッタをもつマルチエミッタトランジスタを用いており，その出力をエミッタ接地回路に入力している．図 (b) は，マルチエミッタトランジスタの断面構造である．エミッタの数を増やせば，三つ以上の入力をもつ NAND 回路を構成することも可能である．図 (a) の NAND 回路の動作は，次のようになる．

(1) 入力 X, Y のうち少なくとも一方が L のとき，Tr_1 の一方のベース - エミッタ間が順バイアスされて導通し，Tr_1 のベース電圧も L となる．Tr_1 のコレクタを通して Tr_2 のベース電圧も L となるから，出力 Z は H となる．

(a) 回路図　　　　　(b) AND 回路部分の断面構造
　　　　　　　　　　　（マルチエミッタTr（2エミッタ））

図 9.9　NAND 回路（2 入力）

(2) 入力 X, Y とも H のとき，Tr_1 の両方のベース – エミッタ間とも導通しないので，Tr_1 のベース電圧も H となる．Tr_1 のベース – コレクタが順バイアスされて導通し，Tr_2 のベース電圧も H となるから，出力 Z は L となる．

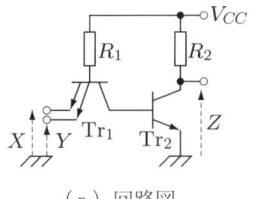

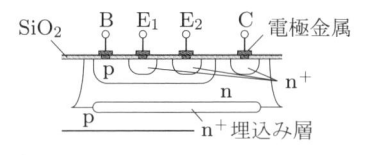

例題 9.2　図 9.9(a) の NAND 回路出力が，AND 回路出力の否定となっていることを示せ．

解答　L を「0」，H を「1」に対応させる．これを**正論理**という（H を「0」，L を「1」に対応させる場合を**負論理**というが，通常は正論理が用いられる）．入力 X, Y とその AND($X \cdot Y$)，および NAND 出力 Z をまとめると，**表 9.1**（これを真理値表という）のようになる．したがって，NAND 出力 Z は AND($X \cdot Y$) の否定になっている．

表 9.1　真理値表

X	Y	$X \cdot Y$	Z
0	0	0	1
0	1	0	1
1	0	0	1
1	1	1	0

9.3.2　MOS-IC

MOS-IC は単に MOS とよばれるので，以後それに従う．MOS の多くがディジタル用であるので，ディジタル用におもに用いられる MOS（E 型）を用いた NOT 回路と NAND 回路の代表例を述べる．**図 9.10**(a) は，n チャネル MOS（E 型）を用いた NOT 回路である．これは，図 9.8(a) のエミッタ接地回路のトランジスタ部分を n チャネル MOS（E 型）のソース接地に置き換えたものであり，2 値の電圧信号入力に対して，エミッタ接地回路のディジタル動作と類似の動作をする．$V_{GS} \to H$ ($\fallingdotseq V_{DD}\,[\mathrm{V}]$) のとき，Tr(FET) は導通するから，$V_{DS} \to L$ ($\fallingdotseq 0\,[\mathrm{V}]$) となる．逆

に，$V_{GS} \to L$ のとき，Tr は非導通で $V_{DS} \to H$ となるから NOT 回路である．図(b)は，2 入力の NAND 回路である．入力 X, Y とも H のときのみ $\mathrm{Tr}_1, \mathrm{Tr}_2$ が導通し，出力 Z が L となるから NAND 回路である（例題 9.2 参照）．負荷抵抗 R_L には通常，図(c)のようにゲートとソースを短絡した n チャネル MOS（D 型）（またはゲートとドレインを短絡した n チャネル MOS（E 型））が用いられることが多い．このような負荷を能動負荷という（演習問題 9.3 参照）．能動負荷は抵抗より小面積化しやすく，高集積化に向いている．

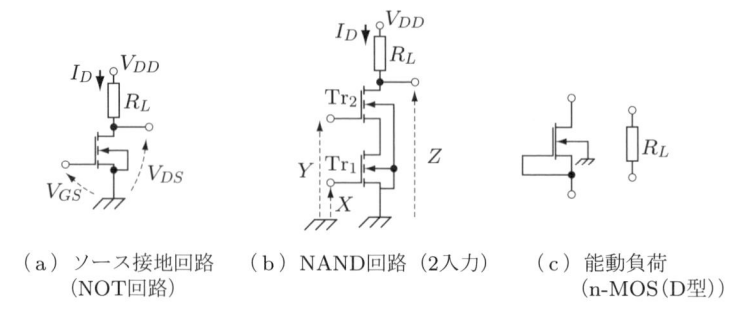

図 9.10　n-MOS（E 型）を用いた NOT 回路と NAND 回路および能動負荷

（a）ソース接地回路（NOT 回路）　（b）NAND 回路（2 入力）　（c）能動負荷（n-MOS（D 型））

これらの MOS では，出力が L のとき大きなドレイン電流 I_D が流れるが，I_D をほとんど流さなくても動作する**相補形 MOS**（complementary MOS; **CMOS**）がある．図 9.11(a) は，CMOS の回路，図(b) は CMOS の断面構造である．CMOS は n チャネル MOS（E 型）と p チャネル MOS（E 型）を，直列に接続したものである．

$X \to H \, (\fallingdotseq V_{DD}\,[\mathrm{V}])$ のとき，Tr_1 が導通するから，$Z \to L \, (\fallingdotseq 0\,[\mathrm{V}])$ となるが，Tr_2 は非導通であるから（表 8.4 参照），I_D は流れない．$X \to L$ のとき，Tr_2 が導通するから $Z \to H$ となるが，Tr_1 は非導通であるから I_D は流れない．したがって，CMOS は NOT 回路として動作するが，Tr の導通と非導通の切り替わり時のみ，わずかに電流が流れるだけであるから（演習問題 9.4 参照），低消費電力用として多用さ

（a）回路図　（b）断面構造

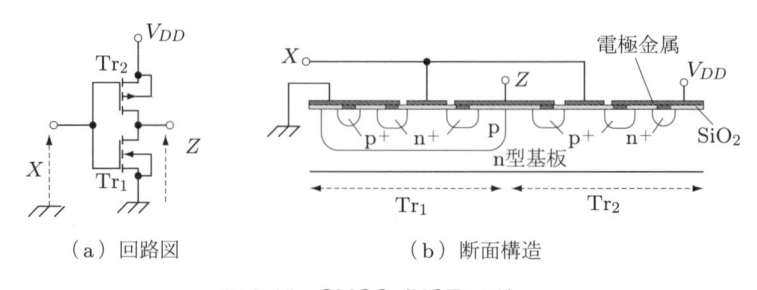

図 9.11　CMOS（NOT 回路）

れている．2個のCMOSを，図9.12のように接続すると，2入力のNAND回路となる．

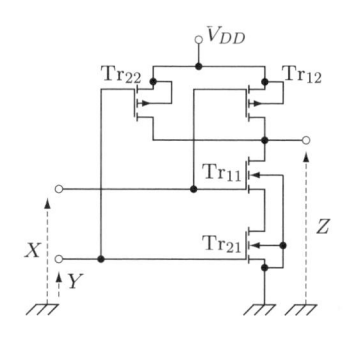

図9.12 CMOSを用いた2入力のNAND回路

例題 9.3 図9.12の回路がNAND回路となることを示せ．

解答 Lを「0」，Hを「1」で，Trの導通を「ON」，非導通を「OFF」で表示すると，真理値表は表9.2のようになり，NAND回路となることがわかる．

表9.2 真理値表

X	Y	Tr_{11}	Tr_{12}	Tr_{21}	Tr_{22}	Z
0	0	OFF	ON	OFF	ON	1
0	1	OFF	ON	ON	OFF	1
1	0	ON	OFF	OFF	ON	1
1	1	ON	OFF	ON	OFF	0

9.3.3 メモリIC

メモリICは2値情報を記憶するICであるから，ディジタルICの一種であるが，以下に述べるように，電源を切っても情報が消えないものもあることから，論理演算を行う通常のディジタルICとは別に扱うのが普通である．バイポーラおよびMOSの両方のメモリが用いられているが，MOSメモリが圧倒的に多いので，本項ではこれについて述べる．

MOSメモリを機能により分類すると，図9.13のようになる．計算機ではメモリ内の1ビットの情報が記憶される任意のアドレス（番地）にアクセス（random access）して，情報の書込み・読出しを行うが，書込み・読出しともにできるものを **RAM** (random access memory)，読出しのみできるものを **ROM** (read only memory) という．RAM

は，電源を切ると記憶情報が消える**揮発性** (volatile) メモリであるが，ROM は一般に，電源を切っても記憶情報が消えない**不揮発性** (nonvolatile) メモリである．RAM は記憶保持動作が必要な **DRAM** (dynamic RAM) と，記憶保持動作が不要な **SRAM** (static RAM) に分けられる．ROM は，メモリ製造段階であらかじめデータを作り込む **MROM** (mask ROM) と，専用装置でデータ・プログラムなどを書込み・消去できる **PROM** (programmable ROM) に分けられる．以下では，SRAM, DRAM, PROM の代表例を述べる．

```
                    ┌ 揮発性メモリ    : RAM ┬ SRAM
                    │                        └ DRAM
MOSメモリ ┤
                    └ 不揮発性メモリ : ROM ┬ MROM
                                            └ PROM
```

図 9.13 MOS メモリの分類

図 9.14(a) は，n チャネル MOS（E 型）で構成した SRAM の 1 ビット分の回路（メモリセル）である．Tr_1 と Tr_2，Tr_3 と Tr_4 は，それぞれ NOT 回路であり，Tr_2 と Tr_4 は，それぞれの NOT 回路の能動負荷である（演習問題 9.3 参照）．二つの NOT 回路を図 (a) のように接続すると，二つの安定状態をとるフリップフロップ回路となる．たとえば，B の電位→ H のとき，C の電位→ H，Tr_3 導通，D の電位→ L，A の電位→ L，Tr_1 非導通，B の電位→ H となり，この状態は安定である．外部から強制的に B の電位→ L とすると，D の電位→ H となり，これがもう一つの安定状態である．「B の電位→ H，D の電位→ L」の状態を「1」，「B の電位→ L，D の電位→ H」の状態を「0」とすると，書込みと読出しの手順は，以下のようになる．

(1) メモリセルが選択されると，アドレス電圧 V_A が印加され，Tr_5 と Tr_6 が導通する．書込みの場合，最初の状態が「0」のとき，Tr_5 を通して書込み電圧 V_W

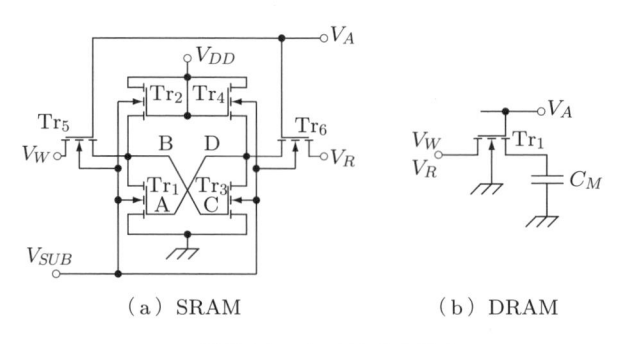

(a) SRAM (b) DRAM

図 9.14 メモリセルの構成

→ H を印加すると，「0」→「1」となる（$V_W → L$ を印加すると，「0」→「0」のままである）．
(2) 読出しの場合，最初の状態が「0」のとき，Tr_6 を通して「D の電位→ H」を V_R として読出し，これを反転すれば「0」となる．

フリップフロップ回路の状態は，外部から変えない限り安定であるので，SRAM は記憶保持動作が不要であり，スタティック (static) メモリとよばれる．

図 9.14(b) は，n チャネル MOS（E 型）と容量 C_M で構成した DRAM のメモリセルである．容量 C_M に電荷が蓄積された状態を「1」，電荷が放電された状態を「0」とすると，書込みと読出しの手順は以下のようになる．

(1) メモリセルが選択されると，アドレス電圧 V_A が印加され，Tr_1 が導通する．書込みの場合，最初の状態が「0」のとき，Tr_1 を通して書込み電圧 $V_W → H$ を印加すると，容量 C_M に電荷が蓄積され，「0」→「1」となる（$V_W → L$ を印加すると，「0」→「0」のままである）．
(2) 読出しの場合，Tr_1 を通して容量 C_M の電位 V_R を読出し，「1」か「0」を判定する．

電荷の自然放電と読出し操作により，容量 C_M の電荷が減少するので，DRAM では一定の時間ごとに電荷を**リフレッシュ** (refresh) する記憶保持動作が必要となり，ダイナミック (dynamic) メモリとよばれる．SRAM では 1 セルあたり 6 個のトランジスタが必要であるが，DRAM では 1 個でよいので，単位面積あたりのセル集積度を上げるのに適している．

PROM は，MOS 構造とそのメカニズムの違いにより何通りかあるが，一例として，**浮遊ゲート MOS** (floating gate avalanche injection MOS; **FAMOS**) の断面構造を，図 9.15 に示す．多結晶シリコンからなる浮遊ゲートが SiO_2 膜中に埋め込まれており，ゲート電極がないので「浮遊」とよばれる．図 (a) は書込み前の状態，図 (b) は書込み後の状態である．書込みと消去の手順は，以下のようになる．

(1) ソースに対してドレインに大きな負電圧を印加し，pn 接合にアバランシェブ

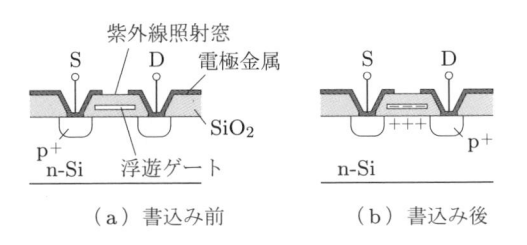

図 9.15 浮遊ゲート MOS の断面構造

レークダウンを起こさせる．発生した高エネルギー電子が，SiO_2 膜を透過して浮遊ゲートに注入され，図 (b) のように，浮遊ゲートが負に帯電する．n 型半導体表面に正の電荷が誘起され，p チャネルが形成されて，ソース – ドレイン間が導通する．導通していない状態を「0」とすると，導通した状態は「1」となる．

(2) 紫外線照射窓を通して浮遊ゲートに紫外線を照射し，電子が SiO_2 膜のポテンシャル障壁を乗り越えるのに十分なエネルギーを与えると，負電荷が放電されて書込み情報は消去される．

FAMOS は情報を電気的に書込むことができるので，**EPROM** (electrically programmable ROM) ともよばれる．

9.4 モノリシック IC の特徴

9.2 節で述べたプレーナ技術により，モノリシック IC の大量生産が可能となり，低価格で高性能な IC が広く実用に供されることになった．その特徴は，以下のようになる．

(1) 小形化：製造技術の進歩により，マスクパターンの最小線幅（デザインルール）が年々小さくなり，素子面積も小さくなる．したがって，一つのチップに含まれる素子数（セル数），すなわち**集積度**も年々向上している．

(2) 低価格化：ウエハの大口径化により，1 枚のウエハからとれるチップ数が多くなり，1 回の工程でとれるチップ数も多くなる．上記 (1) の集積度の向上を含めると，1 素子あたりの価格は大幅に安くなる．

(3) 高性能化：高集積化により，1 チップに多くの回路機能を作り込むことができる．さらに，配線が短くなると，浮遊容量・インダクタンスも小さくなり，高速・高性能化が容易となる．

(4) 高信頼化：プレーナ技術は特性がそろったチップを大量に作るのに適しており，また，回路の配線パターンも一括作製するので，半田付け不具合（従来回路の不具合の主原因）などによる不良も発生しない．

デザインルールは，これまで 3 年で約 1/2 になってきており，したがって，集積度は 3 年で約 4 倍になっている．この経験則は，**ムーアの法則**とよばれる．一例として，DRAM の集積度の推移を**図 9.16** に示す．集積度により，IC はおおまかに次のように分類される．

SSI (small scale integrated circuit) ： $< 10^2$
MSI (medium scale integrated circuit) ： $10^2 \sim 10^3$

LSI (large scale integrated circuit)　　　　：$10^3 \sim 10^5$
VLSI (very large scale integrated circuit)：$10^5 \sim 10^7$
ULSI (ultra large scale integrated circuit)：$> 10^7$

この分類にかかわらず，IC 全体を「LSI」と総称することも多い．

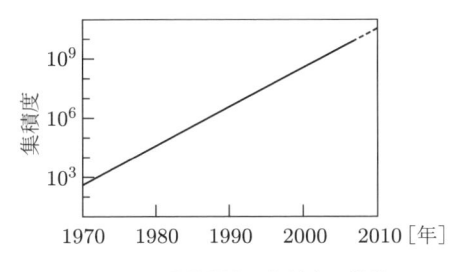

図 9.16　DRAM の集積度の推移

演習問題

9.1 次の素子構造を作製するのに必要なマスク枚数は何枚か．
  (1)　図 9.9(b) のマルチエミッタトランジスタ
  (2)　図 9.11(b) の CMOS

9.2 次の各素子を用いた 2 入力 NOR 回路を構成せよ．
  (1)　npn-Tr
  (2)　n チャネル MOS（E 型）
  (3)　CMOS

9.3 図 9.10(c) のゲートとソースを短絡した n チャネル MOS（D 型，図 9.17(a)），およびゲートとドレインを短絡した n チャネル MOS（E 型，図 (b)）が，負荷抵抗の役割を果たす（すなわち能動負荷となる）ことを示せ．

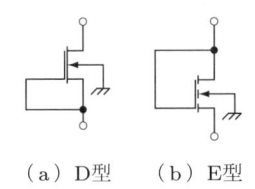

（a）D 型　　（b）E 型

図 9.17　能動負荷

9.4 図 9.11(a) の CMOS について，以下の各問に答えよ．
  (1)　Tr_2 は Tr_1 の能動負荷とみなせることを示せ．
  (2)　Tr_1 が非導通から導通（導通から非導通）に切り替わるとき，どのような電流が流れるか考察せよ．

9.5 チップ面積 $5 \times 7\,[\mathrm{mm}^2]$，集積度 $1\,[\mathrm{Mbit}]$ の DRAM の 1 セルあたりの面積を求めよ．ただし，チップ全体にセルが均一に分布しているものとする．

9.6 ムーアの法則が成り立つとき，集積度が 10 倍になるのに何年かかるか．

演習問題の解答

1章

1.1 銀の結晶構造も銅と同じく面心立方格子であり，例題 1.1 より，格子に含まれる正味の原子数は 4 個であるから，原子密度は以下のように求められる．

$$\frac{1}{(4.09 \times 10^{-8})^3} \times 4 \fallingdotseq 5.85 \times 10^{22} \, [\mathrm{cm}^{-3}]$$

1.2 体心立方格子の中に何個の原子が含まれるかを考える．頂点の原子は一つの体心立方格子に 1/8 個含まれ，中心の原子は 1 個含まれる．したがって，一つの体心立方格子に含まれる正味の原子数は，

$$1/8 \times 8 + 1 = 2$$

であるから，原子密度は以下のように求められる．

$$\frac{1}{(2.87 \times 10^{-8})^3} \times 2 \fallingdotseq 8.46 \times 10^{22} \, [\mathrm{cm}^{-3}]$$

1.3 (1) ピタゴラスの定理を用いると，各距離はすべて等しく以下のようになる．

$$\sqrt{\left(\frac{a}{4}\right)^2 + \left(\frac{a}{4}\right)^2 + \left(\frac{a}{4}\right)^2} = \frac{\sqrt{3}}{4} \times a \fallingdotseq 1.55 \, [\text{Å}]$$

(2) ベクトル $\overrightarrow{1'1} = (-a/4, -a/4, -a/4)$，ベクトル $\overrightarrow{1'\text{C}} = (-a/4, a/4, a/4)$ のなす角度を θ とすると，ベクトルの内積の定義より，

$$\cos\theta = \frac{(-a/4) \times (-a/4) + (-a/4) \times (a/4) + (-a/4) \times (a/4)}{(\sqrt{3}/4 \times a)^2} = -\frac{1}{3}$$

したがって，$\theta \fallingdotseq 109.5 \, [°]$ である．他のベクトルの間のなす角もすべて $\theta \fallingdotseq 109.5 \, [°]$ である．

1.4 対象となる格子点は，立方体の八つの頂点（A, B, C, D, E, F, G, H），六つの面の中心（1, 2, 3, 4, 5, 6）と，立方体の内部に入る 4 点（A$'$, 1$'$, 2$'$, 3$'$）の 18 点である．x 軸方向の十分遠くから見るとき，格子点は yz 平面に射影され，その座標は元の座標から x 成分を除いたものとなる．したがって，yz 平面における 18 点の座標は，以下のようになる．

A(0,0), B(0,a), C(a,a), D(a,0), E(0,0), F(0,a), G(a,a), H(a,0),

1(a/2, a/2), 2(0, a/2), 3(a/2, 0), 4(a/2, a/2), 5(a, a/2), 6(a/2, a),

A$'$(a/4, a/4), 1$'$(3a/4, 3a/4), 2$'$(a/4, 3a/4), 3$'$(3a/4, a/4)

これらは，**解図 1.1** の黒丸のように配列する．これらの配列を空間的に繰り返すと，元の格子から 45° 傾き，格子定数が a から $\sqrt{2}a/4$ に減少した破線のような格子に見える．

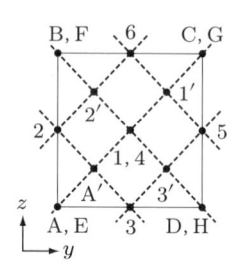

解図 1.1

1.5 (1) 面①に含まれる二つの格子点，たとえば B$(0,0,a)$ と E$(a,0,0)$ を選ぶと，ベクトル $\overrightarrow{\mathrm{BE}} = (a,0,-a)$ となる．$\overrightarrow{\mathrm{AG}} = (a,a,a)$ であり，内積 $\overrightarrow{\mathrm{BE}} \cdot \overrightarrow{\mathrm{AG}} = 0$ であるから，線分 AG と面①は直交する．同様に，面②に含まれる二つの格子点，たとえば，C$(0,a,a)$ と F$(a,0,a)$ を選ぶと，ベクトル $\overrightarrow{\mathrm{CF}} = (a,-a,0)$ となる．内積 $\overrightarrow{\mathrm{CF}} \cdot \overrightarrow{\mathrm{AG}} = 0$ であるから，線分 AG と面②は直交する．

(2) 三角形 BED は一辺の長さ $\sqrt{2}a$ の正三角形であり，線分 B3 は正三角形 BED の中線であるから，その長さは $\sqrt{3/2}a$ である (**解図 1.2**)．線分 B3 と線分 AG は同一平面に含まれ，その交点を P とすると，上記 (1) の結果より，線分 B3 と線分 AP は直交するから，線分 AP の長さが格子点 A と面①の距離である．直角三角形 A3B において，点 P と格子点 A，格子点 B，格子点 3 の距離を，それぞれ η, ξ, ζ とすると，解図 1.2 より次式が成り立つ．

$$\xi + \zeta = \sqrt{3/2}a, \qquad \eta^2 + \xi^2 = a^2, \qquad \eta^2 + \zeta^2 = a^2/2$$

これら 3 式より，η, ξ, ζ は，以下のように求められる．

$$\eta = a/\sqrt{3}, \qquad \xi = \sqrt{2/3}a, \qquad \zeta = a/\sqrt{6}$$

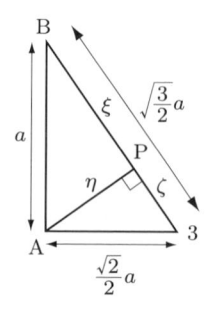

解図 1.2

格子点 A と面①の距離は η であり，立方体の対称性より，格子点 G と面②の距離も η となるから，面①と面②の距離は，次のようになる．

$$\sqrt{3}a - 2\eta = \sqrt{3}a - 2a/\sqrt{3} = a/\sqrt{3} = \eta \quad (=\sqrt{3}a/3)$$

すなわち，面①と面②は線分 AG の 3 等分点でそれぞれ交わる．
(3) 上記 (2) の結果より，

$$\zeta = (\text{線分 B3 の長さ}) \times 1/3$$

となるから，線分 AG と面①の交点（点 P）は，三角形 BED の重心である．立方体の対称性より，線分 AG と面②の交点も，三角形 HCF の重心となる．
(4) 三角形 BED および三角形 HCF にはそれぞれ 6 個の格子点が含まれ，各格子点は一辺の長さ $\sqrt{2}a/2$ の正三角形の頂点に配列する．また，格子点 A, G を xy 平面に射影すると，三角形 BED および三角形 HCF の重心となるから，各格子点は xy 平面上に**解図 1.3** のように配列する．

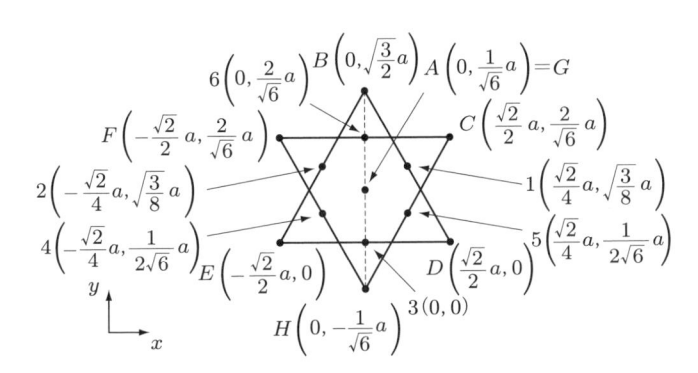

解図 1.3

1.6 (1) 格子定数を a とすると，最近接格子点間の距離は a であるから，剛体球の半径 $r = a/2$ となる．この球の体積を V とすると，立方体の頂点にある 8 個の剛体球のそれぞれに対して，その体積 V の 1/8 が格子体積に含まれるから，充填率は次式で求められる．

$$\frac{1}{a^3} \times V \times \frac{1}{8} \times 8 = \frac{V}{a^3} = \frac{1}{a^3} \times \frac{4\pi}{3}\left(\frac{a}{2}\right)^3 = \frac{\pi}{6} \fallingdotseq 0.52$$

(2) 最近接格子点間の距離は $\sqrt{3}a/2$（頂点と体心の距離）であるから，剛体球の半径 $r = \sqrt{3}a/4$ となる．この球の体積を V とすると，頂点にある 8 個の V のそれぞれの 1/8 と，体心にある 1 個の V 全体が格子体積に含まれるから，充填率は次式で求められる．

$$\frac{1}{a^3} \times \left(V \times \frac{1}{8} \times 8 + V\right) = \frac{2V}{a^3} = \frac{2}{a^3} \times \frac{4\pi}{3}\left(\frac{\sqrt{3}a}{4}\right)^3 = \frac{\sqrt{3}\pi}{8} \fallingdotseq 0.68$$

(3) 最近接格子点間の距離は $\sqrt{2}a/2$（頂点と面心の距離）であるから，剛体球の半径 $r = \sqrt{2}a/4$

となる．この球の体積を V とすると，頂点にある 8 個の V のそれぞれの $1/8$ と，面心にある 6 個の V のそれぞれの $1/2$ が格子体積に含まれるから，充填率は次式で求められる．

$$\frac{1}{a^3} \times \left(V \times \frac{1}{8} \times 8 + V \times \frac{1}{2} \times 6\right) = \frac{4V}{a^3} = \frac{4}{a^3} \times \frac{4\pi}{3}\left(\frac{\sqrt{2}a}{4}\right)^3 = \frac{\sqrt{2}\pi}{6} \fallingdotseq 0.74$$

(4) 最近接格子点間の距離は $\sqrt{3}a/4$ (図 1.7(a) の A と A' の距離) であるから，剛体球の半径 $r = \sqrt{3}a/8$ となる．この球の体積を V とすると，頂点にある 8 個の V のそれぞれの $1/8$ と，面心にある 6 個の V のそれぞれの $1/2$，および立方体の内部に入る 4 点 (A', 1', 2', 3') にある 4 個の V 全体が格子体積に含まれるから，充填率は次式で求められる．

$$\frac{1}{a^3} \times \left(V \times \frac{1}{8} \times 8 + V \times \frac{1}{2} \times 6 + V \times 4\right) = \frac{8V}{a^3} = \frac{8}{a^3} \times \frac{4\pi}{3}\left(\frac{\sqrt{3}a}{8}\right)^3 = \frac{\sqrt{3}\pi}{16}$$

$$\fallingdotseq 0.34$$

1.7 (1) 隣り合う球は互いに接するから，各球の中心は一辺の長さ $2r$ の正三角形の頂点に配列する．三角形 BED と三角形 HCF の重心は一致する．各球の符号で中心座標を表示すると，中心座標は**解図 1.4** のように配列する．ただし，A は三角形 BED と三角形 HCF の重心であり，第 0 層の剛体球の中心の xy 座標と一致する．

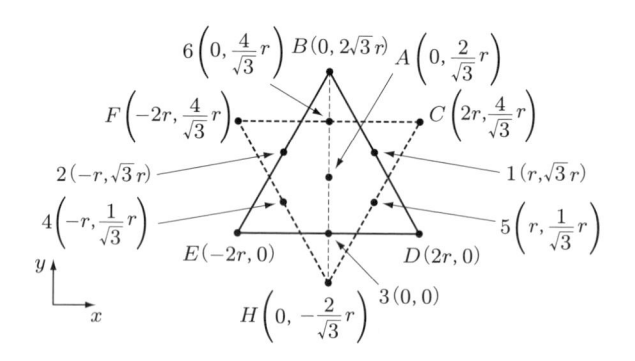

解図 1.4

(2) **解図 1.5**(a) のように，図 1.11(b') の 3 個の球 2, E, 3 と図 (c') の球 4 を取り出すと，これら四つの球は互いに接するから，互いの中心間の距離は $2r$ である．各球の符号で中心座標を表示する．2, E, 3 を含む面を xy 平面とし，E を通り 3 に向かう線を x 軸，E と 3 の中点を x 軸の原点とすると，E, 3, 2 の座標は以下のようになる (解図 1.5(b))．

$$E(-r, 0, 0), \quad 3(r, 0, 0), \quad 2(0, \sqrt{3}r, 0)$$

正三角形 2E3 の重心を P とすると，4 の x, y 座標は，点 P の x, y 座標と一致するから，4 の座標は以下のようになる．

$$4\left(0, \frac{\sqrt{3}}{3}r, z\right)$$

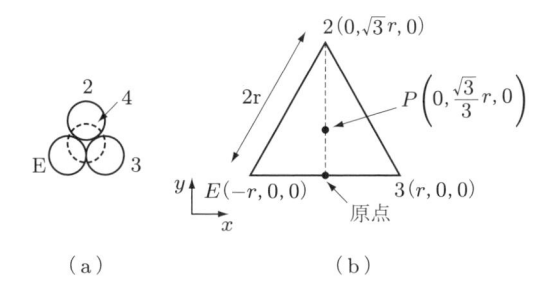

解図 1.5

ただし，z 座標を z としている．4 と E の距離は $2r$ であるから，z は次式のように求められる．

$$2r = \sqrt{r^2 + \frac{1}{3}r^2 + z^2}, \quad z = \sqrt{4r^2 - r^2 - \frac{1}{3}r^2} = \sqrt{\frac{8}{3}}r$$

この z が xy 平面と第 2 層の各球の中心を含む面の距離である．xy 平面と第 0 層の各球の中心を含む面の距離も同一となる．

(3) 剛体球の半径 r を演習問題 1.6(3) の面心立方格子の場合の剛体球の半径に等しく選ぶと，$r = \sqrt{2}a/4$ となる．上記 (1)，(2) の結果において，r をこの値に置き換えると，(1) の配列は演習問題 1.5(4) の配列に一致し，(2) の距離は演習問題 1.5(2) の距離に一致する．したがって，各層の剛体球の中心の配列は，面心立方格子の格子点の配列と等価である．

図 1.5(b) において，面心立方格子が空間的に繰り返している場合を想定すると，格子点 A（または G）を通り，三角形 BED を含む面に平行な面が第 0 層に，三角形 BED を含む面が第 1 層に，三角形 HCF を含む面が第 2 層に対応する．

演習問題 1.6(3) のように，面心立方格子の格子点に剛体球を密に並べたとき充填率が最大になることから，面心立方格子は**立方最密構造**ともよばれる．

第 2 層の濃い網かけの剛体球は，第 0 層の剛体球の真上には配置しないものとしたが，第 0 層の剛体球の真上に配置することもできる．すなわち，第 0 層・第 1 層・第 0 層・第 1 層・・・のように，二つの層を単位として，周期的に密に積み重ねることも可能である．この構造は**六方最密構造**と等価となり，充填率は立方最密構造と同じく 0.74 となる．

2 章

2.1 (1) $0.5 < E_G = 1.12\,[\mathrm{eV}]$ より，エネルギーは吸収されない．

(2) 価電子は伝導帯に励起され，(励起直後は) $2.0 - 1.12 = 0.88\,[\mathrm{eV}]$ の運動エネルギーをもつ伝導電子となる．価電子帯の上端には (励起直後は) 運動エネルギーゼロの正孔が 1 個発生する．

(3) 価電子はシリコン結晶外に飛び出し，$5.5 - 5.17 = 0.33\,[\mathrm{eV}]$ の運動エネルギーをもつ自由電子となる．価電子帯の上端には (励起直後は) 運動エネルギーゼロの正孔が 1 個発生する．

2.2 (1) **解図 2.1** に示すように，電子に働く力は，クーロン力 f と遠心力 f' である．

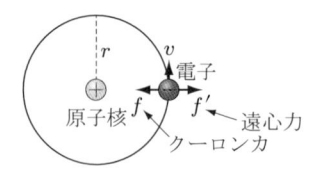

解図 2.1

$$f = \frac{q^2}{4\pi\varepsilon_0 r^2}, \qquad f' = \frac{m_0 v^2}{r}$$

m_0, v はそれぞれ電子の質量，速度（速さ）である．$f = f'$ であるから，電子の運動エネルギー E_K は，次のようになる．

$$E_K = \frac{m_0 v^2}{2} = \frac{q^2}{8\pi\varepsilon_0 r}$$

クーロン力に逆らって電子を無限遠点（真空準位）まで運ぶのに要する仕事 E_P' は

$$E_P' = \int_r^\infty \frac{q^2}{4\pi\varepsilon_0 r^2} dr = \frac{q^2}{4\pi\varepsilon_0 r}$$

であるから，ポテンシャルエネルギー E_P は次のようになる．

$$E_P = -E_P' = -\frac{q^2}{4\pi\varepsilon_0 r}$$

したがって，全エネルギー E は次のようになる．

$$E = E_K + E_P = -\frac{q^2}{8\pi\varepsilon_0 r}$$

(2) $E = -\dfrac{(1.6 \times 10^{-19})^2}{8 \times 3.14 \times 8.854 \times 10^{-12} \times 0.53 \times 10^{-10}} \fallingdotseq -2.17 \times 10^{-18}\,[\text{J}] \fallingdotseq -13.6\,[\text{eV}]$

2.3 (1) 演習問題 2.2(1) の $f = f'$ より，

$$m_0 v^2 = \frac{q^2}{4\pi\varepsilon_0 r}$$

が成り立ち，ボーアの量子条件より，

$$v = \frac{n\hbar}{m_0 r}$$

が成り立つ．これらより v を消去すると，r が得られる．

$$m_0 \left(\frac{n\hbar}{m_0 r}\right)^2 = \frac{n^2 \hbar^2}{m_0 r^2} = \frac{q^2}{4\pi\varepsilon_0 r}, \qquad r = \frac{4\pi\varepsilon_0 n^2 \hbar^2}{m_0 q^2} = \frac{n^2 h^2 \varepsilon_0}{\pi m_0 q^2}$$

(2) 演習問題 2.2(1) のエネルギー E の式の r に, 上記 (1) の r の値を代入する.

$$E = -\frac{q^2}{8\pi\varepsilon_0} \cdot \frac{\pi m_0 q^2}{n^2 h^2 \varepsilon_0} = -\frac{m_0 q^4}{8\varepsilon_0{}^2 h^2 n^2}$$

(3) $m_0 = 9.11 \times 10^{-31}$ [kg], $q = 1.60 \times 10^{-19}$ [C], $\varepsilon_0 = 8.854 \times 10^{-12}$ [F/m], $h = 6.63 \times 10^{-34}$ [J·s] を用いると, r と E は, それぞれ以下のようになる.

$$r = \frac{(6.63 \times 10^{-34})^2 \times 8.854 \times 10^{-12}}{3.14 \times 9.1 \times 10^{-31} \times (1.6 \times 10^{-19})^2} \fallingdotseq 5.31 \times 10^{-11} \text{ [m]} \fallingdotseq 0.53 \text{ [Å]}$$

$$E = -\frac{9.1 \times 10^{-31} \times (1.6 \times 10^{-19})^4}{8 \times (8.854 \times 10^{-12} \times 6.63 \times 10^{-34})^2} \fallingdotseq -21.7 \times 10^{-19} \text{ [J]} \fallingdotseq -13.6 \text{ [eV]}$$

2.4 シリコン中では $\varepsilon_r \fallingdotseq 11.9$, 伝導電子の $m^* \fallingdotseq 0.3 m_0$, 正孔の $m^* \fallingdotseq 0.5 m_0$ であるから, 演習問題 2.3 の結果を用いると, 次の結果が得られる.

電子の束縛エネルギー: $E = -\dfrac{0.3 \times 13.6}{(11.9)^2} \fallingdotseq -0.03$ [eV]

正孔の束縛エネルギー: $E = -\dfrac{0.5 \times 13.6}{(11.9)^2} \fallingdotseq -0.05$ [eV]

3章

3.1 (1) $p \fallingdotseq N_A = 10^{16}$ [cm^{-3}]

$$n = \frac{n_i{}^2}{p} \fallingdotseq \frac{2.10 \times 10^{20}}{10^{16}} = 2.10 \times 10^4 \text{ [cm}^{-3}\text{]}$$

(2) 式 (3.37) より,

$$E_F = E_i - kT \ln\left(\frac{N_A}{n_i}\right) \fallingdotseq E_i - 0.026 \ln\left(\frac{10^{16}}{1.45 \times 10^{10}}\right) = E_i - 0.35 \text{ [eV]}$$

3.2 真性領域と飽和領域の境界温度: 図 3.5 において, $n = 10^{15}$ [cm^{-3}] となるのは,

$1000/T \fallingdotseq 1.8$

のときであるから, $T \fallingdotseq 556$ [K] (283 [℃]) である.
飽和領域とドーパント領域の境界温度: 図 3.8 において, $n = 10^{15}$ [cm^{-3}] となるのは,

$1000/T \fallingdotseq 14$

のときであるから, $T \fallingdotseq 71$ [K] (-202 [℃]) である.

3.3 (1) 式 (3.8) において, $E_F = E_i$ のとき $n = n_i$ であるから,

$$n_i = N_C \exp\left(-\frac{E_C - E_i}{kT}\right)$$

式 (3.8) とこの式の辺々の比をとると,

$$\frac{n}{n_i} = \exp\left(\frac{E_F - E_i}{kT}\right)$$

となる．式 (3.10) を用いると，p の場合も同様に求められる．
(2) 式 (3.14) より，$E_i - E_F > 0$ $(E_i > E_F)$ であるから p 型である．
(3) $E_i - E_F > 0$ であるから，(1) の結果より，$n_i < p, n < n_i$，したがって $n < n_i < p$ である．

3.4 式 (3.13), (3.14), (3.24) を用いると，以下のように式 (3.25) が成り立つ．

$$E_F - E_i = \frac{E_C - E_V}{2} - kT\left(\ln\frac{N_C}{N_D} + \frac{1}{2}\ln\frac{N_V}{N_C}\right) = \frac{E_G}{2} - kT\ln\left(\frac{N_C}{N_D}\sqrt{\frac{N_V}{N_C}}\right)$$

$$= \frac{E_G}{2} - kT\ln\frac{\sqrt{N_C N_V}}{N_D} = \frac{E_G}{2} - kT\ln\left\{\frac{n_i}{N_D}\exp\left(\frac{E_G}{2kT}\right)\right\}$$

$$= \frac{E_G}{2} - kT\ln\frac{n_i}{n_D} - \frac{E_G}{2} = kT\ln\frac{N_D}{n_i} > 0 \quad (n_i \ll N_D)$$

同様に，式 (3.13), (3.14), (3.36) を用いると，式 (3.37) が成り立つ．

3.5 (1) $pn = n_i{}^2$ より，電子密度を Δn だけ減少させるとき，ホール密度は増加するから，増分（変化分）を Δp とすると次式が成り立つ．

$$(n - \Delta n)(p + \Delta p) = n_i{}^2$$

$$pn - p\Delta n + (n - \Delta n)\Delta p = n_i{}^2 \quad \therefore \quad \Delta p = \frac{p\Delta n}{n - \Delta n}$$

(2) $n - \Delta n > p + \Delta p$ が成り立つから，$n - \Delta n - p > \Delta p > 0$ より次式が成り立つ．

$$\Delta n - \Delta p = \Delta n - \frac{p\Delta n}{n - \Delta n} = \frac{n - \Delta n - p}{n - \Delta n}\Delta n > 0$$

したがって，$\Delta n > \Delta p$ である．
(3) $\Delta n = \Delta p$ のとき，上記 (2) より $n - \Delta n = p$ であるから，

$$n - \Delta n < p + \Delta p$$

となり，p 型である．
(4) $n - \Delta n < p + \Delta p$ のとき p 型に反転するから，次式が成り立つ．

$$n - \Delta n < p + \Delta p = p + \frac{p\Delta n}{n - \Delta n}$$

$$(n - \Delta n)^2 < p(n - \Delta n) + p\Delta n = n_i{}^2 \quad \therefore \quad n - \Delta n < n_i$$

3.6 $pn = n_i{}^2$ より，

$$N \equiv n + p = n + \frac{n_i{}^2}{n}$$

$$\frac{dN}{dn} = 1 - \frac{n_i{}^2}{n^2} = \frac{(n-n_i)(n+n_i)}{n^2}$$

$n > 0$ であるから，$n = n_i$ で $dN/dn = 0$ となり，N は最小となる．このとき $p = n_i$ となる．したがって，$n+p$ の値が最小となるのは，真性半導体のときである．

3.7 $n - \Delta n = p + \Delta p = n_i$ であるから，次式が成り立つ．

$$\Delta n = n - n_i, \qquad \Delta p = n_i - p$$
$$\therefore \ \Delta n - \Delta p = n + p - 2n_i > 0$$

最後の不等式は，半導体が n 型であることと，演習問題 3.6 の結果より成り立つ．

4 章

4.1 (1) $n \fallingdotseq 5 \times 10^{15} \,[\mathrm{cm^{-3}}] \gg p$ であるから，式 (4.20) より次のようになる．

$$\rho \fallingdotseq \frac{1}{qn\mu_n} = \frac{1}{1.6 \times 10^{-19} \times 5 \times 10^{15} \times 1500} \fallingdotseq 0.83\,[\Omega\cdot\mathrm{cm}]$$

抵抗率 ρ は，ドーパント密度にほぼ逆比例すると考えてよい（**アーヴィンの関係**）．
(2) 少数キャリアは正孔であるから，寿命 τ_p は，式 (4.44) より次のようになる．

$$\tau_p \fallingdotseq \frac{1}{cn} = \frac{1}{10^{-11} \times 5 \times 10^{15}} = 2 \times 10^{-5}\,[\mathrm{s}]$$

(3) 上記 (2) と例題 4.9 より，正孔の拡散長 L_p は次のようになる．

$$L_p = \sqrt{\tau_p D_p} = \sqrt{2 \times 10^{-5} \times 0.026 \times 450} \fallingdotseq 1.53 \times 10^{-2}\,[\mathrm{cm}]$$

4.2 (1) $p \fallingdotseq 5 \times 10^{16}\,[\mathrm{cm^{-3}}] \gg n$ であるから，式 (4.20) より次のようになる．

$$\rho \fallingdotseq \frac{1}{qp\mu_p} = \frac{1}{1.6 \times 10^{-19} \times 5 \times 10^{16} \times 450} = 0.28\,[\Omega\cdot\mathrm{cm}]$$

(2) 少数キャリアは電子であるから，寿命 τ_n は，式 (4.45) より次のようになる．

$$\tau_n \fallingdotseq \frac{1}{cp} = \frac{1}{10^{-11} \times 5 \times 10^{16}} = 2 \times 10^{-6}\,[\mathrm{s}]$$

(3) 上記 (2) より，電子の拡散長 L_n は次のようになる．

$$L_n = \sqrt{\tau_n D_n} = \sqrt{2 \times 10^{-6} \times 0.026 \times 1500} \fallingdotseq 8.83 \times 10^{-3}\,[\mathrm{cm}]$$

4.3 (1) 式 (4.20) において，$n = p = n_i$ より，

$$\sigma = qn_i(\mu_n + \mu_p) = 1.6 \times 10^{-19} \times 1.45 \times 10^{10} \times 1950 \fallingdotseq 4.52 \times 10^{-6}\,[\Omega^{-1}\cdot\mathrm{cm^{-1}}]$$

(2) $p = n_i{}^2/n$ を用い，σ の n に関する微分を求める．

$$\frac{d\sigma}{dn} = \frac{d}{dn}q\left(\mu_n n + \frac{\mu_p n_i^2}{n}\right) = q\left(\mu_n - \frac{\mu_p n_i^2}{n^2}\right) = 0$$

より，n が以下の値をとるとき σ は最小となる．

$$n = \sqrt{\frac{\mu_p}{\mu_n}} n_i = \sqrt{\frac{450}{1500}} \times 1.45 \times 10^{10} \fallingdotseq 0.794 \times 10^{10}\,[\text{cm}^{-3}]$$

(3) $p = \dfrac{n_i^2}{n} = \dfrac{2.10}{0.794} \times 10^{10} \fallingdotseq 2.64 \times 10^{10}\,[\text{cm}^{-3}]$

(4) $\sigma = q(\mu_n n + \mu_p p) = 1.6 \times 10^{-19} \times (1500 \times 0.794 + 450 \times 2.64) \times 10^{10}$
$\fallingdotseq 3.81 \times 10^{-6}\,[\Omega^{-1}\cdot\text{cm}^{-1}]$

4.4 (1) $+y$ 側が高電圧になるから，電子電流の場合であり，n 型半導体である．
(2) $10^5\,[\text{G}] = 10\,[\text{Wb/m}^2] = 10\,[\text{T}]$（テスラ）より，

$$R_H = \frac{V_H d}{IB} = \frac{3.1 \times 100 \times 10^{-6}}{0.5 \times 10} = 6.2 \times 10^{-5}\,[\text{m}^3/\text{C}]$$

(3) 多数キャリアは電子であるから，その密度を n とすると，次のようになる．

$$n = \frac{1}{qR_H} = \frac{1}{1.6 \times 10^{-19} \times 6.2 \times 10^{-5}} \fallingdotseq 1.01 \times 10^{23}\,[\text{m}^{-3}] = 1.01 \times 10^{17}\,[\text{cm}^{-3}]$$

4.5 例題 4.9 と同様に，一般解は，A, B を定数として，次のようになる．

$$p - p_0 = A\exp\left(\frac{x}{L_p}\right) + B\exp\left(-\frac{x}{L_p}\right) \qquad (L_p \equiv \sqrt{\tau_p D_p})$$

x の境界条件より，$A = 0, B = -p_0$ であるから，解は次のようになる（**解図 4.1**）．

$$p(x) = p_0\left\{1 - \exp\left(-\frac{x}{L_p}\right)\right\}$$

この例は，$x = 0$ で正孔の定常的な流出がある場合に相当する．

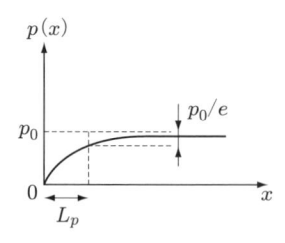

解図 4.1

5章

5.1 $E_{Vp} = E_{Fp} - \Delta E_p, \qquad E_{Cn} = E_{Fn} + \Delta E_n$
となるから，辺々を引くと次式のようになる．

$$E_{Cn} - E_{Vp} = E_{Fn} - E_{Fp} + \Delta E_p + \Delta E_n$$

$E_{Cn} - E_{Vp} = E_G$, $E_{Fn} - E_{Fp} = qV_D$ であるから，題意の関係が成り立つ．

5.2 図 5.2(a) の表示法を用いると，式 (3.25), (3.37) は，それぞれ次のようになる．

$$E_{Fn} - E_i = kT \ln\left(\frac{N_D}{n_i}\right), \qquad E_i - E_{Fp} = kT \ln\left(\frac{N_A}{n_i}\right)$$

辺々を加えると，式 (5.4) が得られる．

$$qV_D = E_{Fn} - E_{Fp} = kT \ln\left(\frac{N_D}{n_i}\right) + kT \ln\left(\frac{N_A}{n_i}\right) = kT \ln\left(\frac{N_D N_A}{n_i^2}\right)$$

5.3 式 (5.5) の E_F が x に依存するとして，n を式 (4.32) に代入すると，次式のようになる．

$$J_n = qn\mu_n E + \frac{qD_n}{kT} n \left(\frac{dE_F}{dx} - \frac{dE_i}{dx}\right) = qn\mu_n E + \mu_n n \left(\frac{dE_F}{dx} - qE\right) = \mu_n n \frac{dE_F}{dx} = 0$$

ただし，式 (4.35), (4.1), (4.2) を用いた．E_F の x による微分が 0 であるから，E_F は x によらず一定であり，フェルミ準位は一本の水平直線となる．J_p の場合も，式 (5.6), (4.33) より同様な結果となる．

5.4 (1) 式 (5.12), (5.15) と式 (5.13), (5.16) より，p 型側，n 型側空乏層にかかる電圧は，それぞれ次のようになる．

$$\text{p 型側} \quad \varphi(0) - \varphi(-x_p) = \frac{qN_A}{2\varepsilon_s} x_p^2 = \frac{N_D(V_D - V)}{N_A + N_D} \qquad (V_D > V)$$

$$\text{n 型側} \quad \varphi(x_n) - \varphi(0) = \frac{qN_D}{2\varepsilon_s} x_n^2 = \frac{N_A(V_D - V)}{N_A + N_D}$$

(2) $\dfrac{N_D(V_D - V)}{N_A + N_D} = \dfrac{(N_D/N_A)(V_D - V)}{1 + N_D/N_A} \to 0\,[\text{V}]$,

$\dfrac{N_A(V_D - V)}{N_A + N_D} = \dfrac{V_D - V}{1 + N_D/N_A} \to V_D - V\,[\text{V}]$

5.5 (1) 図 5.17 の直線と V 軸の交点より，$V_D = 0.75\,[\text{V}]$．
$V = 0\,[\text{V}]$ のときの全容量 $C\,[\text{F}]$，$1\,[\text{cm}^2]$ あたりの容量 $C'\,[\text{F/cm}^2]$ は，それぞれ次のようになる．

$$C = \sqrt{1 \times 10^{-23}}\,[\text{F}], \qquad C' = \sqrt{1 \times 10^{-23}} \times 10^4 = \sqrt{1 \times 10^{-15}}\,[\text{F/cm}^2]$$

式 (5.20) より，次式が成り立つ．

$$\frac{\varepsilon_s q N_A N_D}{2(N_A+N_D)V_D} = \frac{\varepsilon_s q N_D}{2(1+N_D/N_A)V_D} = \frac{\varepsilon_s q N_D}{2 \times 11 \times V_D} = 10^{-15}$$

$$N_D = \frac{22 \times V_D \times 10^{-15}}{\varepsilon_s q} = \frac{22 \times 0.75 \times 10^{-15}}{11.9 \times 8.854 \times 10^{-14} \times 1.6 \times 10^{-19}}$$
$$\fallingdotseq 9.79 \times 10^{16} \,[\mathrm{cm}^{-3}]$$

$$N_A \fallingdotseq 9.79 \times 10^{15} \,[\mathrm{cm}^{-3}]$$

(2) 式 (5.17) より,次のようになる.

$$x_d = \sqrt{\frac{2 \times 11.9 \times 8.854 \times 10^{-14} \times 9.79 \times (10^{16}+10^{15}) \times 0.75}{1.6 \times 10^{-19} \times 9.79^2 \times 10^{16} \times 10^{15}}}$$
$$\fallingdotseq \sqrt{110.99 \times 10^{-11}} \fallingdotseq 3.33 \times 10^{-5} \,[\mathrm{cm}] \fallingdotseq 0.333 \,[\mathrm{\mu m}]$$

5.6 回路に流れる電流を I [A],ダイオードにかかる電圧を V [V] とすると,次式が成り立つ.

$$V + RI = V_0$$

これとダイオードの電流-電圧特性より,V を消去すると,次式が得られる.

$$I = I_s \left[\exp\left\{ \frac{q(V_0 - RI)}{kT} \right\} - 1 \right]$$

指数項を I で展開すると,無限次元の項を含む級数となるので,この方程式より電流 I を解析的に求めることはできない(無限次元の項を含むこのような方程式を,一般に**超越方程式**という).そこで,**解図 5.1** のようにダイオードの電流-電圧特性を表すグラフ上に上記第 1 式

$$I = -\frac{V}{R} + \frac{V_0}{R} \text{ (直線の方程式)}$$

を重ね描きし,これらの交点より電流 I を求めることができる(図式解法).

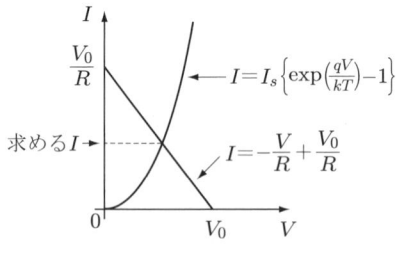

解図 5.1

6章

6.1 式 (6.12), (6.13) より B を消去すると,A は次のように求められる.

$$A = \frac{p_{n0B}}{2\sinh(W_B/L_{pB})} \left[\left\{ \exp\left(\frac{qV_{CB}}{kT}\right) - 1 \right\} - \left\{ \exp\left(\frac{qV_{EB}}{kT}\right) - 1 \right\} \exp\left(-\frac{W_B}{L_{pB}}\right) \right]$$

式 (6.12), (6.13) より A を消去すると，B は次のように求められる．

$$B = \frac{p_{n0B}}{2\sinh(W_B/L_{pB})} \left[\left\{ \exp\left(\frac{qV_{EB}}{kT}\right) - 1 \right\} \exp\left(\frac{W_B}{L_{pB}}\right) - \left\{ \exp\left(\frac{qV_{CB}}{kT}\right) - 1 \right\} \right]$$

これらを式 (6.11) に代入して整理する．

$$\begin{aligned}
& p_{nB}(x) - p_{n0B} \\
&= \frac{p_{n0B}}{2\sinh(W_B/L_{pB})} \left[\left\{ \exp\left(\frac{qV_{CB}}{kT}\right) - 1 \right\} \exp\left(\frac{x}{L_{pB}}\right) \right. \\
&\qquad\qquad \left. - \left\{ \exp\left(\frac{qV_{EB}}{kT}\right) - 1 \right\} \exp\left(\frac{x - W_B}{L_{pB}}\right) \right] \\
&\quad + \frac{p_{n0B}}{2\sinh(W_B/L_{pB})} \left[\left\{ \exp\left(\frac{qV_{EB}}{kT}\right) - 1 \right\} \exp\left(\frac{W_B - x}{L_{pB}}\right) \right. \\
&\qquad\qquad \left. - \left\{ \exp\left(\frac{qV_{CB}}{kT}\right) - 1 \right\} \exp\left(-\frac{x}{L_{pB}}\right) \right] \\
&= \frac{p_{n0B}}{\sinh(W_B/L_{pB})} \left[\left\{ \exp\left(\frac{qV_{EB}}{kT}\right) - 1 \right\} \sinh\left(\frac{W_B - x}{L_{pB}}\right) \right. \\
&\qquad\qquad \left. + \left\{ \exp\left(\frac{qV_{CB}}{kT}\right) - 1 \right\} \sinh\left(\frac{x}{L_{pB}}\right) \right]
\end{aligned}$$

境界条件は，次のように満たされている．

$$\begin{aligned}
p_{nB}(0) &= p_{n0B} + \frac{p_{n0B}}{\sinh(W_B/L_{pB})} \left[\left\{ \exp\left(\frac{qV_{EB}}{kT}\right) - 1 \right\} \sinh\left(\frac{W_B}{L_{pB}}\right) + 0 \right] \\
&= p_{n0B} \cdot \exp\left(\frac{qV_{EB}}{kT}\right)
\end{aligned}$$

$$\begin{aligned}
p_{nB}(W_B) &= p_{n0B} + \frac{p_{n0B}}{\sinh(W_B/L_{pB})} \left[0 + \left\{ \exp\left(\frac{qV_{CB}}{kT}\right) - 1 \right\} \sinh\left(\frac{W_B}{L_{pB}}\right) \right] \\
&= p_{n0B} \cdot \exp\left(\frac{qV_{CB}}{kT}\right)
\end{aligned}$$

6.2 $\exp(qV_{CB}/kT) \fallingdotseq 0$, $W_B \ll L_{pB}$ などを用いると，次式のようになる．

$$p_{nB}(x) = \frac{p_{n0B}}{\sinh(W_B/L_{pB})} \left[\left\{ \exp\left(\frac{qV_{EB}}{kT}\right) - 1 \right\} \sinh\left(\frac{W_B - x}{L_{pB}}\right) \right.$$

$$\qquad\qquad + \left\{ \exp\left(\frac{qV_{CB}}{kT}\right) - 1 \right\} \sinh\left(\frac{x}{L_{pB}}\right) + \sinh\left(\frac{W_B}{L_{pB}}\right) \right]$$

$$\fallingdotseq \frac{p_{n0B}}{\sinh(W_B/L_{pB})} \left[\left\{ \exp\left(\frac{qV_{EB}}{kT}\right) - 1 \right\} \sinh\left(\frac{W_B - x}{L_{pB}}\right) - \sinh\left(\frac{x}{L_{pB}}\right) \right.$$

$$\qquad\qquad \left. + \sinh\left(\frac{W_B}{L_{pB}}\right) \right]$$

$$\fallingdotseq \frac{p_{n0B}}{\sinh(W_B/L_{pB})} \left[\left\{ \exp\left(\frac{qV_{EB}}{kT}\right) - 1 \right\} \sinh\left(\frac{W_B - x}{L_{pB}}\right) + \frac{W_B - x}{L_{pB}} \right]$$

$$\fallingdotseq \frac{p_{n0B}}{\sinh(W_B/L_{pB})} \left[\left\{ \exp\left(\frac{qV_{EB}}{kT}\right) - 1 \right\} \sinh\left(\frac{W_B - x}{L_{pB}}\right) + \sinh\left(\frac{W_B - x}{L_{pB}}\right) \right]$$

$$= \frac{p_{n0B}}{\sinh(W_B/L_{pB})} \cdot \exp\left(\frac{qV_{EB}}{kT}\right) \cdot \sinh\left(\frac{W_B - x}{L_{pB}}\right)$$

6.3 $L_{nE} = \sqrt{D_{nE}\tau_n} = \sqrt{\frac{kT}{q}\mu_{nE}\tau_n} \fallingdotseq \sqrt{0.026 \times 650 \times 10^{-6}} \fallingdotseq 41.1\,[\mu\mathrm{m}]$

同様に,$L_{pB} \fallingdotseq 48.4\,[\mu\mathrm{m}]$,$L_{nC} \fallingdotseq 197\,[\mu\mathrm{m}]$.これらを用いて,次のように求められる.

(1) $J_{pE(S)} \fallingdotseq \dfrac{qD_{pB}p_{n0B}}{W_B} \fallingdotseq \dfrac{qD_{pB}n_i^2}{W_B N_{DB}} = \dfrac{1.6 \times 10^{-19} \times 11.7 \times 2.10 \times 10^5}{3 \times 10^{-4}}$
$\qquad \fallingdotseq 13.1 \times 10^{-10}\,[\mathrm{A/cm}^2]$

(2) $J_{nC(S)} = \dfrac{qD_{nC}n_{p0C}}{L_{nC}} \fallingdotseq 6.66 \times 10^{-10}\,[\mathrm{A/cm}^2]$

(3) $J_{nE(S)} = \dfrac{qD_{nE}n_{p0E}}{L_{nE}} \fallingdotseq 1.38 \times 10^{-12}\,[\mathrm{A/cm}^2]$

(4) $\varsigma \fallingdotseq 1 - \dfrac{1}{2}\left(\dfrac{W_B}{L_{pB}}\right)^2 \fallingdotseq 1 - \dfrac{1}{2}\left(\dfrac{3}{48.4}\right)^2 \fallingdotseq 0.99808$

(5) $\gamma \fallingdotseq 1 - \dfrac{\sigma_B W_B}{\sigma_E L_{nE}} \fallingdotseq 1 - \dfrac{\mu_{nB}N_{DB}W_B}{\mu_{pE}N_{AE}L_{nE}} \fallingdotseq 1 - 0.07 \times \dfrac{3}{41.1} \fallingdotseq 0.99489$

$\qquad \alpha \fallingdotseq \gamma\varsigma \fallingdotseq 0.99298$

6.4 図 6.13 より,動作点 P が負荷線の中央にあるとき,i_c の振幅 i_m は,I_C^0 まで大きくできる.このとき,v_{bc} の振幅 v_m は $|V_{CC}|/2$ となる.したがって,式 (6.78) より,η の最大値は

$$\eta = \frac{1/2\,|V_{CC}|\,I_C^0}{2 \times |V_{CC}|\,I_C^0} = \frac{1}{4}$$

となる.

6.5 解図 6.1 のように電流を設定すると,式 (6.9) より次式が成り立つ.

$$i_{c1} \fallingdotseq \beta_1 i_1, \qquad i_{c2} \fallingdotseq \beta_2 i_{b2}$$

これらの関係とキルヒホッフの電流則より，電流増幅率が求められる．

$$i_2 = i_{c1} + i_{c2} \fallingdotseq \beta_1 i_1 + \beta_2 i_{b2} = \beta_1 i_1 + \beta_2(i_1 + i_{c1})$$
$$\fallingdotseq \beta_1 i_1 + \beta_2(1+\beta_1)i_1$$

$$i_2/i_1 \fallingdotseq \beta_1 + \beta_2 + \beta_1\beta_2$$

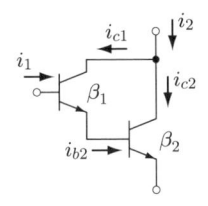

解図 6.1

7章

7.1 図 7.2(b) において，金属表面の負の電荷の厚みはゼロ，すなわち，電荷密度は ∞ と考えてよい．したがって，空乏層幅は n 型半導体内にのみ広がる．これは式 (5.17), (5.20) で $N_A \to \infty$ とすることに相当するから，空乏層幅 d と容量 C は，それぞれ次のようになる．

$$d = \sqrt{\frac{2\varepsilon_s(V_D - V)}{qN_D}}, \qquad C = \sqrt{\frac{\varepsilon_s q N_D}{2(V_D - V)}}$$

ただし，$V_D = (\phi_M - \phi_S)/q$ である．

7.2 解図 7.1 のように，面密度 Q_G の正の電荷から出たすべての電気力線は，絶縁膜外の負の電荷に終端されるから，絶縁膜内の電界 E_{OX} は厚さ方向の位置 y によらず一定である．解図 7.1 の破線のように，断面積が S で側面が電界 E_{OX} に平行な筒状の立体を想定し，これにガウスの法則を適用すると，電界 E_{OX} と面密度 Q_G は断面積 S 内で一様と考えてよいから，次式が成り立つ．

$$\varepsilon_{OX} E_{OX} S = Q_G S, \qquad \therefore \quad E_{OX} = \frac{Q_G}{\varepsilon_{OX}}$$

7.3 式 (7.29) より $C_d \geqq C_{d\min}$ であるから，次式が成り立つ．

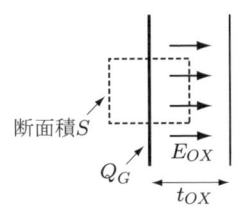

解図 7.1

$$\frac{C_{OX}C_d}{C_{OX}+C_d} - \frac{C_{OX}C_{d\min}}{C_{OX}+C_{d\min}} = C_{OX}\frac{C_d(C_{OX}+C_{d\min}) - C_{d\min}(C_{OX}+C_d)}{(C_{OX}+C_d)(C_{OX}+C_{d\min})}$$

$$= C_{OX}{}^2 \frac{C_d - C_{d\min}}{(C_{OX}+C_d)(C_{OX}+C_{d\min})} \geq 0$$

7.4 $0 \leq V_G \leq V_{th}$ では $Q_G \fallingdotseq Q_d = qN_A y_d$ であるから，式 (7.9), (7.10) より次式が成り立つ．

$$V_G = \frac{qN_A}{2\varepsilon_s}y_d{}^2 + \frac{qN_A}{C_{OX}}y_d$$

y_d について解くと，次式となる．

$$y_d = \frac{-qN_A/C_{OX} + \sqrt{(qN_A/C_{OX})^2 + 2(qN_A/\varepsilon_s)V_G}}{qN_A/\varepsilon_s}$$

$$= \frac{\varepsilon_s}{C_{OX}}\left(-1 + \sqrt{1 + 2\frac{C_{OX}{}^2}{\varepsilon_s qN_A}V_G}\right)$$

この式と式 (7.30) より，求める式が得られる．

$$C = \frac{C_{OX}}{C_{OX}/C_d + 1} = \frac{C_{OX}}{C_{OX}y_d/\varepsilon_s + 1} = \frac{C_{OX}}{\sqrt{1 + 2C_{OX}{}^2 V_G/(\varepsilon_s qN_A)}}$$

$$= \frac{C_{OX}}{\sqrt{1 + 2\varepsilon_{OX}{}^2 V_G/(\varepsilon_s qN_A t_{OX}{}^2)}}$$

7.5 例題 7.3(4) と式 (7.35) より，次のように求められる．

$$V_{th} \fallingdotseq 1.39 - \frac{Q_{SS}}{C_{OX}} = 1.39 - \frac{1.6 \times 10^{-19} \times 5 \times 10^{11}}{3.45 \times 10^{-8}} = 1.39 - \frac{8}{3.45}$$

$$\fallingdotseq -0.93\,[\mathrm{V}]$$

すなわち，全体のしきい値電圧は負となる．

8 章

8.1 式 (8.13), (8.34) と例題 8.1(4), (5) より，

$$g_m \fallingdotseq \frac{2g_0 V_p}{3V_a} = \frac{2I_{Dsat}}{V_p} = \frac{2 \times (2 \times 4.81)}{4.78} \fallingdotseq 4.0\,[\mathrm{mS}]$$

I_{Dsat} はチャネル全体の値とするため，2 倍している．

8.2 I_D - V_{DS} 特性において，**解図 8.1** のように V_{DS} が設定されたとき，伝達特性は線分 AC に沿って I_D の V_{GS} 依存性を表したものである．

　線分 AB は飽和領域にあるから，AB 間では $I_D = I_{Dsat}$ である．式 (8.13) より，

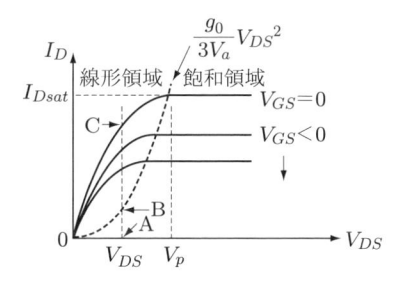

解図 8.1

$$\frac{\partial^2 I_D}{\partial V_{GS}^2} = \frac{\partial^2 I_{Dsat}}{\partial V_p^2} = \frac{2g_0}{3V_a} > 0$$

式 (8.9) より $V_p = V_a - V_D + V_{GS}$ であるから，$dV_{GS} = dV_p$ となることを用いた．
線分 BC は線形領域にあるから，BC 間では，I_D は式 (8.4) で表される．式 (8.4) を V_{GS} で微分すると，次のようになる．

$$\frac{\partial I_D}{\partial V_{GS}} = \frac{g_0}{\sqrt{V_a}}(\sqrt{V_D + V_{DS} - V_{GS}} - \sqrt{V_D - V_{GS}}) > 0 \quad (V_{DS} > 0)$$

$$\frac{\partial^2 I_D}{\partial V_{GS}^2} = \frac{g_0}{2\sqrt{V_a}}\left(\frac{1}{\sqrt{V_D - V_{GS}}} - \frac{1}{\sqrt{V_D + V_{DS} - V_{GS}}}\right)$$

$$= \frac{g_0}{2\sqrt{V_a}} \cdot \frac{\sqrt{V_D + V_{DS} - V_{GS}} - \sqrt{V_D - V_{GS}}}{\sqrt{V_D + V_{DS} - V_{GS}}\sqrt{V_D - V_{GS}}} > 0 \quad (V_{DS} > 0)$$

V_{GS} による 2 階微分が共に正であるから，I_D-V_{GS} 特性は下に凸である．

8.3 $V_{GS} = $ 一定，$0 < V_{DS} < V_p$ のとき，式 (8.4) を V_{DS} で微分すると，次のようになる．

$$\frac{\partial I_D}{\partial V_{DS}} = g_0\left(1 - \frac{1}{\sqrt{V_a}} \cdot \sqrt{V_D + V_{DS} - V_{GS}}\right)$$

$$> g_0\left(1 - \frac{1}{\sqrt{V_a}} \cdot \sqrt{V_D + V_p - V_{GS}}\right) = g_0\left(1 - \sqrt{\frac{V_a}{V_a}}\right) = 0$$

したがって，V_{DS} が V_p に達するまで I_D は増加する．ただし，式 (8.11) を用いた．

8.4 演習問題 8.2 と同様に，I_D-V_{DS} 特性において解図 8.2 のように V_{DS} が設定されたとき，伝達特性は，線分 AC に沿って I_D の V_{GS} 依存性を表したものである．
線分 AB は飽和領域にあるから，AB 間では $I_D = I_{Dsat}$ である．式 (8.22)，(8.20) より，

$$I_D = \frac{\mu_n W C_{OX}}{2L}V_p^2 = \frac{\mu_n W C_{OX}}{2L}(V_{GS} - V_{th})^2$$

となる．I_D は $V_{GS} \geqq V_{th}$ で立ち上がり，V_{GS} の 2 次関数となる．
線分 BC は線形領域にあるから，BC 間では，I_D は式 (8.21) で表されるはずである．そ

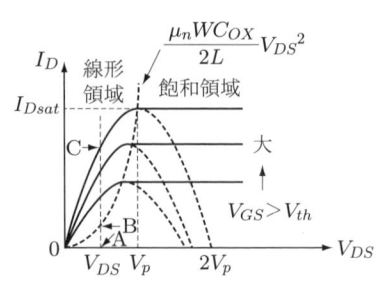

解図 8.2

こで，式 (8.20) を用いて点 B における $I_D = I_{Dsat}$ の V_{GS} に対する傾きを V_{DS} を用いて表すと，

$$\left.\frac{\partial I_D}{\partial V_{GS}}\right|_B = \left.\frac{\partial I_{Dsat}}{\partial V_p}\right|_{V_p = V_{DS}} = \frac{\mu_n W C_{OX}}{L} V_{DS}$$

となる．点 B の座標は $(V_{DS}, \mu_n W C_{OX} V_{DS}^2 / 2L)$ であるから，I_D - V_{GS} (V_p) 面において，点 B を通り上記の傾きをもつ直線は，

$$I_D - \frac{\mu_n W C_{OX}}{2L} V_{DS}^2 = \frac{\mu_n W C_{OX}}{L} V_{DS}(V_p - V_{DS})$$

$$I_D = \frac{\mu_n W C_{OX}}{2L} V_{DS}(2V_p - V_{DS}) = \frac{\mu_n W C_{OX}}{L} V_{DS}\left(V_{GS} - V_{th} - \frac{1}{2}V_{DS}\right)$$

となり，式 (8.21) に一致する．すなわち，I_D - V_{GS} 特性は点 B において V_{GS} の 2 次関数から 1 次関数になめらかにつながる．

8.5 $x = L$ でピンチオフになっているときの電荷の面密度 $Q_n(x)$ は，式 (8.32) で与えられるから，ゲート領域に蓄えられる全電荷 Q は，次のようになる．

$$Q = W \int_0^L Q_n(x) dx = W C_{OX} V_p \int_0^L \sqrt{1 - \frac{x}{L}} dx = \frac{2}{3} W C_{OX} V_p L$$

例題 7.3(4) を用いると，入力容量 C_{GS} は次のようになる．

$$C_{GS} \equiv \frac{dQ}{dV_{GS}} = \frac{dQ}{dV_p} = \frac{2}{3} W C_{OX} L = \frac{2}{3} \times 100 \times 10^{-4} \times 3.45 \times 10^{-8} \times 5 \times 10^{-4}$$

$$\fallingdotseq 0.12 \times 10^{-12} \,[\text{F}]$$

式 (8.20) より $dV_{GS} = dV_p$ となることを用いた．
$f = 10\,[\text{kHz}]$ における C_{GS} のインピーダンスは，次のようになる．

$$\frac{1}{\omega C_{GS}} = \frac{1}{2\pi f C_{GS}} \fallingdotseq \frac{1}{6.28 \times 10^4 \times 0.12 \times 10^{-12}} \fallingdotseq 1.33 \times 10^8 \,[\Omega]$$

8.6 式 (5.20) より，$N_A \gg N_D$ とすると，単位面積当たりの容量 C_d は次式で与えられる．

$$C_d \fallingdotseq \sqrt{\frac{\varepsilon_s q N_D}{2\{V_D + V(x) - V_{GS}\}}} = \sqrt{\frac{11.9 \times 8.854 \times 10^{-14} \times 1.6 \times 10^{-19} \times 10^{16}}{2 \times (0.82 + 2 + 2)}}$$

$$\fallingdotseq 1.32 \times 10^{-8}\,[\mathrm{F/cm^2}]$$

入力容量 $C_{GS} = C_d L W$ である.

$$C_{GS} = 1.32 \times 10^{-8} \times 5 \times 10^{-4} \times 100 \times 10^{-4} = 0.066 \times 10^{-12}\,[\mathrm{F}]$$

9章

9.1 (1) エミッタ拡散を1回で2箇所行えばよいから,図9.4のトランジスタと同じ工程数で作製できる.すなわち,マスク枚数は6枚である.
(2) 以下の工程のための5枚のマスクが必要である.
① n-MOS(nチャネル MOS)のための p 型拡散,② n$^+$ 拡散(n-MOS のソース – ドレインと p-MOS の基板コンタクト),③ p$^+$ 拡散(p-MOS のソース – ドレインと n-MOS の基板コンタクト),④ 電極コンタクトのためのホール(穴)作製,⑤ 電極パターン形成

9.2 (1) npn-Tr を用いた2入力 NOR 回路は,**解図9.1** のようになる.L を「0」,H を「1」とすると,入力 X, Y とその OR$(X+Y)$ および出力 Z の真理値表は,**解表9.1** のようになる.したがって,この回路は NOR 回路である.

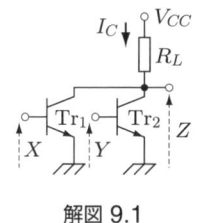

解図 9.1

解表 9.1

X	Y	$X+Y$	Z
0	0	0	1
0	1	1	0
1	0	1	0
1	1	1	0

(2) n チャネル MOS(E 型)を用いた2入力 NOR 回路は,**解図9.2** のようになる.真理値表は上記 (1) の場合と同じになる.

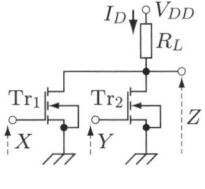

解図 9.2

(3) CMOS を用いた2入力 NOR 回路は,**解図9.3** のようになる.Tr の導通を「ON」,非導通を「OFF」で表示すると,真理値表は**解表9.2** のようになり,NOR 回路となることがわかる.

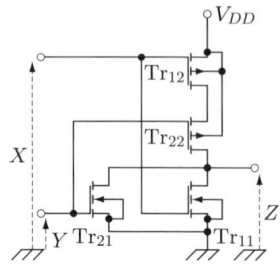

解表 9.2

X	Y	Tr_{11}	Tr_{12}	Tr_{21}	Tr_{22}	Z
0	0	OFF	ON	OFF	ON	1
0	1	OFF	ON	ON	OFF	0
1	0	ON	OFF	OFF	ON	0
1	1	ON	OFF	ON	OFF	0

解図 9.3

9.3 (1) n チャネル MOS（D 型）の場合，解図 9.4(a) のように電流 I_L，電圧 V_L を設定すると，$V_{GS} \fallingdotseq 0$ とみなせる．D 型では $V_{GS} = 0$ でも電圧 V_L の印加により電流 I_L が流れ，表 8.4 の出力特性より，I_L の V_L 依存性は図 (b) の $I_L(V_L)$ のようになる．図 (c) の Tr_2 は，図 9.10(a) のソース接地回路（NOT 回路）の負荷抵抗 R_L を，図 (a) の D 型に置き換えたものであり，

$$V_L + V_{DS} = V_{DD}, \qquad I_L = I_D$$

である．Tr_1 は E 型であるから，$V_{GS} \to H\,(= V_{DD}\,[\text{V}])$ のとき，図 (d) の Tr_1 の出力特性のように大きな I_D が流れ，$V_{GS} \to L\,(\fallingdotseq 0\,[\text{V}])$ のとき I_D は流れないはずである．図 (b) の特性を図 (d) の Tr_1 の出力特性（I_D-V_{DS} 特性）に重ねると，図 (d) の $I_L(V_{DD} - V_{DS})$ となり，これが負荷線となる．この負荷線は，図 (b) の $I_L(V_L)$ 特性と左右が逆転し，V_{DS} 軸と V_{DD} で交わる形をしている．図 9.8(b) のように負荷抵抗 R_L の場合は負荷線は直線になるが，能動負荷の場合は，一般に負荷線は曲線になる．Tr_1 の出力特性と $I_L(V_{DD} - V_{DS})$ 特性の交点が，実現される値である．Tr_1 の $V_{GS} \to H\,(= V_{DD}\,[\text{V}])$ のとき，交点は図 (d) の点 L（$V_{DS} \fallingdotseq 0\,[\text{V}]$）となり，$V_{GS} \to L\,(\fallingdotseq 0\,[\text{V}])$ のとき，交点は図 (d) の点 H（$V_{DS} = V_{DD}\,[\text{V}]$）となるため，図 (c) の回路は NOT 回路として動作することがわかる．

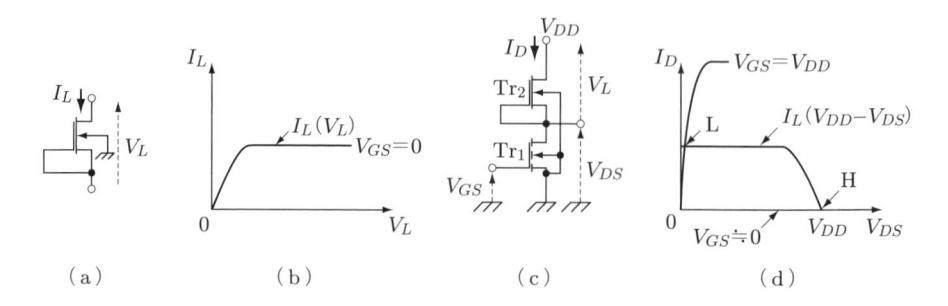

(a)　　(b)　　(c)　　(d)

解図 9.4

(2) n チャネル MOS（E 型）の場合，解図 9.5(a) のように電流 I_L，電圧 V_L を設定すると，$V_{GS} = V_L$ であり，$V_L = V_{GS} \leqq V_{th}$ では $I_L = 0$ である．$V_L > V_{th}$ では I_L が流れるが，式 (8.20) より，

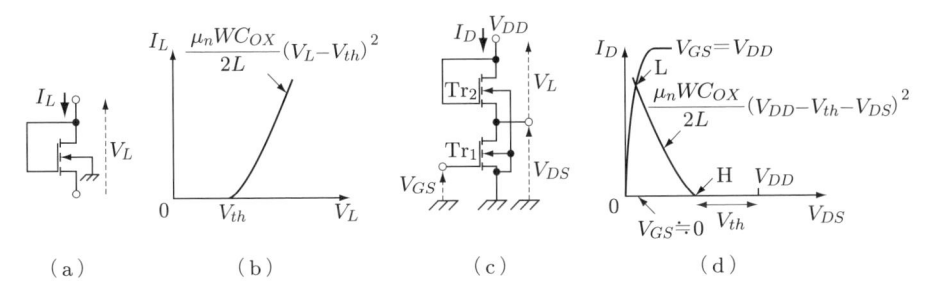

解図 9.5

$$V_p = V_{GS} - V_{th} = V_L - V_{th} < V_L$$

が成り立つから，飽和領域で動作する．したがって，式 (8.22) より I_L は次式で与えられる．

$$I_L = \frac{\mu_n W C_{OX}}{2L}(V_L - V_{th})^2 \qquad (V_L > V_{th})$$

I_L の V_L 依存性は，図 (b) のようになる．図 (c) の Tr_2 は，図 9.10(a) のソース接地回路（NOT 回路）の負荷抵抗 R_L を，図 (a) の E 型に置き換えたものである．D 型の場合と同様に，図 (b) の特性を Tr_1 の出力特性（I_D-V_{DS} 特性）図に重ねると，図 (d) のようになる．

$$I_L = \frac{\mu_n W C_{OX}}{2L}(V_{DD} - V_{th} - V_{DS})^2 \qquad (V_{DD} - V_{th} > V_{DS})$$

この I_L 特性と Tr_1 の出力特性の交点が実現される値である．Tr_1 の $V_{GS} \to H\,(=V_{DD}\,[\text{V}])$ のとき，交点は図 (d) の点 L ($V_{DS} \fallingdotseq 0\,[\text{V}]$) となり，$V_{GS} \to L\,(\fallingdotseq 0\,[\text{V}])$ のとき，交点は図 (d) の点 H となるため，図 (c) の回路は NOT 回路として動作することがわかる．ただし，点 H の $V_{DS} \fallingdotseq V_{DD} - V_{th}$ となるから，出力電圧の振幅（論理振幅）は，D 型の場合に比べて小さくなる．このため，E 型に比べて D 型のほうが能動負荷として多く使用される．

9.4 (1) 演習問題 9.3 の場合と同様な手法で，**解図 9.6**(a) の Tr_2 の特性を Tr_1 の出力特性

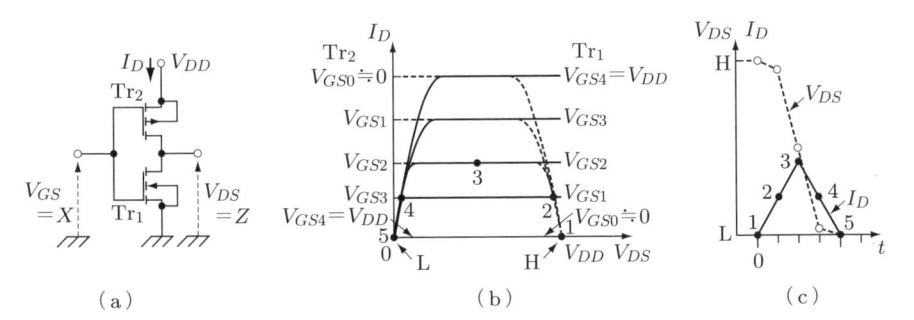

解図 9.6

(I_D-V_{DS} 特性) 図に重ねると，図 (b) の破線のようになる．V_{GS} が $V_{GS0} \fallingdotseq 0\,[\text{V}]$ から $V_{GS4} = V_{DD}\,[\text{V}]$ まで変化するとき，Tr_1 の出力特性は実線のように非導通（$V_{GS0} \fallingdotseq 0\,[\text{V}]$）から立ち上がり，導通（$V_{GS4} = V_{DD}\,[\text{V}]$）に達する．一方，$\text{Tr}_2$ の出力特性は破線のように導通（$V_{GS0} \fallingdotseq 0\,[\text{V}]$）から減少し，非導通（$V_{GS4} = V_{DD}\,[\text{V}]$）に達する．同一の V_{GS} に対する破線が実線の負荷線とみなせるから，これらの交点が実現される値となる．$V_{GS} \to L$（$\fallingdotseq 0\,[\text{V}]$）のとき，交点は黒丸 1 となり，$V_{DS} \to H\,(= V_{DD}\,[\text{V}])$ となる．$V_{GS} \to H$ のとき，交点は黒丸 5 となり，$V_{DS} \to L$ となる．したがって，CMOS において Tr_2 は Tr_1 の能動負荷とみなすことができる．

(2) 図 (b) で V_{GS} が $V_{GS0} \fallingdotseq 0\,[\text{V}]$ から $V_{GS4} = V_{DD}\,[\text{V}]$ まで変化するとき，同一の V_{GS} に対する破線と実線の交点は，黒丸 1～5 となる．黒丸 3 の電圧値が V_{DD} のほぼ半分になるのは，実際は I_D-V_{DS} 特性の飽和部分がわずかに勾配をもつからである．黒丸 1～5 の電流値 I_D（実線）と対応する電圧値 V_{DS}（破線）を一定時間間隔でプロットすると，図 (c) となる．Tr_1 が非導通から導通に切り替わるとき，図のような三角波状の電流が流れ，$V_{DS} \to H$ および L のとき，電流は流れない．

9.5 1 セルあたりの面積を $S\,[\mu\text{m}^2]$ とすると，次のように求められる．

$$\frac{5 \times 7 \times 10^6}{S} = 10^6 \qquad \therefore \quad S = 35\,[\mu\text{m}^2]$$

すなわち，1 辺の長さは約 $5.92\,[\mu\text{m}]$ となる．

9.6 集積度を y，年（西暦）を t とすると，y と t は以下の関係を満たす．

$$y = C \exp\left(\frac{t}{\tau}\right)$$

C と τ は定数である．ムーアの法則より，次式が成り立つ．

$$4y = C \exp\left\{\frac{(t+3)}{\tau}\right\}$$

集積度が 10 倍になるのにかかる年数を n とすると，次式が成り立つ．

$$10y = C \exp\left\{\frac{(t+n)}{\tau}\right\}$$

第 1 式と第 2 式より y, C, t を消去すると次式が得られる．

$$4 = \exp\left(\frac{3}{\tau}\right)$$

第 1 式と第 3 式より y, C, t を消去すると次式が得られる．

$$10 = \exp\left(\frac{n}{\tau}\right)$$

後の 2 式より，n は次のように求められる．

$$n = \tau \ln 10 = \frac{3}{\ln 4} \times \ln 10 \fallingdotseq 4.98\,[\text{年}]$$

付　録

A.1　元素の周期律表（長周期型）と半導体

図 A.1.1 は元素の周期律表（長周期型）の 11～16 族を切り出したものである．各元素記号の左下の数字は原子番号である．右上の網かけをした 10 元素が非金属元素，残りが金属元素である．族番号の下 1 桁の数は価電子数に等しい．金，銀，銅は 11 族の金属元素であり，価電子が 1 個であるため，原子が 1 価の陽イオンになりやすい．12～16 族の元素の族番号の下 1 桁の数を，それぞれローマ数字 II～VI で表し，II～VI 族ともよぶ．同じ族の元素は，互いによく似た化学的性質を示す．III 族と V 族，II 族と VI 族の元素は，ダイヤモンドやシリコンと同様に最外殻電子数の和が 8 個となる共有結合結晶を形成し，半導体の導電性を示すため，II～VI 族の元素を一般に半導体とよぶ．ただし，タリウム $_{81}$Tl，ビスマス $_{83}$Bi，ポロニウム $_{84}$Po のように，半導体としてはほとんど使われない元素もある．

族 / 周期	11	12(II)	13(III)	14(IV)	15(V)	16(VI)
2			$_5$B ホウ素	$_6$C 炭素	$_7$N 窒素	$_8$O 酸素
3			$_{13}$Al アルミニウム	$_{14}$Si ケイ素	$_{15}$P リン	$_{16}$S 硫黄
4	$_{29}$Cu 銅	$_{30}$Zn 亜鉛	$_{31}$Ga ガリウム	$_{32}$Ge ゲルマニウム	$_{33}$As ヒ素	$_{34}$Se セレン
5	$_{47}$Ag 銀	$_{48}$Cd カドミウム	$_{49}$In インジウム	$_{50}$Sn スズ	$_{51}$Sb アンチモン	$_{52}$Te テルル
6	$_{79}$Au 金	$_{80}$Hg 水銀	$_{81}$Tl タリウム	$_{82}$Pb 鉛	$_{83}$Bi ビスマス	$_{84}$Po ポロニウム

図 A.1.1　周期律表（長周期型）の 11～16 族

A.2　原子の外殻電子配列とパウリの排他律

量子力学によれば，$+Z$ の電荷をもつ原子核の外側を回る 1 個の電子（外殻電子）は，(n, l, m, s) の四つのパラメータで指定される物理的な状態のうちの一つをとる．n：主量子数，l：方位量子数，m：磁気量子数，s：スピン量子数である．

n は電子の軌道の広がり，すなわち，軌道半径に対応するパラメータであり，

$$n = 1, 2, 3, \cdots \tag{A.2.1}$$

の値をとり，電子のエネルギーを規定する．電子はこれらの自然数で定まる離散的なエネルギー値しかとらない．$n=1$ が最低エネルギー状態（基底状態），$n=2,3,\cdots$ となるにつれて軌道が広がり，エネルギーが大きい状態（励起状態）を表す．l は軌道の形状を表すパラメータであり，各 n に対して，

$$l = 0, 1, 2, 3, \cdots, n-1 \tag{A.2.2}$$

の n 通りの値をとる．m は軌道の形状が空間のどの方向を向いているかを表すパラメータであり，各 l に対して，

$$m = -l, -l+1, -l+2, \cdots, -1, 0, 1, \cdots, l-2, l-1, l \tag{A.2.3}$$

の $2l+1$ 通りの値をとる．s は電子の自転に対応するパラメータであり，(n, l, m) にかかわらず

$$s = -1/2, +1/2 \tag{A.2.4}$$

の 2 通りの値しかとらない．$+1/2$ は上向きスピン（右回り），$-1/2$ は下向きスピン（左回り）に対応する．

1 個の外殻電子のエネルギーは，原子核の電荷 Z に依存し，四つのパラメータの中では n にのみ依存するので，そのエネルギーを $E_n(Z)$ で表すと，以下のようになる．

$$E_n(Z) = -\frac{\mu Z^2 q^4}{8\varepsilon_0^2 h^2} \cdot \frac{1}{n^2} \tag{A.2.5}$$

これを**エネルギー準位** (energy level) という．μ は電子の質量（換算質量），q は電子の電荷，h はプランク定数である．各 n に対して，l は式 (A.2.2) で与えられる n 通り，各 l に対して，m は式 (A.2.3) で与えられる $2l+1$ 通りの値をとり，一方，(n, l, m) にかかわらず s は 2 通りの値をとるから，同じ $E_n(Z)$ をもつ状態数は，以下のようになる．

$$2 \times \sum_{l=0}^{n-1}(2l+1) = 4 \times \sum_{l=0}^{n-1} l + 2n = 4 \times \frac{n(n-1)}{2} + 2n = 2n^2 \tag{A.2.6}$$

たとえば，$E_1(Z)$ のエネルギーをもつ状態は，以下の 2 個である．

$$(1, 0, 0, -1/2), \quad (1, 0, 0, +1/2) \tag{A.2.7}$$

また，$E_2(Z)$ のエネルギーをもつ状態は，以下の 8 個である．

$$\begin{array}{l}(2, 0, 0, -1/2), \quad (2, 0, 0, +1/2) \\ (2, 1, -1, -1/2), \quad (2, 1, -1, +1/2) \\ (2, 1, 0, -1/2), \quad (2, 1, 0, +1/2) \\ (2, 1, 1, -1/2), \quad (2, 1, 1, +1/2)\end{array} \tag{A.2.8}$$

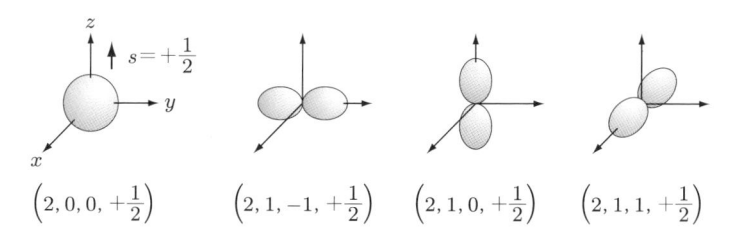

$\left(2, 0, 0, +\frac{1}{2}\right)$ $\left(2, 1, -1, +\frac{1}{2}\right)$ $\left(2, 1, 0, +\frac{1}{2}\right)$ $\left(2, 1, 1, +\frac{1}{2}\right)$

図 A.2.1　$n = 2, s = +1/2$ 状態の軌道の概形

図 A.2.1 は，式 (A.2.8) の 8 個の状態のうち，$s = +1/2$ の 4 個の軌道の概形である．網かけ部分が電子の存在領域である．スピンの値は軌道形状には関係しない．

複数の状態のエネルギーが一致することを，エネルギー準位が**縮退** (degeneracy) しているという．$E_n(Z)$ は $2n^2$ 重に縮退している．$2n^2$ 個の状態を含む $E_n(Z)$ には，$n = 1, 2, 3, 4, 5, 6, 7$ に対して，それぞれ K, L, M, N, O, P, Q 殻という名称がつけられている．すなわち，K, L, M, N, O, P, Q 殻は，それぞれ 2, 8, 18, 32, 50, 72, 98 個の状態を含む．

水素原子は，原子核の電荷 $Z = +1$，外殻電子 1 個であるから，$E_1(1)$ のエネルギーをもつ電子の状態は式 (A.2.7) のうちどちらか，$E_2(1)$ のエネルギーをもつ電子の状態は，式 (A.2.8) の 8 個のうちどれかである．

電荷 $Z \geqq +2$ のヘリウム原子以降の場合，外殻電子は複数個となるから，1 個の外殻電子の場合に得られた結果は厳密には成り立たないが，上記の殻とそれに含まれる状態数の考え方は近似的に成り立つことがわかっている．このことと，**パウリの排他律**により，ヘリウム原子以降の原子の外殻電子配列が説明される．パウリの排他律とは，「二つ以上の電子が同時に同じ状態をとることはできない．」ということである．「一つの状態に収容される電子は 1 個または 0 個である．」ということもできる．

基底状態にあるヘリウム原子の 2 個の外殻電子は，パウリの排他律により $E_1(2)$ のエネルギーをもつ式 (A.2.7) の 2 個の状態のそれぞれに 1 個ずつ収容される．ただし，外殻電子の相互作用により，2 個の状態のエネルギーにはわずかな差が生じる．$E_n(Z)$ に含まれる $2n^2$ 個の状態に $2n^2$ 個またはそれ以下の数の電子が収容されるとき，一般に，これらの状態のエネルギーは，電子間の相互作用により互いにわずかに異なった値をとり，もはや縮退しなくなる．縮退していたエネルギー準位が，互いにわずかにエネルギーが異なる準位に分かれることを，**縮退が解ける**（または**縮退分離**）という．図 A.2.2 は，$n = 1, 2$ のエネルギー準位が縮退分離する様子を示す．

縮退が解けた準位（状態）に電子が収容されるとき，おおまかに言うと，一般にエネルギーが低い状態から順に 1 個ずつ収容される．たとえば，銅原子の場合は $Z = +29$ であるから，K 殻に 2 個，L 殻に 8 個，M 殻に 18 個の外殻電子が収容され，残りの 1 個は N 殻（の最低エネルギー準位）に収容される．

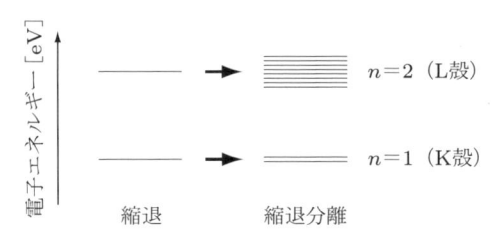

図 A.2.2 $n=1, 2$ のエネルギー準位の縮退分離

A.3 状態密度

量子力学によれば，粒子は波動の性質とニュートン力学における質点の性質を併せもつ．自由空間に近い広い空間内を運動するときは，質点の性質が顕著に現れるが，結晶内部のように原子が密に配列した狭い空間内を通り抜けるときは，波動の性質が顕著に現れる．伝導電子が半導体結晶内を比較的容易に動けるのは，波動性のためである．粒子の運動エネルギーを E，運動量を p，振動数を ν，波長を λ とすると，次の関係が成り立つ．

$$E = h\nu \tag{A.3.1}$$

$$p = \frac{h}{\lambda} \tag{A.3.2}$$

$h \fallingdotseq 6.63 \times 10^{-34}\,[\mathrm{J\cdot s}]$ は，プランクの定数である．両式の左辺は，粒子の質点としての性質を表す物理量，右辺は波動としての性質を表す物理量である．これらの関係式を**アインシュタイン-ド・ブロイの関係** (Einstein-de Broglie's relation) という．粒子の質量を m，速度を v とすると，次式が成り立つ．

$$E = \frac{1}{2}mv^2 = \frac{(mv)^2}{2m} = \frac{p^2}{2m} = \frac{1}{2m}\left(\frac{h}{\lambda}\right)^2 \tag{A.3.3}$$

$$\frac{1}{\lambda} = \frac{\sqrt{2mE}}{h} \tag{A.3.4}$$

粒子を電子とすると，電子は広がりをもたない点状の質点であり，有限の大きさの空間には無限個つめ込めるように思えるが，波動性が顕著に現れる場合にはそのようにはならない．電子は波長 λ の程度の大きさをもつ粒子のようにふるまうのである．波長 λ の伝導電子が一辺 L の立方体の中につまっている場合を想定し，その最大密度を N とする．伝導電子の体積は λ^3 であるから，式 (A.3.4) を用いると，次式が成り立つ．

$$N = \left(\frac{L}{\lambda}\right)^3 \times \frac{1}{L^3} = \frac{1}{\lambda^3} = \frac{(2m_0 E)^{3/2}}{h^3} \tag{A.3.5}$$

エネルギー E と $E+dE$ の間の伝導電子密度の最大値を状態密度と定義し，$d_n(E)$ で表すと，

$$d_n(E) \equiv \frac{dN}{dE} \tag{A.3.6}$$

であるから，式 (A.3.5) より次式が成り立つ．

$$d_n(E) = \frac{3(2m_0)^{3/2}}{2h^3} E^{1/2} \tag{A.3.7}$$

この状態密度は単一波長の伝導電子を想定して得られた結果であるが，波長広がりを考慮した厳密な計算によると，状態密度は次のようになる．

$$d_n(E) = 4\pi \frac{(2m_n^*)^{3/2}}{h^3} E^{1/2} \tag{A.3.8}$$

ここで，m_n^* は静止質量 m_0 を波動性を考慮した有効質量 m_n^* に置き換えたものである．状態密度とは，エネルギー E と $E+dE$ の間において，単位体積あたり伝導電子が座ることができる「座席数」または「収容可能数」のようなものに対応し，すべての座席に電子が座れば，密度は最大値となり，すべての座席が空席なら，密度はゼロとなる．状態密度は $E^{1/2}$ に比例した有限値をとる．

A.4　フェルミ-ディラック分布

A.3 節で述べたように，電子の波動性が顕著になる場合は，エネルギー E と $E+dE$ の間において，単位体積あたりに伝導電子が座ることができる「座席数」（状態数）は有限個となる．ただし，例題 3.1 にみるように，一般にこの有限個の値は莫大なものとなる．パウリの排他律により，各状態に存在する電子は 1 個か 0 個であるから，各状態に番号をつけてその状態に存在する電子数を調べれば，0, 1 の莫大な系列が得られるはずである．しかし，このような情報は詳し過ぎて役立たない．むしろ実際に知りたい情報は，エネルギー E の状態に存在する電子数の統計的平均，すなわち分布関数のようなものである．このような分布関数が求まれば，3.1 節に述べた手法により，電子のエネルギー分布や密度を求めることができるのである．

そこで，エネルギーの関数としての状態を，図 A.4.1 のようにグループに分け，j 番目のグループのエネルギー（の代表値）を E_j，そのグループに属する状態数を M_j，そのグループに収容される電子数を N_j とする．1 本の横線が一つの状態に対応する．E_j をグループのエネルギーの代表値としたとき，ほかのエネルギー値との誤差をできる限り小さくするため，そのグループのエネルギー幅は十分小さくするが，状態数 M_j は十分大きくなるようグループ分けするものとする．パウリの排他律より，$M_j \geqq N_j$ である．

全エネルギー E および全電子数 N は，それぞれ次式で与えられ，

$$\sum_j E_j N_j \fallingdotseq E \tag{A.4.1}$$

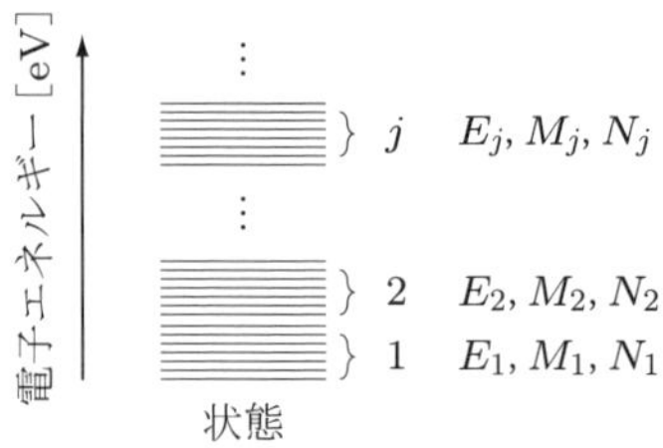

200　付　録

図 A.4.1　状態のグループ分け

$$\sum_j N_j = N \tag{A.4.2}$$

熱平衡状態ではこれらは一定である．

　j 番目のグループに N_j 個の電子を収容するとき，収容の仕方が何通りあるかを考える．電子は互いに区別できない（個性がない）ので，M_j 個の状態から（重複なしに）ある N_j 個の状態を選び，選ばれたそれぞれの状態に電子を 1 個ずつ収容すれば，それが一つの収容の仕方である．したがって，収容の仕方は，次式のように $_{M_j}C_{N_j}$ 通りである．

$$_{M_j}C_{N_j} = \frac{M_j!}{N_j!(M_j - N_j)!} \tag{A.4.3}$$

各グループについても同様に収容の仕方を考えることができ，グループ全体では，

$$\prod_j {}_{M_j}C_{N_j} = \prod_j \frac{M_j!}{N_j!(M_j - N_j)!} \tag{A.4.4}$$

通りの収容の仕方がある．M_j, N_j は一般に非常に大きいので，スターリングの公式

$$\ln N! \fallingdotseq N(\ln N - 1) \quad (N \gg 1) \tag{A.4.5}$$

を用いて，式 (A.4.4) の自然対数をとった式を変形すると，次のようになる．

$$\ln\{\text{式 (A.4.4)}\}$$
$$\fallingdotseq \sum_j [M_j(\ln M_j - 1) - N_j(\ln N_j - 1) - (M_j - N_j)\{\ln(M_j - N_j) - 1\}]$$
$$= \sum_j \{M_j \ln M_j - N_j \ln N_j - (M_j - N_j)\ln(M_j - N_j)\}$$
$$= \sum_j \left\{ M_j \ln M_j - N_j \ln N_j - (M_j - N_j)\ln M_j \right.$$
$$\left. - (M_j - N_j)\ln\left(1 - \frac{N_j}{M_j}\right) \right\}$$

$$= \sum_j \left\{ -N_j \ln \frac{N_j}{M_j} - (M_j - N_j) \ln \left(1 - \frac{N_j}{M_j}\right) \right\}$$

$$= \sum_j M_j \left\{ -\frac{N_j}{M_j} \ln \frac{N_j}{M_j} - \left(1 - \frac{N_j}{M_j}\right) \ln \left(1 - \frac{N_j}{M_j}\right) \right\} \tag{A.4.6}$$

式 (A.4.1), (A.4.2) の E および N が一定という条件のもとで N_j を変化させたとき，式 (A.4.6) の値が最大になる場合（具体的には，$k \cdot ln\{$ 式 (A.4.4)$\}$ で与えられるエントロピーが最大値をとる場合；k はボルツマン定数）が熱平衡状態に対応する．計算の詳細は省略するが，式 (A.4.6) の値を最大にする N_j/M_j は，

$$\frac{N_j}{M_j} = \frac{1}{1 + \exp\{(E_j - E_F)/kT\}} \tag{A.4.7}$$

で与えられる．これは j 番目のグループに属する一つの状態に収容される平均電子数であるから，平衡状態の分布関数に相当する．この分布関数を，**フェルミ-ディラック分布**という．フェルミエネルギー E_F では $N_j/M_j = 0.5$ になるから，半数の状態のみが電子を収容している．低温になるにつれて，フェルミエネルギーより小さいエネルギーをもつ状態は「満席」に近づく．

A.5　n, p の計算

$$\frac{E - E_C}{kT} = x \tag{A.5.1}$$

とおくと，式 (3.8) の密度 n は次のようになる．

$$n \fallingdotseq 4\pi \frac{(2m_n{}^*)^{3/2}}{h^3} (kT)^{3/2} \exp\left(\frac{E_F - E_C}{kT}\right) \int_0^\infty x^{1/2} \cdot \exp(-x) dx$$

$$= 4\pi \frac{(2m_n{}^*)^{3/2}}{h^3} (kT)^{3/2} \exp\left(\frac{E_F - E_C}{kT}\right) \cdot \frac{\sqrt{\pi}}{2}$$

$$= 2 \left(\frac{2\pi m_n{}^* kT}{h^2}\right)^{3/2} \exp\left(-\frac{E_C - E_F}{kT}\right) = N_C \exp\left(-\frac{E_C - E_F}{kT}\right) \tag{A.5.2}$$

ただし，次の公式を用いた．

$$\int_0^\infty \sqrt{x} \exp(-x) dx = \frac{\sqrt{\pi}}{2} \tag{A.5.3}$$

同様に，

$$\frac{E_V - E}{kT} = x \tag{A.5.4}$$

とおくと，式 (3.10) の密度 p は次のようになる．

$$
\begin{aligned}
p &\fallingdotseq 4\pi \frac{(2m_p{}^*)^{3/2}}{h^3} \int_{-\infty}^{E_V} (E_V - E)^{1/2} \exp\left(\frac{E - E_F}{kT}\right) dE \\
&= 4\pi \frac{(2m_p{}^*)^{3/2}}{h^3} (kT)^{3/2} \exp\left(\frac{E_V - E_F}{kT}\right) \int_0^\infty x^{1/2} \cdot \exp(-x) dx \\
&= 4\pi \frac{(2m_p{}^*)^{3/2}}{h^3} (kT)^{3/2} \exp\left(\frac{E_V - E_F}{kT}\right) \cdot \frac{\sqrt{\pi}}{2} \\
&= 2\left(\frac{2\pi m_p{}^* kT}{h^2}\right)^{3/2} \exp\left(-\frac{E_F - E_V}{kT}\right) = N_V \exp\left(-\frac{E_F - E_V}{kT}\right) \quad \text{(A.5.5)}
\end{aligned}
$$

A.6　E_G の温度依存性

半導体の禁制帯幅の温度依存性は，次式で与えられる．

$$
E_G(T) = E_G(0) - \frac{\alpha T^2}{T + \beta} \tag{A.6.1}
$$

$E_G(0)$ は，$T = 0\,[\text{K}]$ における禁制帯幅，α, β は定数である．GaAs, Si, Ge に対する $E_G(0)$, α, β を，表 A.6.1 に示す．

図 A.6.1 に，これらの値を用いた GaAs, Si, Ge に対する $E_G(T)$ の温度依存性を示す．室温 (300 [K]) では，GaAs, Si, Ge に対して $E_G(300)$ は，それぞれおよそ 1.42, 1.12,

表 A.6.1　$E_G(0), \alpha, \beta$ の値

半導体	$E_G(0)$ [eV]	α [eV/K]	β [K]
GaAs	1.519	0.000541	204
Si	1.17	0.000473	636
Ge	0.744	0.000477	235

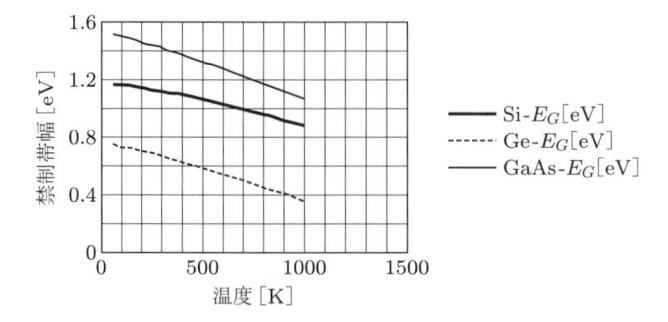

図 A.6.1　GaAs, Si, Ge に対する E_G の温度依存性

0.66 [eV] である．温度上昇により，E_G は減少する．

A.7　非平衡時の擬フェルミ準位の形状と $p \cdot n$ の分布形状

5.4 節の式 (5.26), (5.27) および図 5.8, 5.10 より，定常状態では，空乏層と電荷中性領域の境界 $(-x_p, x_n)$ において，多数キャリア密度と少数キャリア密度の積は，次のようになる．

$$p_p(-x_p) \cdot n_p(-x_p) \fallingdotseq p_{p0} \cdot n_{p0} \exp\left(\frac{qV}{kT}\right) = n_i{}^2 \exp\left(\frac{qV}{kT}\right) \tag{A.7.1}$$

$$n_n(x_n) \cdot p_n(x_n) \fallingdotseq n_{n0} \cdot p_{n0} \exp\left(\frac{qV}{kT}\right) = n_i{}^2 \exp\left(\frac{qV}{kT}\right) \tag{A.7.2}$$

順方向バイアスの場合は $V > 0$，逆方向バイアスの場合は $V < 0$ とする．等号が $\fallingdotseq$ となるのは，図 5.12 の斜線部のように，電荷中性条件により少数キャリア密度が増加（または減少）した分だけ多数キャリア密度も増加（または減少）するが，この変化分は多数キャリア密度をほとんど変化させず，多数キャリア密度はそれぞれ近似的に p_{p0}, n_{n0} とみなせるからである．

一方，$E_F \to E_{Fp}, E_{Fn}$ に置き換える場合，式 (5.5), (5.6) は，それぞれ次のようにみなせる．

$$n = n_i \exp\left(\frac{E_{Fn} - E_i(x)}{kT}\right) \tag{A.7.3}$$

$$p = n_i \exp\left(\frac{E_i(x) - E_{Fp}}{kT}\right) \tag{A.7.4}$$

式 (A.7.3), (A.7.4) より，すべての x に対して次式が得られる．

$$p \cdot n = n_i{}^2 \exp\left(\frac{E_{Fn} - E_{Fp}}{kT}\right) \tag{A.7.5}$$

図 5.5 のところで述べたように，空乏層の外側の E_{Fp}（p 型），E_{Fn}（n 型）に対して，

$$E_{Fn} - E_{Fp} = qV \tag{A.7.6}$$

であったから，式 (A.7.1), (A.7.2), (A.7.5), (A.7.6) を併せると，**図 A.7.1** のように，空乏層内部の擬フェルミ準位 E_{Fp}, E_{Fn} は，空乏層の外側の E_{Fp}（p 型），E_{Fn}（n 型）を，それぞれほぼ直線的に延長したものであることがわかる．したがって，空乏層の内部において

$$E_{Fn} - E_{Fp} \fallingdotseq qV \tag{A.7.7}$$

となる．図 5.8, 5.10 より，空乏層の外側の n 型において，少数キャリア密度 $p_n(x)$ は，境界から拡散長程度のところで平衡状態の密度 p_{n0} に近づくから，E_{Fp} も境界から拡散長程度のところで E_{Fn}（n 型）に近づかなければならない．同様に，E_{Fn} も境界から拡散長程度のところで E_{Fp}（p 型）に近づかなければならない．以上により，非平衡時の擬フェルミ準位

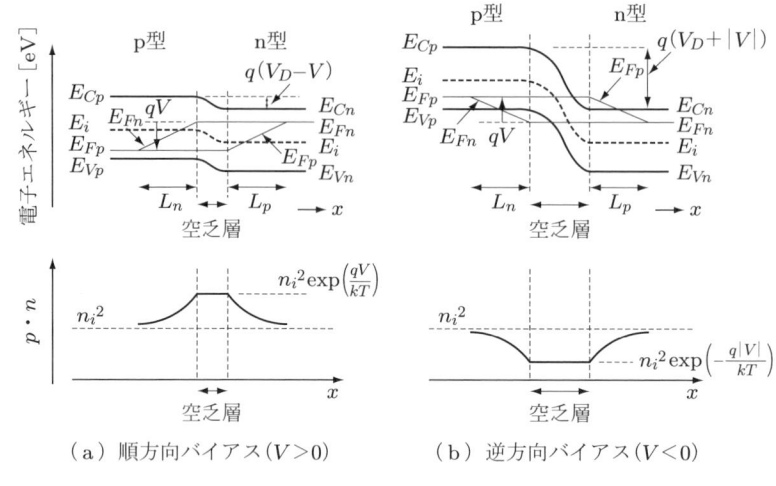

図 A.7.1 非平衡時の擬フェルミ準位の形状と $p \cdot n$ の分布形状

の概略形状と $p \cdot n$ の値は，図 A.7.1 のようになる．空乏層内部の $p \cdot n$ の値は，逆方向バイアス時に小さくなるので，逆方向バイアス時には空乏近似の精度がよくなると考えられる．

A.8 双曲線関数

双曲線関数は，以下の 6 式で定義される．

$$\cosh x \equiv \frac{\exp x + \exp(-x)}{2} \tag{A.8.1}$$

$$\sinh x \equiv \frac{\exp x - \exp(-x)}{2} \tag{A.8.2}$$

$$\tanh x \equiv \frac{\sinh x}{\cosh x} = \frac{\exp x - \exp(-x)}{\exp x + \exp(-x)} \tag{A.8.3}$$

$$\operatorname{sech} x \equiv \frac{1}{\cosh x} = \frac{2}{\exp x + \exp(-x)} \tag{A.8.4}$$

$$\operatorname{cosech} x \equiv \frac{1}{\sinh x} = \frac{2}{\exp x - \exp(-x)} \tag{A.8.5}$$

$$\coth x \equiv \frac{1}{\tanh x} = \frac{\exp x + \exp(-x)}{\exp x - \exp(-x)} \tag{A.8.6}$$

$-2 \leqq x \leqq 2$ の範囲でこれらの関数の x 依存性を描くと，図 A.8.1 のようになる．

以下の 2 式を用いると，

$$\exp x = 1 + \frac{1}{1!}x + \frac{1}{2!}x^2 + \frac{1}{3!}x^3 + \cdots + \frac{1}{n!}x^n + \cdots$$

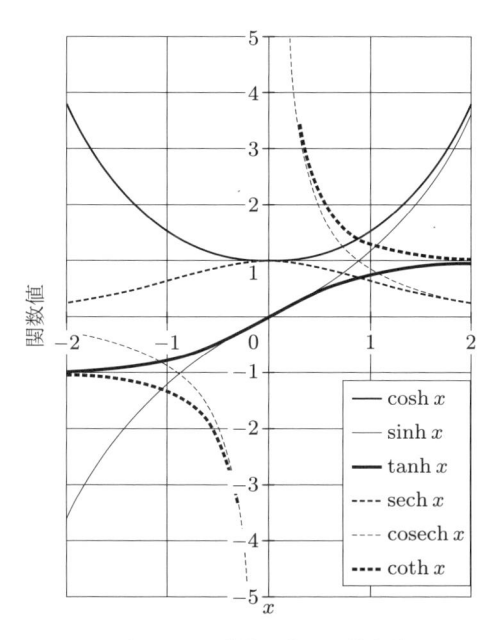

図 A.8.1 双曲線関数の x 依存性

$$\fallingdotseq 1 + x + \frac{1}{2}x^2 + \frac{1}{6}x^3 \qquad (|x| < 1) \tag{A.8.7}$$

$$\begin{aligned}(1+x)^n &= 1 + \frac{n}{1!}x + \frac{n(n-1)}{2!}x^2 + \cdots + \frac{n(n-1)\cdots(n-r+1)}{r!}x^r + \cdots \\ &\fallingdotseq 1 + nx \qquad (|x| < 1)\end{aligned} \tag{A.8.8}$$

原点近傍における双曲線関数の近似式を次のように求めることができる.

$$\begin{aligned}\cosh x &\equiv \frac{\exp x + \exp(-x)}{2} \fallingdotseq \frac{(1 + x + x^2/2) + (1 - x + x^2/2)}{2} \\ &= 1 + \frac{1}{2}x^2 \qquad (|x| < 1)\end{aligned} \tag{A.8.9}$$

$$\begin{aligned}\sinh x &\equiv \frac{\exp x - \exp(-x)}{2} \fallingdotseq \frac{(1 + x + x^2/2 + x^3/6) - (1 - x + x^2/2 - x^3/6)}{2} \\ &= x + \frac{1}{6}x^3 \qquad (|x| < 1)\end{aligned} \tag{A.8.10}$$

$$\begin{aligned}\tanh x &\equiv \frac{\exp x - \exp(-x)}{\exp x + \exp(-x)} \fallingdotseq \left(x + \frac{1}{6}x^3\right)\left(1 - \frac{1}{2}x^2\right) \\ &= x - \frac{1}{2}x^3 + \frac{1}{6}x^3 - \frac{1}{12}x^5 \fallingdotseq x - \frac{1}{3}x^3 \qquad (|x| < 1)\end{aligned} \tag{A.8.11}$$

$$\text{sech}\,x \equiv \frac{1}{\cosh x} \fallingdotseq \frac{1}{1+x^2/2} \fallingdotseq 1 - \frac{1}{2}x^2 \qquad (|x|<1) \tag{A.8.12}$$

$$\text{cosech}\,x \equiv \frac{1}{\sinh x} \fallingdotseq \frac{1}{x+x^3/6} = \frac{1}{x(1+x^2/6)} \fallingdotseq \frac{1}{x}\left(1-\frac{1}{6}x^2\right)$$
$$= \frac{1}{x} - \frac{1}{6}x \fallingdotseq \frac{1}{x} \qquad (|x|<1) \tag{A.8.13}$$

$$\coth x \equiv \frac{1}{\tanh x} \fallingdotseq \frac{1}{x-x^3/3} = \frac{1}{x(1-x^2/3)} \fallingdotseq \frac{1}{x}\left(1+\frac{1}{3}x^2\right)$$
$$= \frac{1}{x} + \frac{1}{3}x \fallingdotseq \frac{1}{x} \qquad (|x|<1) \tag{A.8.14}$$

A.9 電流増幅率の遮断周波数

活性領域において pnp トランジスタが交流動作しており，少数キャリアであるベース中の正孔密度に，図 **A.9.1** のようにバイアス値を中心として微小交流成分 $\dot{p}_{nB}(x)$ が重畳される場合を想定する．交流成分の時間変化は $\exp(j\omega t)$ で表されるとすると，式 (4.57) より $\dot{p}_{nB}(x)$ は次式を満たす．ただし，電界 $E=0$ である．

$$j\omega \dot{p}_{nB}(x) = -\frac{1}{\tau_{pB}}\dot{p}_{nB}(x) + D_{pB}\frac{\partial^2 \dot{p}_{nB}(x)}{\partial x^2} \tag{A.9.1}$$

$$\frac{d^2 \dot{p}_{nB}(x)}{dx^2} = \frac{1+j\omega\tau_{pB}}{L_{pB}{}^2}\dot{p}_{nB}(x) = \frac{1}{L'_{pB}{}^2}\dot{p}_{nB}(x) \qquad \left(L'_{pB} \equiv \frac{L_{pB}}{\sqrt{1+j\omega\tau_{pB}}}\right) \tag{A.9.2}$$

式 (A.9.2) より，$\dot{p}_{nB}(x)$ は直流解の L_{pB} を L'_{pB} に置き換えることにより得られることがわかる．活性領域では，直流解 $p_{nB}(x)$ は式 (6.15) で近似できるから，$\dot{p}_{nB}(x)$ は次式で表せる．

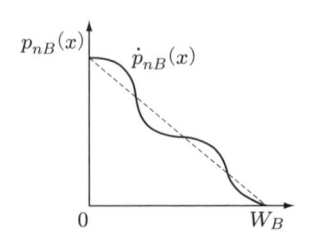

図 **A.9.1** 微小交流成分 $\dot{p}_{nB}(x)$

$$\dot{p}_{nB}(x) \fallingdotseq \frac{p_{n0B}}{\sinh(W_B/L'_{pB})} \cdot \exp\left(\frac{qV_{EB}}{kT}\right) \cdot \sinh\left(\frac{W_B - x}{L'_{pB}}\right) \quad (A.9.3)$$

式 (6.36), (6.43) と，式 (A.9.2) の L'_{pB} の定義より，輸送効率の交流分 $\dot{\zeta}$ は次式で表せる．

$$\dot{\zeta} \equiv \frac{\dot{j}_{pC}}{\dot{j}_{pE}} \equiv \frac{\dot{j}_p(W_B)}{\dot{j}_p(0)} = \frac{1}{\cosh(W_B/L'_{pB})} \fallingdotseq \frac{1}{1 + (W_B/L'_{pB})^2/2}$$

$$= \frac{1}{1 + (W_B/L_{pB})^2(1 + j\omega\tau_{pB})/2}$$

$$\fallingdotseq 1 / \left[\left\{1 + \frac{1}{2}\left(\frac{W_B}{L_{pB}}\right)^2\right\}\left\{1 + j\omega\left(\frac{W_B}{L_{pB}}\right)^2 \frac{\tau_{pB}}{2}\right\}\right] \quad (A.9.4)$$

注入効率 γ，コレクタ効率 η は周波数特性をもたないと仮定すると，ベース接地電流増幅率の交流分 $\dot{\alpha}$ は，式 (A.9.4), (6.33), (6.37) より次式で表せる．

$$\dot{\alpha} \equiv \gamma\dot{\zeta}\eta \fallingdotseq \frac{\gamma\zeta}{1 + j\omega(W_B/L_{pB})^2\tau_{pB}/2} = \frac{\alpha}{1 + j2\pi f \cdot (W_B{}^2/\tau_{pB}D_{pB}) \cdot \tau_{pB}/2}$$

$$= \frac{\alpha}{1 + jf \cdot \pi W_B{}^2/D_{pB}} = \frac{\alpha}{1 + jf/f_\alpha} \quad (A.9.5)$$

$$f_\alpha \equiv \frac{D_{pB}}{\pi W_B{}^2} = \frac{1}{2\pi t_B} \quad (A.9.6)$$

すなわち，電流増幅率 α の（高域）遮断周波数は f_α である．f_α を α 遮断周波数といい，ベース走行時間 t_B が短いほど f_α は大きくなる．

式 (A.9.5) より，エミッタ接地電流増幅率の交流分 $\dot{\beta}$ は次式のようになる．

$$\dot{\beta} \equiv \frac{\dot{\alpha}}{1 - \dot{\alpha}} = \frac{\alpha}{1 - \alpha + jf/f_\alpha} = \frac{\alpha}{1 - \alpha} \cdot \frac{1}{1 + jf/\{f_\alpha(1 - \alpha)\}}$$

$$= \frac{\beta}{1 + jf/f_\beta} \quad (A.9.7)$$

$$f_\beta \equiv f_\alpha(1 - \alpha) \quad (A.9.8)$$

f_β を β 遮断周波数という．$1 - \alpha \ll 1$ であるから，$f_\beta \ll f_\alpha$ である．

A.10　ショットキーダイオードの電流密度の導出

図 A.10.1(a) のように，金属と n 型半導体の接触面に垂直に，右方向に x 軸をとる．x 方向の電子の速度 v_x の分布関数（v_x の確率密度関数）は，金属中および半導体中ともに，以下のマクスウェル‐ボルツマン分布（図 (b)：MB 分布）で近似できるとする．

208　付録

(a) エネルギー帯 ($\phi_M > \phi_S$)
    金属電圧：$V > 0$（順方向）

(b) 電子の速度分布関数
    （MB分布）

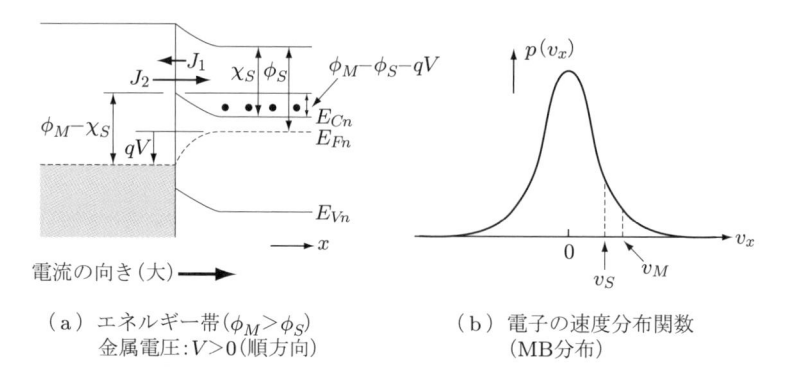

図 A.10.1　金属・半導体接触部のエネルギー帯と電子の速度分布関数

$$p(v_x) = \sqrt{\frac{m_n^*}{2\pi kT}} \exp\left(-\frac{m_n^*}{2kT} v_x^2\right) \tag{A.10.1}$$

金属の電子密度を n とすると，v_x と $v_x + dv_x$ の間の速度をもつ電子数 dn は，次式で与えられる．

$$\frac{dn}{n} = p(v_x) dv_x \tag{A.10.2}$$

金属から半導体に流入する電子は，運動エネルギーが $\phi_M - \chi_S$ 以上のものであるから，速度（右向き）は次式を満たす．

$$\frac{1}{2} m_n^* v_x^2 \geqq \phi_M - \chi_S, \qquad v_x \geqq \sqrt{\frac{2(\phi_M - \chi_S)}{m_n^*}} \equiv v_M \tag{A.10.3}$$

したがって，電流密度 J_1 は，式 (A.10.2) を用いると次式で与えられる（図 (b) 参照）．

$$\begin{aligned}
J_1 &= \int_{v_M}^{\infty} q v_x dn = qn \int_{v_M}^{\infty} v_x p(v_x) dv_x \\
&= qn \sqrt{\frac{m_n^*}{2\pi kT}} \int_{v_M}^{\infty} v_x \exp\left(-\frac{m_n^*}{2kT} v_x^2\right) dv_x \\
&= qn \sqrt{\frac{kT}{2\pi m_n^*}} \exp\left(-\frac{\phi_M - \chi_S}{kT}\right)
\end{aligned} \tag{A.10.4}$$

一方，半導体の電子密度を n' とすると，v_x と $v_x + dv_x$ の間の速度をもつ電子数 dn' は，次式で与えられる．

$$\frac{dn'}{n'} = p(v_x) dv_x \tag{A.10.5}$$

ここで，式 (3.8), (3.9) と図 (a) より，n' は次式で与えられる．

$$n' = N_C \exp\left(-\frac{E_{Cn} - E_{Fn}}{kT}\right) = N_C \exp\left(-\frac{\phi_S - \chi_S}{kT}\right)$$

$$= 2\left(\frac{2\pi m_n^* kT}{h^2}\right)^{3/2} \exp\left(-\frac{\phi_S - \chi_S}{kT}\right) \tag{A.10.6}$$

半導体から金属に流入する電子は，運動エネルギーが $\phi_M - \phi_S - qV$ 以上のものであるから，速度（左向きの速度の大きさ）は次式を満たす．

$$\frac{1}{2}m_n^* v_x^2 \geqq \phi_M - \phi_S - qV, \quad v_x \geqq \sqrt{\frac{2(\phi_M - \phi_S - qV)}{m_n^*}} \equiv v_S \tag{A.10.7}$$

したがって，電流密度 J_2 は次式で与えられる（図 (b) 参照）．積分範囲は $-v_S \to -\infty$ であるが，$p(v_x)$ は v_x に関して正負対称であるから，$v_S \to \infty$ としてよい．

$$J_2 = \int_{v_S}^{\infty} q v_x dn' = q n' \int_{v_S}^{\infty} v_x p(v_x) dv_x$$

$$= q n' \sqrt{\frac{m_n^*}{2\pi kT}} \int_{v_S}^{\infty} v_x \exp\left(-\frac{m_n^*}{2kT} v_x^2\right) dv_x$$

$$= 2q \left(\frac{2\pi m_n^* kT}{h^2}\right)^{3/2} \left(\frac{kT}{2\pi m_n^*}\right)^{1/2} \exp\left(-\frac{\phi_S - \chi_S + \phi_M - \phi_S - qV}{kT}\right)$$

$$= \frac{4\pi q m_n^* (kT)^2}{h^3} \exp\left(-\frac{\phi_M - \chi_S}{kT}\right) \exp\left(\frac{qV}{kT}\right) \tag{A.10.8}$$

$V = 0\,[\mathrm{V}]$ のとき，$J_1 = J_2$ より次式が成り立つ．

$$qn\sqrt{\frac{kT}{2\pi m_n^*}} = \frac{4\pi q m_n^* (kT)^2}{h^3} \tag{A.10.9}$$

式 (A.10.4), (A.10.8), (A.10.9) より，全電流密度 J は次のようになる．

$$J = J_2 - J_1 = \frac{4\pi q m_n^* k^2}{h^3} T^2 \exp\left(-\frac{\phi_M - \chi_S}{kT}\right)\left\{\exp\left(\frac{qV}{kT}\right) - 1\right\} \tag{A.10.10}$$

A.11　飽和電流 I_{Dsat}（式 (8.12)）の近似式

$$f1 = 1 - 3\left(1 - \frac{V_p}{V_a}\right) + 2\left(1 - \frac{V_p}{V_a}\right)^{3/2} \tag{A.11.1}$$

$$f2 = \left(\frac{V_p}{V_a}\right)^2 \tag{A.11.2}$$

とおき，$f1$, $f2$ の V_p/V_a 依存性を描くと，図 **A.11.1** のようになる．

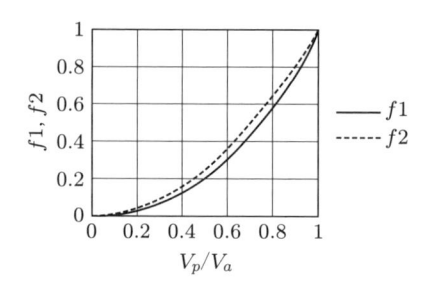

図 A.11.1 $f1$, $f2$ の V_p/V_a 依存性

$V_p/V_a = 0.6$ のとき，$f2/f1 \fallingdotseq 0.36/0.306 \fallingdotseq 1.18$ となり，グラフの中央部で誤差がやや大きいが，全体の傾向はよく合っている．

A.12 物理定数表

真空の誘電率： $\varepsilon_0 = 8.854 \times 10^{-12}\,[\text{F/m}]$
電子の電荷： $q = 1.602 \times 10^{-19}\,[\text{C}]$
電子の静止質量： $m_0 = 9.109 \times 10^{-31}\,[\text{kg}]$
ボルツマン定数： $k = 1.381 \times 10^{-23}\,[\text{J/K}]$
プランク定数： $h = 6.626 \times 10^{-34}\,[\text{J·s}]$
1 [eV] のエネルギー： $1\,[\text{eV}] = 1.602 \times 10^{-19}\,[\text{J}]$
$T = 300\,[\text{K}]$ の kT： $kT = 0.026\,[\text{eV}]$

シリコン (Si) の物性値（$T = 300\,[\text{K}]$）
格子定数： $a = 5.43\,[\text{Å}]$
原子密度： $d = 5.0 \times 10^{22}\,[\text{cm}^{-3}]$
真性キャリア密度： $n_i = 1.45 \times 10^{10}\,[\text{cm}^{-3}]$
伝導帯の実効状態密度： $N_C = 2.8 \times 10^{19}\,[\text{cm}^{-3}]$
価電子帯の実効状態密度： $N_V = 1.04 \times 10^{19}\,[\text{cm}^{-3}]$
比誘電率： $\varepsilon_r = 11.9$
電子親和力： $\chi_S = 4.05\,[\text{eV}]$
禁制帯幅： $E_G = 1.12\,[\text{eV}]$
電子の移動度： $\mu_n = 1500\,[\text{cm}^2/(\text{V·s})]$ （不純物密度 $N_I \sim 10^{16}\,[\text{cm}^{-3}]$）
正孔の移動度： $\mu_p = 450\,[\text{cm}^2/(\text{V·s})]$ （不純物密度 $N_I \sim 10^{16}\,[\text{cm}^{-3}]$）
キャリア再結合係数： $c = 1 \times 10^{-11}\,[\text{cm}^3/\text{s}]$

参考文献

半導体物理・デバイス・工学関係
[1] 古川 静二郎：半導体デバイス，コロナ社（1982）
[2] 古川 静二郎，荻田 陽一郎，浅野 種正：電子デバイス工学，森北出版（1990）
[3] 菅 博，川畑 敬志，矢野 満明，田中 誠：図説 電子デバイス（改訂版），産業図書（1995）
[4] 志村 史夫：固体電子論入門，丸善株式会社（1998）
[5] 荒井 英輔：集積回路 A，オーム社（1998）
[6] 松波 弘之：半導体工学（第 2 版），昭晃堂（1999）
[7] A.S. Grove: *Physics and Technology of Semiconductor Devices*, John Wiley & Sons (1967)
[8] S.M. Sze: *Physics of Semiconductor Devices*, John Wiley & Sons (1981)

量子力学，統計力学関係
[9] 原 康夫：量子力学，岩波書店（1994）
[10] 長岡 洋介：統計力学，岩波書店（1994）

索 引

英数先頭

2 次元状の伝導電子層　111
3 端子デバイス　81
4 端子回路　83
α 遮断周波数　98, 207
β 遮断周波数　99, 207
CMOS　166
D 型　143
DRAM　168
E 型　142
EPROM　170
FAMOS　169
FET　133
J-FET　133
LSI　171
MES-FET　134
MIS　111
—— 構造　120
MOS　111
—— 型　133
—— 構造　120
—— の容量　128
—— メモリ　167
MROM　168
n 型半導体　21
n^+ 拡散　158
NAND　164
NOR　164
npn 型　82
p 拡散　158
p 型半導体　21
pn 接合　60
—— 面　61
pnp 型　82
PROM　168
RAM　167
ROM　167
Si の比誘電率　127, 131
SiO_2 の比誘電率　127, 131
SiO_2 膜　158
SIT　133
SRAM　168
TTL　164

あ 行

アインシュタイン-ド・ブロイの関係　198
アインシュタインの関係　52, 93
アーヴィンの関係　181
アクセプタ　21
—— 準位　23
—— 密度　24, 60
アドレス（番地）　167
アナログ IC　162
アバランシェ降伏　76
アモルファス構造　3
アーリー効果　97
イオン化　33
移動度　45
インバータ　164
ウエハ　155
エッチング液　160
エネルギー準位　196
—— 図　14
エネルギー帯　13, 16
—— 図　16
エミッタ　81
—— 接合　82
—— 接地　83
—— 接地電流増幅率　86
演算増幅器　163
エントロピー　201
エンハンスメント型　142
オペアンプ　163
オーミック接触　111, 115

か 行

外因性半導体　21
外殻電子　195
—— 配列　197
階段形 pn 接合　61
ガウスの定理　124
書込み・消去　168

書込み・読出し　167
殻　3, 197
拡散　42, 50, 70, 73, 82, 84
—— 係数　50
—— 長　58, 84
—— 電位　63
—— 電流密度　51
—— 方程式　57
拡張されたキャリア連続の式　57
化合物半導体　9
過剰少数キャリア　54
活性領域　95
価電子　3
—— 準位　16
—— 帯　13, 16
—— 帯の実効状態密度　31
換算質量　196
間接再結合・励起　53
記憶保持動作　168
気相成長法　158
基底状態　13, 196
揮発性　168
擬フェルミ準位　65, 203
逆方向　60, 83
—— 特性　96
—— バイアス　69, 84
—— 飽和電流　84, 114, 118
キャリア　13, 18
—— 再結合係数　54
—— 密度　26
—— 連続の式　57
強反転　126
共有結合　6
禁止帯　17
禁制帯　13, 17
—— 幅　17
金属結合　5
金属結晶　5
金属元素　195
空間電荷層　60, 63

索 引

空乏　122
　── 近似　64
　── 層　63
　── 層幅　67
　── 層部分の単位面積あたりの
　　　容量　128
クーロン散乱　45
クーロン力　13
結晶構造　2
結晶成長　82
　── 法　158
結晶粒　2
ゲート　133
原子番号　195
現像　160
元素半導体　9
高温領域　36, 40
格子定数　4
格子点　4
降伏　76
　── 電圧　76, 93
　── 電圧の温度係数　78
交流電力の実効値　109
交流等価回路　103
個別素子　156
コレクタ　81
　── 効率　93
　── 遮断電流　85
　── 接合　82
　── 接地　83
混合IC　163

さ 行

最近接格子点　6
再結合　26, 42, 50, 70, 84
　── 寿命　54
　── 中心　53
　── 電流　76
最大電界　77
酸化　158
　── 物　120
散乱　26
磁気量子数　195
仕事関数　111, 112, 131
弱反転　126
遮断周波数　148
遮断状態　164
遮断領域　96
周期律表　195

集積回路　155
集積度　170
自由電子　3, 13, 14
　── 密度　1
充填率　11
周波数特性　98
充満帯　16
収容可能数　28, 199
縮退　197
　── が解ける　197
　── 分離　16, 197
出力静特性　102, 139, 144
主量子数　24, 195
順方向　60, 83
　── 電流　114, 118
　── バイアス　69, 84
小信号等価回路　101, 103, 150
少数キャリア　22
　── 拡散長　83
　── に対する境界条件　87
　── 密度　87
状態　195
　── 数　196
　── 密度　26, 27, 198
衝突　26
障壁　63
　── 高さ　78
　── 幅　78
ショットキー障壁　113
　── 型FET　133
ショットキー接触　111, 114
ショットキーダイオード　119
ショットキーバリアダイオード　119
真空準位　14, 112
真空蒸着法　160
真空の誘電率　24, 68, 131
信号電圧　100
真性キャリア密度　32
真性半導体　21
　── のフェルミ準位　32
真性領域　37
水素イオン　14
スイッチング動作　97
図式解法　101, 184
スピン量子数　195
制御電極　82, 133
正孔　13, 18

　── 速度　98
　── の有効質量　27
　── 捕獲　112
　── 密度　21, 31
静止質量　199
静電誘導トランジスタ　133
静特性　95
整流特性　60, 76, 114, 118
正論理　165
絶縁体　1, 2
　── のエネルギー帯図　20
絶縁物内の電界　124
絶縁物の単位面積あたりの容量　124
絶縁物の誘電率　124
絶縁膜　82
　── 型FET　133
接合型　81, 133
　── FET　133
接合トランジスタ　81
接合面　60
閃亜鉛鉱構造　10
線形領域　140, 146
相互拡散　60, 63
相互コンダクタンス　149
相互抵抗　104
増幅　81
　── 動作　95, 133
　── 率　152
相補形MOS　166
束縛されている状態　14
ソース　133

た 行

ダイオード　60, 75
体心立方格子　11
ダイヤモンド構造　7
多結晶構造　2
多数キャリア　22
ダーリントン接続　110
単極性トランジスタ　81
ダングリングボンド　111
単結晶構造　2
単純立方格子　11
蓄積　122
チップ　155
チャネル　133
　── 走行時間　147
　── 長変調　140, 146

中温領域　36, 39
注入　70
──　効率　93
超越方程式　184
直接再結合・励起　53
直流消費電力　109
ツェナー降伏　76
──　電圧の温度係数　79
突抜け　98, 140, 146
低温領域　34, 38
抵抗率　1, 47, 93
ディジタルIC　162
ディジタル動作　164
低注入　53, 75
──　の条件　70, 72
デザインルール　170
テブナンの定理　104
デプレッション型　142
電圧駆動形デバイス　140
電圧増幅率　101, 151
電位障壁　60, 111
電界効果トランジスタ　81, 133
電荷中性条件　23, 34, 75, 203
電気抵抗　1
電子親和力　16, 112, 131
電子雪崩降伏　76, 98
電子の静止質量　27
電子捕獲　112
点接触型　81
伝達特性　139, 144
伝導帯　13, 16
──　の実効状態密度　31
伝導電子　13, 18
──　準位　16
──　の有効質量　27
──　密度　21, 27, 30
電流駆動形デバイス　140
電流源　102
電流-電圧特性　70, 94, 137, 144
電力効率　109
動作点　102
同素体　5
導　体　1, 2
──　のエネルギー帯図　20
到達率　90
導電率　47, 93
ドナー　21

──　準位　22
──　密度　23, 60
ドーパント　21
──　密度分布　60
──　領域　34
ドーピング　21
──　レベル　83
トランジスタ　81
ドリフト　42, 43, 84
──　速度　43
──　電流　43
ドレイン　133
──　側の電流源　150
──　抵抗　150
トンネル効果　78

な　行

内蔵電位　63
雪崩降伏　140, 146
雪崩増幅　84, 93
雪崩的に増加　77
入力特性　102
ネガ型　161
熱擾乱の速度　56
熱振動による散乱　45
熱平衡状態　26, 42
能動負荷　166, 168
濃度勾配　50
ノートンの定理　106
ノーマリー・オフ型　142
ノーマリー・オン型　143

は　行

バイアス電源電圧　100
ハイブリッド（混成）IC　155
バイポーラトランジスタ　81
パウリの排他律　4, 29, 197
掃き出し　73
発生電流　76
波動性　198
反転　111, 122
──　しきい値電圧　126
半導体　1, 2, 195
──　のエネルギー帯図　20
──　の誘電率　66
非金属元素　195
非縮退半導体　30
非晶質構造　2
微小信号容量　68

微小な交流電圧　100
否定回路　164
微分形のオームの法則　47
微分抵抗　102
非平衡状態　42
比誘電率　25, 68
表面準位　111
広がり抵抗　102
ピンチオフ　137
──　電圧　137, 144
フェルミエネルギー　29
フェルミ準位　29
フェルミ–ディラック分布　201
──　関数　28
フォトマスク　160
フォトリソグラフィ　158
負荷線　102
負荷抵抗　100
──　で消費される交流電力　109
不揮発性　168
不純物　21
──　半導体　21
浮遊ゲートMOS　169
フラットバンド　121
フリップフロップ回路　168
プリベーク　160
プレーナ技術　155, 161
負論理　165
分布関数　26
平均衝突時間間隔　44
平衡状態　26, 63
──　の分布関数　201
ベクトル積　48
ベース　81
──　接地　83
──　接地電流増幅率　86
──　走行時間　98
──　領域幅　83
ポアソン方程式　66
ボーアの量子条件　24
ボーア半径　25
方位量子数　195
飽和状態　164
飽和電流密度　75
飽和領域　36, 96, 140, 146
捕獲準位　53
捕獲断面積　56

捕獲中心　53
ポジ型　161
補償された半導体　61
ポストベーク　160
ホール　18
ホール係数　49
ホール効果　49
ホール電圧　49

ま　行

マクスウェル-ボルツマン分布関
　数　29
マルチエミッタトランジスタ
　164
密度勾配　50, 61, 70, 73
未飽和領域　140

ムーアの法則　170
メモリセル　168
面心立方格子　4
モノリシック IC　155
モノリシック集積回路　155

や　行

有効質量　25, 199
誘電率　68
輸送効率　90
ユニポーラトランジスタ　81
容　量　66

ら　行

理想 MOS 構造　121
リチャードソン-ダッシュマン定
　数　119
立方最密構造　4, 177
リフレッシュ　169
両極性伝導　19
両極性導電率　47
両極性トランジスタ　81
励　起　9, 26, 42, 50, 73
──　状態　196
レジスト　160
露　光　160
六方最密構造　177
ローレンツ力　48
論理振幅　193

著者略歴

樋口 英世(ひぐち・ひでよ)
1972年3月　群馬大学工学部電気工学科卒業
1977年3月　東京工業大学大学院電子物理工学専攻博士課程修了，工学博士
1977年4月　三菱電機株式会社入社，半導体レーザの開発に従事
2000年4月　大阪電気通信大学教授
2017年4月　大阪電気通信大学名誉教授
　　　　　　現在に至る

例題で学ぶ半導体デバイス入門　　　　　　　Ⓒ 樋口英世　2010

2010年9月17日　第1版第1刷発行　　　【本書の無断転載を禁ず】
2023年8月10日　第1版第7刷発行

著　者　樋口英世
発行者　森北博巳
発行所　森北出版株式会社
　　　　東京都千代田区富士見 1-4-11（〒102-0071）
　　　　電話 03-3265-8341／FAX 03-3264-8709
　　　　https://www.morikita.co.jp/
　　　　日本書籍出版協会・自然科学書協会　会員
　　　　JCOPY ＜(一社)出版者著作権管理機構　委託出版物＞

落丁・乱丁本はお取替えいたします　印刷／ワコープラネット・製本／協栄製本
　　　　　　　　　　　　　　　　　　組版／ウルス

Printed in Japan／ISBN978-4-627-77411-7